Ökologische Flora – Niederösterreichs bunte Pflanzenwelt entdecken und bestimmen

BAND 4

Gehölze, Bärlappe, Schachtelhalme, Farne und Wasserpflanzen

Autoren:
Wolfgang Holzner †
Wolfgang Adler
Bernhard Splechtna
Silvia Winter

unter Mitarbeit von
Monika Kriechbaum, Matthias Kropf,
Wolfgang Kubelka, Pia Kieninger,
Karin Böhmer, Isabella Auberger

Institut für Integrative Naturschutzforschung
Universität für Bodenkultur Wien

Bildquellen

W. Holzner, P. Kieninger, M. Kriechbaum, M. Kropf, B. Splechtna und S. Winter

Für das Überlassen von Fotos danken wir:

J. Pennerstorfer (S. 3, 10, *Prunus avium, Myricaria germanica, Larix decidua, Pinus × rotundata, Abies alba, Picea abies, Taxus baccata, Berberis vulgaris, Poecilonota variolosa, Castanea sativa, Rosalia alpina,* Hirschkäfer, *Cerambyx cerdo, Corylus avellana, Juglans regia, Capnodis tenebrionis, Ptosima undecimmaculata, Sorbus aucuparia, S. domestica, S. torminalis,* Fraßbild Ulmensplintkäfer, *Saperda punctata, Hippophae rhamnoides, Robinia pseudacacia, Sambucus racemosa, Hedera helix)*

A. Mrkvicka *(Fallopia baldschuanica, Salix daphnoides, Spiraea media, Rosa villosa, Rubus idaeus, Daphne laureola, Tilia platyphyllos, Rhododendron luteum, Lonicera alpigena. L. caerulea, L. xylosteum, Chara* sp., *Zannichellia palustris, Najas minor, Ranunculus rionii, R. fluitans)*

B. Schmidt *(Lemna gibba, Potamogeton pectinatus, P. pusillus* s. str., *P. nodosus, P. perfoliatus, Elodea canadensis, E. nuttallii, Alisma gramineum, Najas marina)*

W. Adlassnig *(Utricularia australis, U. intermedia, U. vulgaris)*

R. Marschner *(Lonicera caerulea, L. xylosteum, Dryopteris villarii)*

E. Horak – Botanik im Bild *(Lonicera nigra, Ranunculus penicillatus)*

R. Hehenberger *(Woodsia alpina, Dryopteris affinis* subsp. *borreri)*

A. Vitovec *(Rosa* spp.*)*

D. Löblich (Bucheckern von *Fagus sylvatica)*

G. Rotheneder *(Sesia apiformis)*

A. Krebs *(Ceratina cyanea)*

N. Novak (*Asplenium scolopendrium,* Portrait Wolfgang Holzner)

T. Hochebner (Mönchsgrasmücke)

André Abrahami (Wikimedia Commons) (*Prunus avium*)

Wir danken dem Leiter des Institutes für Botanik, Univ.-Prof. K.-G. Bernhardt und Frau Dr. Michaela Wernisch für die Möglichkeit zur Anfertigung von Fotos im Herbarium der Universität für Bodenkultur Wien.

Titelseite Bildzuordnung (von links oben nach rechts unten):
Winter-Schachtelhalm *(Equisetum hyemale)*, Lärche *(Larix decidua)*, Pfaffenhütchen *(Euonymus europaeus)*, Schlangen-Bärlapp *(Lycopodium annotinum)*, Wald-Rose *(Rosa arvensis)*, Zerr-Eiche *(Quercus cerris)*, Seekanne *(Nymphoides peltata)*, Spitz-Ahorn *(Acer platanoides)*, Buchenfarn *(Phegopteris connectilis)*

Impressum

avBUCH im Cadmos Verlag

Gestaltung und Satz: Hantsch & Jesch PrePress Services OG, Wien
Lektorat: Ing. Barbara P. Meister MA, FachLektor.at, Wien
Covergestaltung: Nicola van Ravenstein, r2
Druck und Bindung:
Graspo CZ, a.s.
Tschechische Republik
www.graspo.com

Deutsche Nationalbibliothek – CIP-Einheitsaufnahme
Die Deutsche Nationalbibliothek verzeichnet diese Publikation in der Deutschen Nationalbibliografie; detaillierte bibliografische Daten sind im Internet über http://dnb.ddb.de abrufbar.

Printed in Czech Republic
ISBN: 978-3-8404-7526-9

Buchenwald in der Wachau bei Oberarnsdorf

Inhalt

Vorwort

Liebe Leserinnen und Leser,

Sie halten den letzten von vier Bänden einer „Flora", das heißt eines Pflanzenbestimmungsbuches für eine bestimmte Region – in diesem Fall für das Bundesland Niederösterreich – in Händen. *„Es waren zwei Grundmotive, warum wir uns dieser Aufgabe angenommen haben: Wir halten es für die vornehmste Aufgabe von Wissenschaftlern, ihre Kenntnisse, und – wenn sie in die Jahre gekommen sind – ihr Verständnis für ihr Fachgebiet mit anderen Menschen zu teilen. Mit etwas Abstand erkennt man, dass auf viele fachliche Details und Spitzfindigkeiten mit der dazugehörigen, Nichtwissenschaftler ausgrenzenden Terminologie großzügig verzichtet werden kann, wenn es darum geht, mit Außenstehenden auf gleicher Ebene zu kommunizieren. Und damit sind wir bei dem zweiten Motiv:*

Naturschutzbemühungen können nur dann erfolgreich sein, wenn möglichst viele Menschen davon überzeugt sind, dass Natur für sie persönlich wichtig ist. Dieser persönliche Zugang wird dadurch gefördert, dass sie sich selbst mit der ‚Natur', mit ihren Pflanzen und Tieren, beschäftigen. Dadurch entsteht ein unmittelbarer Kontakt. Die ehemals fremde, nur durch Expertenvermittlung erreichbare Natur wird nun zur eigenen. Darum engagieren sich ja sowohl Profi- wie Hobbybiologen so emotional für ‚ihre' Natur. Wir wollen Ihnen die Möglichkeit bieten, mit Arbeitsanleitungen einzusteigen, sich in die Flora einzuarbeiten und damit selbst zu Experten zu werden."

So ist es in den ersten beiden Absätzen des Vorworts des ersten Bandes und nunmehr auch des vierten und letzten zu lesen. Darin kommen das Selbstverständnis und die Motivation des Ideengebers, hervorragenden Botanikers und Ökologen, Universitätslehrers und Autors Wolfgang Holzner zum Ausdruck, dem wir diese Flora verdanken. Wolfgang Holzner hat nicht nur die Erfahrung aus Jahrzehnten der Beschäftigung mit der heimischen Flora, er kann dieses Wissen auch spannend vermitteln. Er beherrscht die Kunst, Fachwissen und komplexe Inhalte gut verständlich und unterhaltsam darzustellen. Er hatte nicht nur die Idee zu diesem Werk, sondern – in Zeiten wie diesen keine Selbstverständlichkeit – er konnte auch das Land Niederösterreich als Partner für dieses Projekt gewinnen. Das gesamte Werk trägt unverkennbar seine Handschrift mit unkonventionellen Zugängen, unterhaltsamen Vergleichen und kreativen Lösungen.

Diese Buchreihe steht als Bindeglied zwischen reiner Fachliteratur und Bilderbüchern und richtet sich an alle an der Natur Interessierten und die, die es noch werden wollen. Der Anspruch der Vollständigkeit bei der Behandlung aller in Niederösterreich vorkommenden Pflanzen, bei gleichzeitigem Bedacht auf einfache Schlüssel, und der Mut zum Kompromiss zwischen dieser Einfachheit und Bestimmbarkeit manch schwieriger Gruppen machen dies zu einem keinesfalls trivialen Unterfangen. Wir Koautorinnen und Koautoren konnten ihn bei einzelnen Kapiteln unterstützen, wobei der Einsatz und die Leistung Wolfgang Adlers hervorzuheben sind, der mit seiner Erfahrung und seinen Texten wesentlich zu dieser Flora beigetragen hat.

Wenn von der Begegnung auf Augenhöhe die Rede ist, dann ist uns Wolfgang Holzner ein besonderes Beispiel. Er wird als jemand, dem die Vielfalt der Natur und der Schutz derselben sehr am Herzen liegen, immer auch ein Advokat der Menschen sein. Das Bemühen, in möglichst vielen die Begeisterung für die Natur zu wecken, zieht sich durch sein Leben und war sicher der Hauptantrieb für dieses Buchprojekt, in dem neben dem Wissen und der Erfahrung auch enorm viel Anstrengung und Fleiß stecken.

Da sich trotz der Bemühungen des Autorenteams doch hin und wieder der Fehlerteufel eingeschlichen hat, möchten wir Sie, die Leserinnen und Leser der Ökologischen Flora Niederösterreichs, um Hinweise auf Irrtümer bitten (E-Mail: floranoe@boku.ac.at), damit diese in den aktualisierten Auflagen behoben werden können. Darüber hinaus werden wir diese Korrekturen auch auf unserer Institutswebsite (http://naturschutz.boku.ac.at) zusammenstellen. Die Gesamtartenliste können Sie über diesen QR-Code als PDF-Datei herunterladen.

Wir wünschen Ihnen viel Freude mit der vierbändigen Ökologischen Flora Niederösterreichs und hoffen, dass diese Bücher zu guten Begleitern bei Ausflügen in die Pflanzenwelt werden!

Wien, im Herbst 2014*
Die Koautorinnen und -autoren
vom Institut für Integrative Naturschutzforschung

Die Gutenstein-Rose *(R. gutensteinensis)*, eine Art der NÖ Kalkvoralpen aus der Verwandtschaft der Rotblattrose *(Rosa glauca)*

* Wir haben das Vorwort einige Wochen bevor Wolfgang Holzner verstorben ist, verfasst. Das Nachwort am Ende des Buchs ist ihm gewidmet.

Kirschbaum in Vollblüte auf einer Weingartenböschung bei Hollenburg

Kapitel 1: Einleitung

Es gibt verschiedene Gründe, warum wir unsere „Flora Niederösterreichs" als vierbändiges Werk konzipiert haben. Eine der Aufgaben, die wir uns gestellt haben, war, alle wild wachsenden Pflanzen aufzunehmen. Obwohl wir dabei die zahlreichen verwilderten Kulturpflanzenarten, von einigen Ausnahmen abgesehen, ausgeklammert haben, kamen wir doch auf die stattliche Zahl von fast 2400 Arten. All diese in einem halbwegs handlichen Buch unterzubringen, würde bedeutet haben: Abbildungen in Briefmarkengröße und Minimaltext. Das Ergebnis wäre nicht nur für Sie, sondern auch für uns höchst unbefriedigend geworden. Denn wir wollen Ihnen ja nicht nur Bilder mit Namen dazu anbieten, sondern die Möglichkeit, sich eingehender mit Pflanzen zu beschäftigen und Ihr Wissen und vor allem auch Ihr Verständnis zu vertiefen.

Dazu ist neben Bildern auch entsprechender und ansprechender Text notwendig. Wir haben daher die Artenzahl verringert und zunächst einmal zwei „Teilmengen" herausgenommen: Alles, was ungefähr wie ein Gras aussieht – übrigens eine in populären Pflanzenbüchern stark vernachlässigte Pflanzengruppe –, kam in einen eigenen Band (2); Bäume und Sträucher sowie Farne, Schachtelhalme, Bärlappe und Wasserpflanzen sind in diesem Band (4) enthalten. Dem umfangreichen „Rest" (etwa $^3/_4$ aller Arten!), allen Gewächsen, die man laienhaft als „Blumen, Kräuter und Stauden" zusammenfassen könnte, sind die Bände 1 und 3 gewidmet.

Im vierten Band sind wir von der strikten Anordnung nach Pflanzenfamilien teilweise abgegangen. Es schien uns praktisch, die Gehölze eigens zu behandeln, damit alle Bäume und Sträucher leicht vergleichbar vereint sind. Daher kommen einige Familien, vor allem die Rosengewächse, je nach ihrer Wuchsform in mehreren Bänden vor. Die Wasserpflanzen haben wir als ökologische Gruppe herausgenommen, weil bei vielen von ihnen schon wegen der seltenen, außerdem schwer erreichbaren und meist ganz unscheinbaren Blüten die Familienzugehörigkeit nicht leicht feststellbar ist.

Niederösterreich ist mit seiner enormen klimatischen und geologischen Vielfalt sozusagen ein Modell Mitteleuropas im Kleinen. Damit wird dieses Buch auch außerhalb dieses Bundeslandes ein brauchbarer Naturbegleiter.

Wildnisgebiet Dürrenstein, Hundsau

Kapitel 2: Zeichenerklärung und Fachausdrücke

Legende zu den Pflanzenbeschreibungen

Nach den deutschen und wissenschaftlichen Pflanzennamen finden Sie folgende Angaben:

Wuchshöhe

in cm oder m

Blütezeit

in röm. Ziffern Januar (I) bis Dezember (XII)

Lebensdauer

⊙ – sommereinjährig: überdauert den Winter im Samenzustand

① – überwinternd einjährig: keimt im Herbst, überwintert mit Blattrosette; blüht und fruchtet im nächsten Jahr. Die meisten überwinternd einjährigen Arten können auch im Jahr der Keimung zur Blüte und Fruchtreife kommen – ①/⊙.

(••) – zweijährig: kommen niemals im Jahr der Keimung zum Blühen (Ausnahmen gibt es in der Natur immer); zunächst wird eine Blattrosette gebildet, die überwintert; Blüte frühestens im nächsten Jahr, oft erst im übernächsten; nach der Fruchtreife sterben die Pflanzen ab (streng zweijährige Arten sind selten; viele benötigen unter ungünstigen Wuchsbedingungen mehrere Jahre bis zur Blühreife).

(∞) – mehrjährig: Pflanzen brauchen immer mehrere (mehr als 5) Jahre bis zur Blühreife, nach der Fruchtreife sterben sie ab

♃ – ausdauernd krautig: „Staude", blüht und fruchtet im Lauf ihres Lebens mehrmals. Ob eine Pflanze ausdauernd oder kurzlebiger ist, kann man – unter anderem – daran erkennen, ob sie neben Blütentrieben (① bis (∞)) auch nicht blühende Triebe ausbildet. Ausläufer (ober- und unterirdische) gibt es meist auch nur bei ♃.

♄ – ausdauernd verholzt: Sträucher und Bäume

Verbreitungsschwerpunkt in NÖ

Hinweis: Das sind keine Verbreitungskarten, sondern schematische, stark vereinfachte Skizzen, die deutlich machen sollen, wo die jeweilige Pflanzenart ihren Verbreitungsschwerpunkt hat. Um das Bild zu schärfen, wurden vereinzelte und vom Hauptverbreitungsgebiet abgelegene Vorkommen nicht berücksichtigt. Mit anderen Worten: Man kann daraus ablesen, wo man eine Pflanze am ehesten finden kann. Findet man sie außerhalb, so kann das ein Hinweis darauf sein, dass man das Bestimmungsergebnis nochmals überprüfen sollte (es kann aber natürlich auch bedeuten, dass man ein abgelegenes Vorkommen gefunden – vielleicht sogar neu entdeckt hat).
Niederösterreich ist naturräumlich äußerst vielfältig und daher auch entsprechend artenreich. Es hat Anteil an den Kalkalpen (Schneeberg 2075 m) und – gerade noch – an den Zentralalpen (Wechsel 1782 m) sowie am Böhmerwald, hier Waldviertel genannt. Der Osten ist niederschlagsarm und sommerwarm (aber winterkalt: subkontinentales Klima), wird als „pannonischer Raum" (Pannonicum) bezeichnet und beherbergt Pflanzen und Tiere, die ihre Hauptverbreitung viel weiter im Osten bis nach Asien hinein haben. Der Alpenostrand – „Thermenlinie" –, wegen der warmen Quellen entlang dieser Bruchlinie der ehemaligen Verbindung zwischen Alpen und Karpaten, beherbergt hingegen (sub)mediterrane Arten, die hier die Eiszeit überdauert haben. Die Niederschlagsmenge nimmt von Osten nach Westen zu, die Temperaturjahresmittel nehmen ab, sodass auch gemäßigtes Klima bevorzugende und in Mitteleuropa allgemein verbreitete Arten hier eine Heimat finden, so vor allem im Alpenvorland.

1. St. Pölten
2. St. Corona am Wechsel
3. Puchberg
4. Wiener Neustadt
5. Waidhofen an der Ybbs
6. Zwettl
7. Waidhofen an der Thaya
8. Horn
9. Mistelbach

Die Signaturen bei den Arten setzen sich aus folgenden Grundeinheiten zusammen:

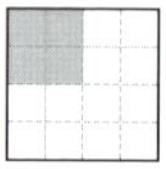

– Waldviertel und Dunkelsteinerwald – ausgenommen die Wachau und die angrenzenden noch pannonisch beeinflussten (sowie durch Lössablagerungen und Marmoradern kalkhaltigen) Gebiete im Süden und Osten

– Kalkalpen und Kalkvoralpen

– Zentralalpen: Bucklige Welt, Rosalia, Semmering, Wechsel

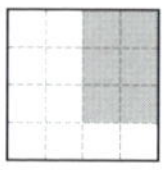

– „Pannonicum“: Weinviertel inkl. Horner Bucht, Wachau, Tullnerfeld, Alpenostrand, Wiener Becken, Marchfeld

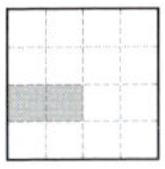 – Flysch-(„Sandstein“-)Wienerwald, Flysch-Voralpen und Alpenvorland

 – ganz Niederösterreich

Verbreitungsschwerpunkt über die Höhenstufen:

Hinweis: Das ist eine vereinfachte Darstellung der Höhenverbreitung von Pflanzenarten, die ja von den jeweiligen lokalen Bedingungen (Gestein, Hanglage: Nord/Süd, West/Ost) abhängt, zur groben Orientierung. Um das Bild zu schärfen, wurden außerdem z. B. Vorkommen von Alpenpflanzen auf tief gelegenen (nordseitigen) Felsen bzw. im Flussschotter (Alpenschwemmlinge) oder das Hochsteigen von Arten mit Hauptverbreitung in tieferen Lagen auf besonders günstigen Sonderstandorten meist nicht berücksichtigt.

Hügelstufe: bis etwa 400 m Seehöhe

Bergstufe: Bereich zwischen Hügelstufe und subalpiner Stufe

Subalpine Stufe: oberste Waldzone inklusive Latschenregion zwischen etwa 1600 und 1800 m; Bereich der Almen

Alpine Stufe: Höhenlagen darüber, in denen die Wuchsbedingungen so extrem sind, dass weder Bäume noch Latschenkrummholz hochkommen können

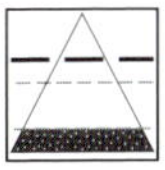 – im Wesentlichen nur in der Hügelstufe

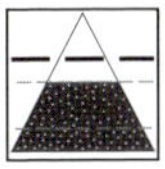 – Hügel- und Bergstufe

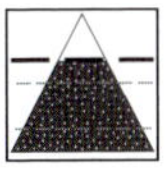 – Hügel- bis subalpine Stufe

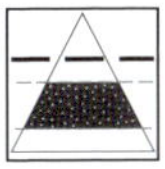 – nur in der Bergstufe

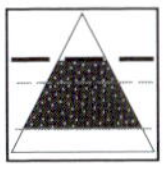 – von der Bergstufe bis in die subalpine Stufe

 – Verbreitungsschwerpunkt in der subalpinen Stufe

 – von der subalpinen bis zur alpinen Stufe

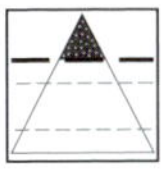 – nur in der alpinen Stufe

Lebensraum, in dem die Pflanze vorwiegend (!) wächst

W Wälder

W (ohne Ziffer) allgemein verbreitete Waldpflanzen

W1 lichte Laub- und Nadelwälder auf Trocken- oder Magerstandorten (Eichen, Schwarzföhren, Rotföhren ...)

W2 (im Sommer) dunkler Laubwald (Rotbuchen, Hainbuchen)

W3 Auwald: Gewässer begleitend und/oder hoher Grundwasserstand (Bruchwald)

W4 Schluchtwald (enge kühl-feuchte Täler)

W5 Subalpiner (Nadel-)Wald (v. a. Fichte und Lärche, aber auch Rotbuche und Bergahorn) und Latschenkrummholz

W6 Waldlichtungen, Holzschläge

W7 Fichtenforste (außerhalb des natürlichen Vorkommens der Fichte)

W8 Robinienwäldchen und -forste

G **Grünland** Gräser als vorherrschende Pflanzen, Wiesen und Weiden

TR Trockenrasen, „Steppe“: schüttere Vegetation durch Trockenheit (flachgründiger Boden, Südhang), v. a. im Weinviertel, am Alpenostrand, im Steinfeld, in der Wachau

G Wiesen und Weiden (allgemein)

G1 Magerwiese (und -weide), „Heide“: schüttere, niedrige Vegetation durch nährstoffarmes Substrat

G2 Flachmoor = nasse Magerwiese

G3 Fettwiese und -weide (durchschnittlich feucht und nährstoffreich)

G3tr trockene Fettwiese (Übergang zu Trockenrasen: „Halbtrockenrasen“)

G3f feuchte Fettwiese

G4 Nasswiese und -weide, nährstoffreich („Sumpf“)

G5 Intensiv genutzte und gedüngte Wiese und Weide

G6 Almweide

ZW Zwergstrauchheide in der Hügel- und Bergstufe (fast ausgestorben)

Übergangslebensräume zwischen Wald und Offenland
(d. h. Grünland oder Acker)

K Kräuterreiche Vegetation am Wald- und Gebüschrand; Saumpflanzen sind lichtbedürftige (daher im Wald nur an lichten Stellen wachsende), hochwüchsige (und oft schön blühende) Kräuter, die normale landwirtschaftliche Nutzung (Mahd zu den üblichen Zeitpunkten, gründliche Beweidung) von Grünland nicht vertragen. Auf nicht mehr genutzten Weiden und brach liegenden – oder spät gemähten (!) – Wiesen und Weiden können sie sich ausbreiten (die Wiese oder Weide „versaumt“).

M Gebüschmantel am Waldrand mit Schleier aus Kletterpflanzen

H Hecke, Gebüsch, Feldgehölz

Alpine und subalpine Lebensräume

A1 Alpine und subalpine Rasen

A2 Subalpine wiesenartige Vegetation (meist auf Steilhängen)

A3 Steinrasen, felsige Hänge und Felsspalten

A4 Schutthalden

A5 Hochstauden (hochwüchsige krautige Vegetation in Lawinenrinnen, als Saum (siehe K) vor Latschengebüsch, auf aufgelassenen Almweiden mit schwerem, feuchtem Boden)

A6 Subalpine Zwergstrauchheiden

A7 Schneeböden (Flächen, die sehr spät ausapern)

G6 Almweiden

Teiche, Seen, Quellen, Bäche, Flüsse

T1 Wasserpflanzen

T2 Mit den „Füßen“ oft im Wasser: Röhricht

T3 Uferpflanzen

T4 Besiedler von vorübergehend trocken gefallenem Gewässeruntergrund: Schlamm, aber auch Sand und Schotter

Pionierstandorte (für Pflanzen, die darauf spezialisiert sind, offene Böden und anderes Substrat zu erobern)

P Erstbesiedler allgemein (d. h. auf vielerlei Substraten und Standorten)

P1 Pioniere auf Magersubstraten: Schottergruben, Schotterhaufen, Steinbrüche, Sandgruben, Straßenbankette

P2 Erstbesiedler frischer Erdhaufen (Baustellen), von Müllhalden, Misthaufen und auf brach gefallenen Äckern

P3 Ältere (mehrjährige) „Gstätten“, alte Ackerbrachen

P4 Felsen tiefer Lagen, Mauerpflanzen

P5 Schutthalden (unterhalb der subalpinen Höhenstufe), Gleisschotter der Bahn

T4 Besiedler von vorübergehend trocken gefallenem Gewässeruntergrund: Schlamm, aber auch Sand und Schotter

W6 Holzschläge, Waldlichtungen

Ä Äcker, Weingärten

S Siedlungsraum (Menschenbegleiter)

S1 Stadtpflanzen (Parkanlagen, Innenhöfe, Pflasterritzen, Mauerfüße, Bahnhöfe, Industrieanlagen ...)

S2 Dorfpflanzen

S3 Straßenböschungen, Bahndämme

S4 Trittpflanzen

P4 Mauerpflanzen

P5 Gleisschotter der Bahn

Sonstige Lebensräume

HM Hochmoor

P4 Felsen in Tieflagen

NaCl Salzböden[1] (in NÖ nur noch sehr selten; verbreitet im nördlichen Burgenland)

Häufigkeit in NÖ

Hinweis: Gilt nur für das jeweilige Schwerpunktverbreitungsgebiet und den speziellen Lebensraum, also nicht für ganz NÖ; daher wird auch eine an sich in NÖ seltene Art als „häufig“ angegeben, wenn zwar ihr Lebensraum selten ist (wie etwa „hochalpine Rasen“ oder „Schlamm auf trocken gefallenen Teichufern“), sie aber dort häufig auftritt.

ss – sehr selten

s – selten

mh – mäßig häufig

h – häufig

sh – sehr häufig

Giftigkeit

(gi) – nur nach sorgfältiger Zubereitung essbar

gi! – schwach giftig

gi!! – giftig

gi!!! – stark giftig

gi? – giftverdächtig

Weitere Zeichen und Abkürzungen:

§ In NÖ gesetzlich geschützt

† Gilt in NÖ als ausgestorben

☝ Hinweis auf Verwechslungsmöglichkeit oder ähnliche Arten

♀ Weiblich

♂ Männlich

± Mehr oder weniger

🕸 Ökologische Einnischung und Vernetzung

⚕ Besondere Hinweise zu Giftigkeit und Inhaltsstoffen

FFH Art steht auf der Flora-Fauna-Habitat-Liste der EU = europaweit geschützt

i. U. z. – im Unterschied zu

s. l. (= sensu lato, im weiteren Sinne) oder **agg.** (= Aggregat oder Artengruppe) bei den wissenschaftlichen Pflanzennamen sind ein Hinweis darauf, dass hier nah verwandte Arten gemeinsam behandelt werden; **s. str.** (= sensu stricto, im engeren Sinne, wird verwendet, wenn eine spezifische Art aus einer derartigen Gruppe gemeint ist).

[1] Die Kochsalzsignatur ist zwar kurz und daher praktisch, aber aus chemischer Sicht falsch: Unsere Salzstandorte sind sulfat- und karbonat-, nicht chloridhaltig.

FlÖ – FISCHER, M. A., OSWALD, K. & ADLER, W., 2008, Exkursionsflora für Österreich, Liechtenstein und Südtirol, 3. Aufl., Verlag: Biologiezentrum d. OÖ Landesmuseen, Linz

Ausläufer: Ober- oder unterirdischer waagrechter dünner Stängel, der meist wurzeln kann und Blätter und Blüten trägt. Stirbt die Verbindung zur Mutterpflanze ab, entstehen voneinander getrennte „Töchter" ein und desselben Individuums.

frisch: optimale Wasserversorgung (nicht trocken, nicht nass)

wechselfeucht: Standort mit wechselndem Feuchtigkeitsregime; vor allem auf wasserundurchlässigem Untergrund kann es z. B. sein, dass der Boden im Frühling sehr nass ist, und dann in Trockenperioden stark austrocknet. Wenn trockene Phasen überwiegen, spricht man auch von wechseltrocken.

Borke versus Rinde: Unsere Gehölze – allesamt Zweikeimblättrige – zeichnen sich dadurch aus, dass sie einen mehr oder weniger massiven Stamm haben, der verholzt ist und durch ein spezielles, sich teilendes Zellgewebe entsteht. Dieser Prozess wird als (sekundäres) Dickenwachstum bezeichnet und im Zuge dieses Wachstums entsteht ein Abschlussgewebe aus toten Zellen, das den Baum schützt. Dieses tote (tertiäre) Abschlussgewebe ist das, was wir am Stamm eines alten Baumes sehen, meist mit charakteristischen Rissen, Furchen oder Schuppen, und wird botanisch korrekt als **Borke** bezeichnet. Ohne diesen Prozess des Dickenwachstums wird das äußere, lebende Gewebe eines pflanzlichen Sprosses (sowie die äußeren Vorläuferstadien der Borke) als **Rinde** bezeichnet.

Alter Buchenstumpf mit Zunderschwamm im Urwald Rothwald

Kapitel 3: Gehölze

Über Bäume und Wälder

Dieser Band der Flora ist zum Teil den Gehölzen, also den Bäumen und Sträuchern gewidmet. Besonders Bäume, diese großen Holzgewächse, faszinieren viele, ganz einfach durch ihre Größe und zweitens dadurch, dass sie ähnlich lange oder noch viel länger leben als ein Mensch. Bäume stehen (in der Regel) an ein und demselben Platz und erdulden Wind und Wetter scheinbar stoisch. Sie spenden uns Schatten und Schutz vor den Naturgewalten und haben in vielen Kulturen eine mystische Bedeutung für die Menschen. Sie sind ein Sinnbild für den ständigen Kreislauf des Lebens von der Geburt bis zum Tod, markieren kultische Plätze, Dorfzentren, Friedhöfe und Kirchen. Gleichzeitig bieten sie nicht nur uns Menschen, sondern auch vielen anderen Lebewesen Lebensraum, sei es unterhalb der Borke, in einer Höhle im Stamm, im Kronenraum, im Boden zwischen den Wurzeln oder in einem Waldbestand. Wenn Bäume sich zu einem Wald zusammenfinden, entsteht etwas Neues. Ein Wald hat sein eigenes Klima, seinen eigenen Wasserhaushalt und seinen eigenen Boden. Wälder geben somit ein anschauliches Beispiel, wie Lebewesen in einem Ökosystem ihre Umwelt beeinflussen und verändern. Alle haben wir schon an einem heißen Sommertag die kühleren Temperaturen in einem Wald genossen, Wälder sind nicht nur dunkler, sondern untertags auch kühler als das sie umgebende Offenland. In der Nacht bleibt es dafür im Inneren eines Waldes wärmer, was besonders im Winter auch Schutz vor strengen Frösten bietet. Wälder verändern auch die Menge und Verteilung des Niederschlags. Ein Teil bleibt in der Krone hängen, bei manchen Baumarten, zum Beispiel bei der Rotbuche, läuft der Regen am Stamm nach unten, wo dann besonders viel Regen ankommt. Die Blätter der Bäume versorgen den Boden mit organischem Material; je nach Klima, Bodenverhältnissen und chemischer Zusammensetzung der Blätter werden diese schneller oder langsamer abgebaut – dies hat Auswirkungen auf die Bodenbildung. Dadurch bestimmen die vorkommenden Baumarten in einem Wald, welche Pflanzen und Tiere hier einen Lebensraum finden. Die Baumartenwahl im bewirtschafteten Wald hat daher großen Einfluss auf das gesamte Ökosystem.

Aber nicht nur die Baumarten, sondern auch ob eine oder mehrere Baumarten einen Wald bilden, ob die Bäume alle gleich alt und ungefähr gleich groß sind oder ob diese unterschiedlich sind, schaffen unterschiedliche Lebensbedingungen für andere Organismen. Schließlich spielt der Zerfall und die Art und Weise der Wiederbewaldung eine entscheidende Rolle für den Wald als Lebensraum. Viele im Wald lebende Organismen sind einerseits mit der Zersetzung und dem Abbau von Holz beschäftigt, andererseits auch von einem Angebot an Totholz abhängig (Foto A). Interessanterweise kommen besonders viele Tierarten in der Zerfallsphase der Wälder vor, da diese Phase am meisten Licht bietet und viele Strukturen und vor allem Totholz, das für holzbewohnende Insekten (mehr dazu auf S. 52), Fledermäuse und Vögel als Behausung oder Nahrungsquelle dient, sei es, weil das Holz selbst Nahrung ist, oder weil die Nahrung im Holz gefunden wird.

So schließt sich der Kreis und das Sinnbild für den ewigen Kreislauf des Lebens passt nicht nur für den einzelnen Baum, sondern besonders für Wälder als Ökosystem, wo Leben in alten Bäumen und aus absterbendem und „totem“ Holz entsteht. Im bewirtschafteten Wald ist wenig Platz für dieses Totholz, da es ja genutzt und abtransportiert wird. Aber auch in manchen bewirtschafteten Wäldern werden heute bereits sogenannte Biotopbäume, also alte Bäume, stehen gelassen und der Totholzanteil wird erhöht, mit dem Ziel, diese Wälder als wertvollen Lebensraum zu erhalten.

A

HAUPTSCHLÜSSEL BÄUME UND STRÄUCHER IM NICHT BLÜHENDEN ZUSTAND

- Alle Blätter nadel- oder schuppenförmig
  - Blätter schuppenförmig (Foto A)
    → Schlüssel A1 s. unten
  - Blätter nadelförmig (Foto B)
    → Schlüssel A2 S. 22
- Blätter nicht nadel- oder schuppenförmig
  - Blätter gegenständig (S. 25, Foto D) oder quirlständig
    - ◆ Blätter zusammengesetzt (gefiedert oder gefingert) (Foto C)
      → Schlüssel B1 S. 23
    - ◆ Blätter nicht zusammengesetzt (ungeteilt) (Foto D)
      → Schlüssel B2 S. 23
  - Blätter wechselständig (S. 29, Foto A)
    - ◆ Blätter zusammengesetzt (Foto E)
      → Schlüssel C1 S. 25
    - ◆ Blätter nicht zusammengesetzt
      - ▪ Blätter gelappt (Foto F)
        → Schlüssel C2a S. 26
      - ▪ Blätter nicht gelappt
        - ❖ Blätter ganzrandig (Foto G)
          → Schlüssel C2b S. 27
        - ❖ Blätter gesägt, gezähnt (S. 69, Foto 2b) oder gekerbt (Foto H)
          → Schlüssel C2c S. 28

Schlüssel A1 Blätter schuppenförmig

- Blätter wechselständig
  → Deutsche Tamariske, *Myricaria germanica*
- Blätter gegenständig
  - Zweige (nicht die Äste) rund und ± quadratisch
    → Sadebaum, *Juniperus sabina* (S. 39, Fotos 2a, b)
  - Zweige sehr flach
    Häufig kultivierter (giftiger) Zier- und Heckenstrauch, selten verwildert (besonders an Mauern und Felsen)
    → Thuje (Lebensbaum), *Thuja*

A
B
C
D
E
F
G
H

1

1 Deutsche Tamariske, *Myricaria germanica*

60–200 cm	VI–VIII	♄			T3, 4	†?	§	

Die Deutsche Tamariske ist eine typische Pionierart auf Sand- und Schotterablagerungen, die periodisch überschwemmt werden, und war früher ein bestandsbildender Strauch an vielen Alpen- und Voralpenflüssen. Diese Lebensräume sind in Folge von Flussregulierungen vielerorts verschwunden. In NÖ gilt die Deutsche Tamariske heute als ausgestorben, ehemalige Vorkommen gab es entlang der Donau, aber auch an etlichen ihrer Zuflüsse aus den Alpen. Aktuell gibt es im niederösterreichisch-steirischem Grenzgebiet am Lassingbach (Foto 1) nach Auspflanzungen wieder einige Exemplare.

Schlüssel A2 Blätter nadelförmig

- Nadeln (an Kurztrieben) zu 15–50 gebüschelt (an Langtrieben einzeln); sommergrün (Nadeln fallen im Herbst ab)
  → Lärche, *Larix decidua* (S. 31, Fotos 1a–c)
- Nadeln zu 5
  → Zirbe, *Pinus cembra* (S. 35, Fotos 2a–d)
- Nadeln meist zu 3–4 quirlständig, stechen
  → Wacholder, *Juniperus communis* (S. 39, Fots 1a–c)
- Nadeln zu 2
  - Nadeln 8–12 cm lang; Stamm in ganzer Länge grau
    → Schwarzföhre, *Pinus nigra* (S. 33, Fotos 1a–d)
  - Nadeln 2–7 cm lang
    - Stamm aufrecht, deutlich zweifarbig (oben rötlich, unten grau)
      → Rotföhre, *Pinus sylvestris* (S. 33, Fotos 2a, b)
    - Stamm niederliegend bis bogig aufsteigend, stets einfarbig grau
      → Latsche, Legföhre, *Pinus mugo* (S. 35, Fotos 1a, b)
- Nadeln einzeln

- Nadeln laufen als grüne Leisten auf dem Ast herab; Nadeln harzlos, beim Zerreiben nicht aromatisch
  → Eibe, *Taxus baccata* (S. 39, Fotos 3a–c)
- Nadeln laufen nicht auf dem Ast herab; Nadeln harzführend, beim Zerreiben daher aromatisch
  - Nadeln spitz, stechen; Zapfen hängen
    → Fichte, *Picea abies* (S. 37, Fotos 2a–d)
  - Nadeln stumpf, vorn meist eingebuchtet (ausgerandet), stechen nicht; Zapfen aufrecht
    → Tanne, *Abies alba* (S. 37, Fotos 1a–c)

Schlüssel B1 Blätter gegenständig oder quirlständig, Blätter zusammengesetzt (gefiedert oder gefingert)

- Blätter gefingert
  → Rosskastanie, *Aesculus hippocastanum*
  Allee- und Zierbaum, selten verwildert
- Blätter gefiedert
  - Kletternde Liane
    → Waldrebe, *Clematis* (S. 41)
  - Baum oder Strauch
    - Blättchen meist gelappt (man prüfe mehrere Blätter)
      → Eschen-Ahorn, *Acer negundo* (S. 121, Fotos 1a–c)
    - Blättchen stets ungelappt
      - Junge Äste von Korkporen (Lentizellen) rau; Blätter riechen beim Zerreiben unangenehm
        → Holunder, *Sambucus* (S. 132)
      - Junge Äste glatt, aber mit Korkporen (Lentizellen)
        → Esche, *Fraxinus* (S. 126–128)
      - Junge Äste glatt und ohne Korkporen; ältere Äste auffällig braun/weißlich gescheckt
        → Pimpernuss, *Staphylea pinnata* (S. 47, Fotos 5a–d)

Schlüssel B2 Blätter gegenständig oder quirlständig, Blätter nicht zusammengesetzt

- Schmarotzt auf Bäumen
  - Schmarotzt auf Eichen; Blätter sommergrün
    → Riemenmistel, *Loranthus europaeus* (S. 45, Fotos 1a, b)
  - Schmarotzt auf anderen Laubbäumen und auf Nadelbäumen; Blätter immergrün
    → Mistel, *Viscum album* agg. (S. 45, Fotos 2a–c)
- Schmarotzt nicht auf Bäumen
  - Blätter gelappt

- Blattstiel nahe dem Blattgrund mit becherförmigen Nektardrüsen (Foto A auf S. 25)
  → Gewöhnlicher Schneeball, *Viburnum opulus* (S. 134–135, Fotos 1a–f)
- Blattstiel ohne solche Nektardrüsen
  → Ahorn, *Acer*[2], s. Schlüssel S. 119

– Blätter nicht gelappt

- Blätter ungeteilt und ganzrandig
  → Schlüssel B2a
- Blätter ungeteilt und gezähnt/gesägt
  → Schlüssel B2b

Schlüssel B2a Blätter ungeteilt und ganzrandig

- Seitennerven von der Mittelrippe auffallend bogig zur Blattspitze verlaufend (Foto B)
  → Hartriegel, *Cornus* (S. 124)
- Seitennerven ± gerade nach dem Blattrand zu verlaufend

– Ansatzstellen der Stiele jedes Blattpaares durch eine Querlinie am Zweig verbunden
→ Heckenkirsche und Geißblatt, *Lonicera* s. Schlüssel S. 129

– Ansatzstellen der Stiele jedes Blattpaars nicht durch eine Querlinie verbunden

- Blätter lanzettlich (Foto C)
  → Liguster, *Ligustrum vulgare* (S. 129, Fotos 2a–c)
- Blätter breit eiförmig bis herzförmig (Foto D)
  → Flieder, *Syringa vulgaris*
  Zierstrauch aus Südosteuropa, selten verwildert

Schlüssel B2b Blätter ungeteilt und gezähnt/gesägt

- Blätter unterseits dicht filzig behaart

– Blätter ca. 2× so lang wie breit, unterseits dicht sternhaarig graufilzig
→ Wolliger Schneeball, *Viburnum lantana* (S. 135, Fotos 2a–c)

– Blätter mehr als 3× so lang wie breit, unterseits weiß- bis graufilzig
→ Sommerflieder, *Buddleja davidii* (S. 127, Fotos 2a–c)

- Blätter kahl

– Seitennerven bogenförmig gegen die Blattspitze zu verlaufend; Pflanze meist dornig
→ Kreuzdorn, *Rhamnus*, s. Schlüssel S. 112

– Seitennerven zum Blattrand hin verlaufend; Pflanze dornenlos
→ Spindelstrauch, *Euonymus*, s. Schlüssel S. 48

[2] Beim in NÖ ausgestorbenen Tataren-Ahorn *(Acer tataricum)* sind nur einige Blätter ganz seicht gelappt (die meisten aber ungeteilt).

Schlüssel C1 Blätter wechselständig und zusammengesetzt

- Blätter gefingert oder dreiteilig
  - Pflanze klettert
    → Jungfernrebe, *Parthenocissus inserta* (S. 47, Foto 4)
  - Pflanze klettert nicht
    - Pflanze mit Stacheln
      → Brombeere, *Rubus,* s. Schlüssel S. 104
    - Pflanze ohne Stacheln
      → Goldregen, *Laburnum anagyroides* (S. 117, Foto 3)

- Blätter gefiedert
  - Pflanze mit Dornen oder Stacheln
    - ◆ Baum mit starken Dornen
      → Robinie, *Robinia pseudacacia* (S. 117, Fotos 1a–d)
    - ◆ Stacheln zart, schwarzpurpurn
      → Himbeere, *Rubus idaeus* (S. 105, Fotos 1a, b)
    - ◆ Stacheln kräftig, nicht schwarzpurpurn
      → Rose, *Rosa,* s. Schlüssel S. 89
  - Pflanze ohne Dornen und Stacheln
    - ◆ Blätter auffallend groß mit 19–39 Blättchen; junge Blättchen stinken beim Zerreiben
      → Götterbaum, *Ailanthus altissima* (S. 118–119, Fotos 1a–d)
    - ◆ Blätter normal groß mit 7–19 Blättchen; Blättchen beim Zerreiben würzig riechend oder geruchlos
      - ▪ Blättchen ganzrandig
        → Walnuss, *Juglans regia* (S. 73, Fotos 2a–c)
      - ▪ Blättchen gesägt
        - ❖ Blättchen am Grund ± symmetrisch, im unteren Drittel meist ganzrandig
          → Speierling, *Sorbus domestica* (S. 85, Fotos 2a, b)
        - ❖ Blättchen am Grund asymmetrisch, oft vom Grund an gesägt
          → Eberesche, *Sorbus aucuparia* (S. 84–85, Fotos 1a–d)

Schlüssel C2a Blätter wechselständig, nicht zusammengesetzt, gelappt

- Pflanze klettert, kriecht oder rankt
  - Pflanze mit verzweigten Ranken; Blattlappen gezähnt
    → Weinrebe, *Vitis vinifera* (S. 47, Fotos 3a, b)
  - Pflanze mit Haftwurzeln kletternd oder kriechend; Blattlappen ganzrandig
    → Efeu, *Hedera helix* (S. 135, Fotos 3a–c)
- Aufrechter Baum oder Strauch
  - Blätter unterseits filzig behaart
    → Silberpappel, *Populus alba* (S. 51, Fotos 1a–c)
  - Blätter am Grund mit drei bis fünf etwa gleich starken, fingerförmigen, von der Spitze des Blattstiels ausgehenden Nerven
    → Johannisbeere/Stachelbeere, *Ribes,* s. Schlüssel S. 44
  - Blätter mit nur einer vom Blattstiel ausgehenden kräftigen Mittelrippe und fiedernervig; Blätter unterseits nicht filzig behaart und ohne Milchsaft
    - ◆ Pflanze meist dornig
      → Weißdorn, *Crataegus,* s. Schlüssel S. 78
    - ◆ Pflanze nicht dornig
      - ▪ Blattbuchten abgerundet
        → Eiche, *Quercus* (S. 66)

- Blattbuchten spitz
  → Elsbeere, *Sorbus torminalis* (S. 85, Fotos 3a–d)

Schlüssel C2b Blätter nicht gelappt, ganzrandig[3]

- Pflanze klettert, windet oder kriecht
  - Pflanze mit Haftwurzeln kletternd oder kriechend; Blätter ledrig, immergrün
    → Efeu, *Hedera helix* (S. 135, Fotos 3a–c)
  - Pflanze (linksschraubig) windend; Blätter nicht ledrig, sommergrün; aggressiv wuchernde Zierpflanze aus Ostasien, selten verwildert (Foto A)
    → Silberregen, *Fallopia baldschuanica (Polygonum baldschuanicum)*
- Pflanze klettert, windet oder kriecht nicht
  - Pflanze dornig
    - Blätter unterseits mit silbrigen bis rostbraunen, abribbelbaren Schildhaaren
      → Sanddorn, *Hippophaë rhamnoides* (S. 115, Fotos 3a–c)
    - Blätter unterseits grün; Zweige bogig überhängend
      → Bocksdorn, *Lycium barbarum* (S. 127, Fotos 1a, b)
  - Pflanze nicht dornig
    - In der Mitte der (scheinbaren) Blätter entspringt ein kleines (scheinbares) Blatt mit Blüte; s nur im südwestlichen Wienerwald
      → Zungen-Mäusedorn, *Ruscus hypoglossum*, Bd. 3, S. 459
    - Strauch mit Sternhaaren; nur an zwei Stellen im Weinviertel
      → Hornmelde, *Krascheninnikovia ceratoides*, Bd. 1, S. 88

A

[3] Siehe auch Seidelbast *(Daphne)* S. 122 und Steinröserl *(Daphne cneorum)* Bd. 1, S. 148, Besenginster *(Cytisus scoparius)*, S. 116, und Gelbe Azalee *(Rhododendron luteum)*, S. 124

- Knospen mit nur einer Knospenschuppe
  → Weide, *Salix,* s. Schlüssel S. 53

- Anders als die drei zuletzt Genannten, insbesondere mit mehr als einer Knospenschuppe

  - Baum mit meist glatter, silbergrauer Rinde; junge Blätter am Rand gewimpert
    → Rotbuche, *Fagus sylvatica* (S. 65, Fotos 2a–f)

  - Strauch, bis 3 m hoch

    - Blätter ohne Nebenblätter
      → Perückenstrauch, *Cotinus coggygria* (S. 119, Foto 2)

    - Blätter mit Nebenblättern

      - Seitennerven der Blätter am Rand bogig verbunden, Zweige weiß getüpfelt
        → Faulbaum, *Frangula alnus* (S. 113, Fotos 2a–e)

      - Seitennerven der Blätter nicht bogig verbunden, Zweige nicht weiß getüpfelt
        → Steinmispel, *Cotoneaster* (S. 86–87)

Schlüssel C2c Blätter nicht gelappt, aber gesägt, gezähnt oder gekerbt

Damit sind wir nun beim letzten, aber auch umfangreichsten Schlüssel angelangt. In 20 Punkten werden die infrage kommenden Gattungen/Arten mit jeweils markanten Merkmalen aufgelistet, wobei die Fotos wertvolle Hilfe leisten. Um Sie nicht gar zu sehr auf die Folter zu spannen, werden die häufigeren Gattungen/Arten (wo möglich) am Anfang behandelt. Wir wünschen guten Erfolg!

- Blattgrund herzförmig, Blätter unterseits in den Nervenwinkeln auffallend bärtig
  → Linde, *Tilia* (S. 122)

- Blätter dreieckig

  - Blätter mit schmalem, deutlich durchscheinendem Rand (mit Lupe gegen das Licht prüfen!), Rinde graugrün
    → Schwarzpappel, *Populus nigra* (S. 51, Fotos 3a–c)

  - Blätter ohne solchen Rand, Borke weiß
    → Birke, *Betula* (S. 69, Fotos 2b, c)

- Blätter fast kreisrund

  - Blattstiele von der Seite zusammengedrückt (dadurch „zittern" die Blätter im Wind!), am Stiel beim Blatt meist zwei Drüsen
    → Zitterpappel, *Populus tremula* (S. 51, Foto 2a)

  - Blattstiele nicht zusammengedrückt, Blätter an der Spitze eingebuchtet (ausgerandet) oder gestutzt; in nassen Wäldern, an Ufern
    → Schwarz-Erle, *Alnus glutinosa* (S. 71, Foto 2c)

  - Blattstiele nicht zusammengedrückt, Blätter spitz, Blattstiele auffällig abstehend behaart
    → Haselnuss, *Corylus avellana* (S. 73, Foto 1d)

- Jede Knospe mit nur einer einzigen Knospenschuppe
  → Weide, *Salix,* s. Schlüssel S. 53

- Blattgrund ± asymmetrisch (Foto A)
  → Ulme, *Ulmus* (S. 110)

A

- Die meisten Blätter rosettig in der Achsel von Dornen
  → Berberitze, *Berberis vulgaris* (S. 43, Fotos 1c–f)
- Blattunterseite filzig behaart, diese Filzbehaarung ist sehr leicht abwischbar (bei der ähnlichen Steinmispel nicht abwischbar!)
  → Felsenbirne, *Amelanchier ovalis* (S. 81, Foto 4b)
- Zweige dornig; Blätter ungenau gegenständig
  → Kreuzdorn, *Rhamnus* (S. 113)
- Blätter immergrün, ledrig, grob dornig gezähnt
  → Stechpalme, *Ilex aquifolium* (S. 128, Foto 3)
- Blätter kahl, etwas ledrig, oberseits glänzend, grob stachelspitzig gezähnt, mit mehr als zehn Paar Seitennerven
  → Edelkastanie, *Castanea sativa* (S. 65, Foto 1b)
- Blätter 4–5 × so lang wie breit; auf feuchten Standorten; Strauch
  → Weiden-Spierstrauch, *Spiraea salicifolia* (S. 87, Foto 3)
- Blätter nur an der Spitze mit ca. 5 Zähnen; nur am Alpenostrand; Strauch
  → Karpaten-Spierstrauch, *Spiraea media* (S. 87, Fotos 4a, b)
- Blätter doppelt gesägt
  → Birkengewächse (Betulaceae, S. 68): Grün-Erle, *Alnus alnobetula*, Grau-Erle, *Alnus incana*, Hainbuche, *Carpinus betulus*
- Blätter einfach gesägt/gezähnt
  → Rosengewächse (Rosaceae): Mehlbeere, *Sorbus aria*; Birne, *Pyrus*; Apfel, *Malus*; Schlehe, *Prunus* (Zwetschke, Traubenkirsche, Steinweichsel, Kirsche), S. 72 ff.

Lichtdurchfluteter Rotbuchenwald

NADELHÖLZER, KONIFEREN

Familie: Föhrengewächse, Pinaceae

1 Lärche (Europa-L.), *Larix decidua*

20–40 m	III–V	♄			W5	h		gi!

+ Nadeln in charakteristischen Büscheln zu 15–50 (auf sogenannten Kurztrieben)
+ Nadeln hellgrün und relativ weich
+ Borke im Alter dick und schuppig mit rötlich braunen Furchen, Krone kegelig

Die Lärche ist ein Gebirgsbaum und bildet gemeinsam mit der Zirbe in den Zentralalpen die Waldgrenze. Sie braucht vor allem in der Jugend viel Licht und wird an guten Standorten leicht von anderen Baumarten verdrängt. Man findet die Lärche daher oft an steilen, felsigen Standorten im Gebirge und dort, wo sie forstlich eingebracht worden ist. Ähnlich wie die Fichte profitiert die Lärche von der Kahlschlagwirtschaft und kommt daher entlang der niederösterreichischen Alpen bis in den Wiener Wald auch im Bereich des Buchenwaldes (in höheren Lagen oft gemeinsam mit Fichte und Tanne) vor. Das Holz ist begehrt und daher ist die Lärche auch für die Forstwirtschaft eine interessante Mischbaumart, die ästhetisch und ökologisch bereichernd wirkt. Dort, wo die Lärche im Bergwald vorkommt, wird die natürliche Ansamung durch das Belassen von alten Samenbäumen gefördert. Sie ist bekanntlich der einzige Nadelbaum Österreichs, der die Nadeln im Herbst verliert. Sie trägt mit ihren sich leuchtend gelb färbenden Nadeln zur malerischen Herbstfärbung in den Niederösterreichischen Kalkalpen bei. In den schneereichen Gebirgsregionen Österreichs wird der Zeitpunkt des Laubfalls der Lärche auch zur Prognose des Wintereinbruchs verwendet. Fällt Schnee vor dem Laubfall, wird davon ausgegangen, dass der Schnee nicht bis ins Frühjahr bleibt, sondern vor dem endgültigen Wintereinbruch noch einmal taut.

1a

1b

1c

Gattung: Föhre (Kiefer), *Pinus*

- 5 Nadeln gemeinsam in einem Büschel
  → Zirbe, *P. cembra*
- 2 Nadeln pro Büschel
  - Baum
    - Borke älterer Stämme zweifarbig: unten graubraun, im Kronenbereich fuchsrot
      → Rotföhre, *P. sylvestris*
    - Borke in der ganzen Stammlänge einfarbig grau
      → Schwarzföhre, *P. nigra*
  - Strauch mit niederliegenden, bogig aufsteigenden Ästen (Krummholz)
    → Latsche, *P. mugo*

1 Schwarzföhre (Schwarzkiefer), *Pinus nigra*

10–20 m	V–VI	♄			W1, P4	mh		

+ Nadeln lang, dunkelgrün
+ Krone wirkt dicht und dunkel (Foto 1a)
+ Borke grau (Foto 1b)

Das ausgedehnte Verbreitungsgebiet der Schwarzföhre in NÖ, am Alpenostrand von Perchtoldsdorf bis ins Rax-Schneeberggebiet (hier bis ca. 1400 m Seehöhe), ist etwas ganz Besonderes, denn die nächsten größeren Vorkommen gibt es erst wieder am Balkan. Man nimmt an, dass der Baum hier bei uns die Eiszeit als Relikt aus wärmeren Zeiten überdauern konnte, eine Hypothese, die dadurch erhärtet wird, dass er mit anderen wärmebedürftigen Arten vergesellschaftet ist.

Von Natur aus wächst er auf flachgründigen, felsigen Steilhängen über Dolomit oder Kalk; das westlichste Vorkommen befindet sich – von Weitem sichtbar – auf dem Wetterkreuz bei Hollenburg. Da der Baum sehr empfindlich gegen Beschattung ist, würde er auf wüchsigeren Standorten bald von Laubhölzern verdrängt werden, und muss daher mit Extremstandorten vorliebnehmen. Hier bildet er im Alter oft charakteristische, landschaftsprägende Schirmkronen aus, da einerseits die unteren Äste im Schatten der darüber befindlichen absterben. Andererseits kann der Baum die Krone nur bis zu einer gewissen Höhe mit Wasser versorgen, daher wächst die Krone in die Breite statt weiter in die Höhe. Bemerkenswert ist außerdem, dass der Baum, obwohl er raschwüchsig ist, sehr alt werden kann. Die älteste Schwarzföhre NÖs steht am Alpenostrand in der Nähe von Waldegg und ist etwa 800 Jahre alt. Da das Holz sehr harzreich ist, ist es gut geschützt gegen Befall durch Insekten und Pilze.

Der Harzgehalt war einer der Gründe, warum die Schwarzföhre einst viel gepflanzt wurde. Letzte Reste dieser Harznutzung (Foto 1d) (und ein Museum dazu) findet man in Hernstein. Diese Forste erkennt man daran, dass im Unterwuchs Laubbäume nachdrängen, während natürliche Schwarzkiefernwälder nur einen schütteren Unterwuchs von Sträuchern, wie Felsenbirne oder Steinmispel, aufweisen. Der Boden ist oft dicht mit einem Rasen aus Kalk-Blaugras (Bd. 2, S. 32) bedeckt.

2 Rotföhre (Waldkiefer), *Pinus sylvestris*

10–30 m	V–VI	♄			W1, P4	sh		

+ Nadeln 4–8 cm (kürzer als bei der Schwarzföhre) und blau- bis graugrün (Foto 2a)
+ Nadeln eines Paars gegeneinander verdreht
+ Borke im oberen Bereich rötlich braun (Rotföhre) (Foto 2b)

Wie die meisten Kiefernarten ist auch die Waldkiefer eine sehr lichtbedürftige Art und daher konkurrenzschwach. Als typische Pionierbaumart wird sie sehr leicht von anderen Baumarten verdrängt und besiedelt natürlicherweise extreme Standorte, wie felsige Steilhänge, trockene oder sehr feuchte Standorte mit schlechter Nährstoffversorgung. Sie kann aber auf solchen Standorten überall auftauchen, d. h., sie besiedelt ein großes Areal. Forstwirtschaftlich wurde sie in Niederösterreich auf vielen (Eichen-)Standorten eingebracht und ist daher häufig anzutreffen. In dichten Beständen bildet sie aufgrund der Lichtbedürftigkeit oft besonders kurze Kronen aus.

1a

1b

1c

1d

2a

2b

Im Vordergrund Schwarzföhren mit grauer Borke; Rotföhren mit roten Borken im Hintergrund.

1 Latsche (Legföhre), *Pinus mugo*

1–2 m	VI–VII	♄			W5, HM	sh		

+ erinnert mit den dunkelgrünen Nadeln und den dicht benadelten Zweigen an die Schwarzkiefer, hat aber völlig anderen Wuchs, unterschiedliche Verbreitung und besiedelt andere Standorte

Einerseits bedeckt Latschen-Krummholz große Flächen in der subalpinen Stufe (im Waldgrenzbereich) der (Kalk-[4])Alpen (s. Bd. 2, S. 24). Auf Flächen, auf denen die Latsche keine Konkurrenz durch Bäume erdulden muss, kann sie auch tief hinabsteigen, z. B. in Lawinenrinnen (ihre federnden, hangabwärts gebogenen Zweige halten dem Schneedruck gut stand). Durch Erosion aufgerissene Stellen kann sie mit ihren von Wind und Wasser verbreiteten Samen neu besiedeln. Außerdem kann sie mit ihren weit kriechenden, wurzelnden Stämmen ihre Bestände ausweiten. Dadurch kommt sie in Konflikt mit der Almwirtschaft und dem Tourismus. Almen, die nicht mehr oder zu wenig beweidet werden, wachsen – sehr langsam, aber sicher – mit Krummholz zu.

Das Fleckenmuster der Latschenbestände (wie z. B. auf den Fotos vom Schneeberg) hat dreierlei Ursachen:

1. Brauchen Latschen als wintergrüne Gewächse Schneeschutz; wenn die spätwinterliche Sonne die Nadeln erwärmt und sie dadurch Wasser verlieren, der Boden aber noch gefroren ist, besteht die Gefahr, dass die jüngeren Nadeln vertrocknen. Daher kann man an manchen Büschen die durchschnittliche Schneelage auch im Sommer deutlich erkennen. (Foto 1a)
2. Andererseits darf der Schnee auch nicht zu lange liegen bleiben. Daher weisen die Latschenbestände in Mulden, Dolinen und Gräben Lücken auf.
3. Haben natürlich Menschen durch Rodung Latschenbestände dezimiert und man kann zusehen, wie sie sich nun fleckenweise langsam wieder ausbreiten. (Foto 1b)

Überraschenderweise begegnet man der Latsche unter völlig anderen Wuchsbedingungen, nämlich auf Hochmooren in tiefen Lagen, ja sogar fernab der Alpen – im Waldviertel. Auch hier hat sie wegen der ungünstigen Wuchsbedingungen kaum Konkurrenz durch Bäume (Bd. 2, S. 99). Man kann annehmen, dass sie hier seit der letzten Eiszeit überdauert hat und uns so einen Eindruck von einem damals weitverbreiteten Landschafts- und Vegetationstyp vermittelt. Besonders auf Hochmooren, die man versucht hat trockenzulegen, tritt sie großflächig auf.

Auf solchen austrocknenden Waldviertler Hochmooren gibt es Wälder von aufrecht (!) wachsenden Latschen, der „Moor-Spirke“ *(P. × rotundata)*, die wahrscheinlich nach der Eiszeit als Hybrid der „echten“ Latsche mit der heute westalpin verbreiteten Spirke entstanden ist. (Foto 1c)

2 Zirbe, *Pinus cembra*

10–25 m	VI–VII	♄			W5	s		

+ junge Äste gelblich filzig
+ Harz duftet süßlich aromatisch[5]
+ Nadeln (Foto 2c) etwas blau überlaufen
+ Zapfen öffnen sich bei der Reife nicht, sondern fallen als Ganzes ab

Baum der Waldgrenze in den Zentralalpen (Foto 2d: Sölkpass), in NÖ im subalpinen Bereich forstlich gepflanzt (z. B. auf einer ehemaligen Waldbrandfläche am Hochschneeberg). Die Zirbe ist, im Gegensatz zu ihren zweinadeligen Verwandten[6], eine relativ konkurrenzstarke Baumart. Sie stattet ihre Samen reichlich mit Nährstoffen aus (die „Zirbelnüsse“, werden von Tieren, z. B. vom Tannenhäher, ausgebreitet), sodass ihre Keimlinge durchsetzungskräftig sind.

[4] Bevorzugt aus klimatischen Gründen die Randlagen der Alpen; in den randlichen Zentralalpen (z. B. in Teilen der Niederen Tauern) gedeiht sie auch auf kalkfreiem Substrat. Auf dem NÖ Wechsel ist sie allerdings selten.

[5] Daher das feine Aroma des „Zirbengeists“; dazu werden unreife Zapfen in Schnaps eingelegt.

[6] Die zweinadeligen Kiefern sind hingegen lichtbedürftige Pionierbäume mit leichten, mit dem Wind weit fliegenden Samen. Die Zapfen öffnen sich bei der Reife noch am Baum und geben die Samen frei. Die Keimlinge können in dichter Vegetation nicht hochkommen.

1a

1b

1c

2a

2b

2c

2d

1 Tanne (Weiß-Tanne), *Abies alba*

20–55 m	V–VI	♄			W2	mh		

- + Nadeln stumpf, flach, nicht stechend
- + Zapfen stehen aufrecht, bei der Reife lösen sich nur die Schuppen, die zentrale Achse bleibt kerzenartig stehen
- + Nadeln und Zweige stehen ± waagrecht
- + Borke zunächst glatt und hellgrau, später größere Schuppen mit deutlichen Querrillen

In Österreich gemeinsam mit der Fichte der Prototyp eines Nadelbaums. Sie wird bis zu 55 Meter hoch und kann zumindest 600 Jahre alt werden. Beide Werte sind für das Wildnisgebiet Dürrenstein und daher gerade für Niederösterreich belegt. Kann mit etwas Übung aufgrund der Kronenform und der Borke schon von Weitem von der Fichte unterschieden werden, mit der sie oft gemeinsam vorkommt (siehe dazu die Merkmale bei beiden Baumarten). Da die Äste waagrecht abstehen, ist die Krone nach oben hin länger breit. Oft bildet sich auch eine sogenannte Storchennestkrone aus, wenn die obersten Triebe im Wachstum nachlassen, die Seitentriebe aber noch stärker wachsen. Foto 1c zeigt eine Tanne in der Mitte, die von zwei Fichten flankiert wird. In ganz Österreich und auch in Niederösterreich war die Tanne früher viel häufiger. Sie verträgt viel Feuchtigkeit und ist auf schweren, zur Staunässe neigenden, schlecht durchlüfteten Böden als Mischbaumart von der Forstwirtschaft besonders geschätzt. Allerdings ist die Tanne anfällig für Spätfrost und hält daher das Freiflächenklima auf einem Kahlschlag nicht so gut aus, sondern braucht in der Jugend Schutz. Bei plötzlicher Freistellung braucht es lange, bis über 10 Jahre, bis die Umstellung von Schattennadeln auf Lichtnadeln vollzogen ist. Daher ist eine allmähliche Freistellung der Verjüngung ein Mittel, die Tanne zu fördern. Kleinflächige oder einzelbaumweise Nutzung ist für die Tanne eine ideale Bewirtschaftungsweise. Durch die schweren Samen breitet sie sich nicht über weite Strecken aus und ist außerdem von Wildverbiss viel stärker betroffen als die Fichte. Diese Eigenschaften in Verbindung mit der jahrhundertelangen Kahlschlagwirtschaft haben dazu geführt, dass die Tanne in Niederösterreich immer seltener geworden ist und jetzt auf niedrigem Niveau stagniert. Neuere Untersuchungen zeigen, dass sie auch Trockenheit besser aushält als die Fichte, allerdings braucht sie mehr Wärme. Dieser Umstand und die Tatsache, dass sie aufgrund der Ausbildung einer tiefen Pfahlwurzel gegenüber Sturm relativ stabil ist, lässt sie zu einer Alternative zur Fichte in Klimawandelszenarien werden.

Ähnlich: Douglasie *(Pseudotsuga menziesii)*, die amerikanische Art wird forstlich häufig ausgesetzt; sie hat weiche Nadeln, die beim Zerreiben nach Orangen duften. (Foto 1d)

2 Fichte (Gewöhnlich-Fichte), *Picea abies*

20–45 m	V–VI	♄			W5, 7	sh		

- + Nadeln spitz, stechend
- + Zapfen hängen, fallen nach der Reife als Ganzes ab und liegen am Waldboden
- + untere Zweige (und Triebe) bei älteren Bäumen oft bogig hängend (bei der Tanne waagrecht abstehend)
- + Borke rötlich, bei älteren Bäumen auch graubraun und kleine ± regelmäßige Schuppen bildend

Kommt natürlicherweise in höheren Lagen vor (dort wo die Konkurrenzkraft der Buche aufgrund klimatischer Gegebenheiten nachlässt), meist gemeinsam mit Rotbuche und Tanne. Darüber hinaus im subalpinen Fichtenwald auch als Reinbestand. Dieser ist aber in Niederösterreich vielfach nur rudimentär ausgebildet, wegen der geringeren Höhe der Gebirge, bzw. ist er durch Almweiden ersetzt. Die Fichte ist der sogenannte „Brotbaum" der Forstwirtschaft und gleichzeitig bei vielen unbeliebtes Sinnbild für Monokulturen. Beides liegt an den Eigenschaften dieser erfolgreichen Baumart. Für die Forstwirtschaft ist sie leicht zu kultivieren, weil sie gut auf Freiflächen wächst und bei halbwegs guten Böden gute Erträge bringt. Sie verdankt ihre weite Verbreitung auch dem Umstand, dass sie auf Freiflächen ohne Schutz gut keimen und wachsen kann. Ihre leichten Samen werden mit dem Wind über weite Strecken ausgebreitet, im Gegensatz zu den anderen in montanen Lagen häufigen Baumarten Tanne und Rotbuche. Sie wird daher durch die Kahlschlagwirtschaft auch ohne Aufforstungen begünstigt. Die Fichte kann einerseits rasch frei gewordene Flächen besiedeln, andererseits ist sie aber auch langlebig, kann über 600 Jahre alt werden und verträgt auch bis zu einem gewissen Grad Schatten. Das macht sie (im bewirtschafteten Wald) sehr erfolgreich und sie ist daher in Niederösterreich auch in tieferen Lagen in Fichtenforsten weit verbreitet, wie z. B. im Waldviertel.

1a

1b

1c

2a

2b

2c

2d

1d

Familie: Zypressengewächse, Cupressaceae

1 Wacholder (Echt-W.), *Juniperus communis*

1–5 m	IV–V	♄			W1, ZW, A6	mh		gi![7]

+ Nadeln stechen
+ zu 3 in einem Quirl
+ oberseits mit einem Wachsstreifen

Meist zweihäusig (d. h., es gibt rein ♀ (Foto 1b) und rein ♂ (Foto 1c) Sträucher; Windbestäubung. Die Entwicklung der ♀ Zapfen zu den mit Wachs überzogenen fleischigen Beeren dauert zwei bis drei Jahre.
Einst auch in NÖ Charakterbaum der Heiden und Magerweiden (wird nicht verbissen, zeigt ehemalige Weidenutzung an); heute mit der Aufgabe dieser Weidewirtschaft stark zurückgegangen. Da er sehr empfindlich gegen Beschattung ist, wird er von höherwüchsigen Gehölzen (und Aufforstung) verdrängt.

Der Zwergwacholder (subsp. *nana*), eine dicht an den Boden gedrückt wachsende Unterart, die in subalpinen Zwergstrauchheiden wächst, ist in NÖ sehr selten (in den Alpen sonst häufig).

2 Sadebaum (Sebenstrauch, Gift-W., Stink-W.), *Juniperus sabina*

0,4–1,5 m	IV–V	♄			A3	ss		gi!!

+ niederliegende bzw. an Felswänden herabhängende Zweige
+ Blätter schuppenförmig (nur bei jungen Pflanzen nadelförmig) (Foto 2b)
+ beim Zerreiben mit starkem, unangenehmem Geruch

Typisch für die inneralpinen Trockentäler; in NÖ eine Rarität auf sonnigen, trockenen Felsen; oft als Zierstrauch gepflanzt.

Familie: Eibengewächse, Taxaceae

3 Eibe, *Taxus baccata*

10–20 m	III–IV	♄			W2	s	§	gi!!!

+ Nadeln laufen als grüne Leisten auf dem Ast herab (Foto 3c)
+ Nadeln allmählich zugespitzt, glänzend, dunkelgrün
+ Früchte rote Scheinbeeren mit fleischiger Samenhülle

Ob ihres zähen und harten, aber biegsamen Holzes geschätzt, ob ihrer Giftigkeit bekämpft und ausgebrannt – nun selten, aber zäh und ausdauernd. Die europäische Eibe ist die einzige Art der Gattung *Taxus* in Europa. Sie stellt geringe Ansprüche an den Standort und ist sehr schattentolerant. Sie wächst in der Jugend langsam und wird kaum höher als 20 Meter, allerdings können die Stämme im hohen Alter (kann wahrscheinlich über 1000 Jahre alt werden) große Durchmesser erreichen. Starke Fröste verträgt sie nicht so gut. Sie gedeiht daher am besten in ozeanisch getönten Lagen mit milden Wintern, ausreichend Niederschlag und kühlen Sommern auf Kalkböden; Bedingungen, wie sie in den niederösterreichischen Kalkalpen vorherrschen. Sie zeigt für einen Nadelbaum ein erstaunliches Ausschlagverhalten nach Verletzungen und eignet sich daher für geschnittene Hecken. Diese Eigenschaft ist es, die sie wahrscheinlich vor der völligen Ausrottung in Niederösterreich

[7] Beeren nur in geringen Mengen verzehren.

[8] An felsigen Steilhängen gibt es sie vereinzelt auch noch in der Wachau, im südlichen Waldviertel (z. B.: Wotansfelsen); im Strudengau existiert sogar auf einem kaum zugänglichen, extrem steilen Hang ein kleines Eibenwäldchen.

bewahrt hat. Weil alle Teile, außer der roten Samenhülle, giftig sind (für Rinder und vor allem für Pferde) und vielleicht auch, weil sie als „heidnischer“ Baum galt, wurden Eiben bekämpft und ausgebrannt (d. h. am Fuß dicker Stämme wurde ein Feuer entzündet, wodurch der Stammgrund allerdings meist nur teilweise entbrannte). Aber selbst diese Behandlung haben einige Exemplare überlebt. Zuvor war Eibenholz wegen seiner Härte und gleichzeitiger Biegsamkeit für viele Gebrauchsgegenstände, aber vor allem für Speere und Bögen verwendet worden. Eiben wurden im Mittelalter deshalb nach England exportiert. Zurzeit ist die Eibe in Niederösterreich in den Kalkalpen vereinzelt zu finden. Diese wenigen Exemplare werden leicht übersehen, da sie oft unterhalb der Hauptbaumschicht stetig und geduldig wachsen und durch ihr dunkles Erscheinungsbild kaum auffallen oder aber nur an sehr unzugänglichen Stellen erhalten geblieben sind.[8]

Eiben (aus Kulturen, nicht in Österreich) liefern heute wichtige Krebsmedikamente.

Naturschutzgebiet Fehhaube-Kogelsteine mit blühenden Schlehen

LAUBGEHÖLZE

Familie: Hahnenfußgewächse, Ranunculaceae (s. auch Bd. 1 und 3)

1 Waldrebe (Gewöhnlich-W.), *Clematis vitalba*

2–10 m lang	VI–VII	♄			W3, M, H, P3	sh		gi!

+ Blätter gefiedert
+ verholzte Liane, klettert mit den Ranken der Blattstiele und der Mittelrippe der Fiederblätter
+ zur Fruchtreife von Weitem auffallend, da die Griffel zu Federschweifen auswachsen (Windverbreitung; Foto 1b)
+ Streifenborke

Anspruchsvoll bezüglich Feuchtigkeit, Licht und Nährstoffversorgung; bevorzugt kalkhaltige Böden. Breitet sich auch auf nicht von Gehölzen bewachsenen Flächen (z. B. Brachen) bodendeckend aus.

2 Alpen-Waldrebe (Alpenrebe), *Clematis alpina*

1–3 m	V–VII	♄			W5, 4	mh		gi!

+ Blüten 4–6 cm lang, hängend
+ mit viel zarteren, dünneren „Stämmchen“ als die vorige Art

1a

1b

1c

2

Familie: Berberitzengewächse, Berberidaceae

1 Berberitze (Sauerdorn), *Berberis vulgaris*

1–3 m	IV–V	♄			M, H	h		gi![9]

+ Dornen oft dreiteilig (an Langtrieben kann man die Entstehung der Dornen aus Blättern beobachten, von unten nach oben: Blätter mit bedorntem Rand (Foto 1d), fünf- oder sogar noch mehrteilige Dornen (Foto 1e), dann dreiteilige (Foto 1f) und schließlich einfache)
+ unter der Rinde älterer Zweige (mit dem Fingernagel aufreißen) ein leuchtend gelber (bitterer) Farbstoff (Foto 1g)

Die Staubblätter sind „reizbar“: wenn man sie mit einem Grashalm (Insektenrüssel) am Blütengrund berührt, klappen sie rasch nach innen.
Wärme- und lichtliebend; bevorzugt Kalkgebiete.

Familie: Riemenmistelgewächse, Loranthaceae[10]

Strauchige Halbparasiten[11] auf den Ästen von Bäumen; bei starkem Auftreten können sie ihren Wirt durch Wasserentzug schädigen, da sie einen hohen Wasserverbrauch haben und diesen auch in Zeiten mit Wasserstress kaum einschränken. Auch im Winter, wenn ihre Wirtsbäume die Blätter abgeworfen haben und versuchen, die Transpiration (Verdunstung) möglichst gering zu halten, gehen die Misteln verschwenderisch mit dem Wasser um. Die Beeren werden von Vögeln verzehrt und die Samen wieder ausgeschieden. Auf jüngeren Zweigen mit dünner Rinde keimen sie, indem sie zunächst eine Haftscheibe ausbilden und dann mit einer Saugwurzel (mithilfe holzauflösender Enzyme) in das Holz eindringen. Das klebrig schleimige (viskose) Fruchtfleisch wird mit Samen auch direkt von den Vögeln beim Schnabelputzen auf Zweige geschmiert.

- Blätter sommergrün, Früchte gelb; Parasit auf Eichen
  → Eichenmistel, *Loranthus europaeus*
- Blätter wintergrün, Früchte bleiben über den Winter
  - Parasit auf anderen Laubhölzern; Früchte weiß, kugelig
    → Laubholz-Mistel, *Viscum album* s. str.
  - auf Nadelhölzern; Früchte grünlich oder gelblich getönt, ellipsen- oder birnenförmig
    → Nadelholz-Mistel, *Viscum laxum*

---

9 Die Beeren sind ungiftig, sehr sauer, aber essbar.

10 Die Gattung *Viscum* wird in aktuellen Fachbüchern entweder in eine eigene Familie (Viscaceae) gestellt oder in die Sandelholzgewächse (Santalaceae, s. Bergflachs, *Thesium*, Bd. 3, S. 92). Wir bleiben aus praktischen Gründen bei der alten Version einer gemeinsamen Familie, einer „Mistelfamilie“.

11 Halbparasiten (Halbschmarotzer) holen sich von ihren Wirtspflanzen mit Saugwurzeln Wasser und darin gelöste Mineralstoffe. Fotosynthese betreiben sie selbst und versorgen sich so mit Kohlehydraten und anderen organischen Nährstoffen.

1a
1b
1c
1d
1e
1f
1g

1 Eichenmistel (Riemenmistel, Riemenblume), *Loranthus europaeus*

30–100 cm ∅	IV–V	♄				h		

+ Kugelbüsche in den Baumkronen (Foto 1a)
+ obwohl auch die Parasiten im Herbst das Laub abwerfen, fallen sie dann besonders auf („Hexenbesen")
+ die leuchtend gelben Früchte (Foto 1b) fallen bei der Reife ab und liegen auf dem Boden, dadurch kann man das Vorkommen der Eichenmistel feststellen, ohne in die Baumkronen zu schauen

Gebietsweise sehr häufig und ein forstliches Problem geworden (verringert die Zuwachsleistung der Bäume).

2 Mistel, *Viscum album* agg.

20–80 cm ∅	II–IV	♄				sh		

Die Laubholzmistel parasitiert besonders häufig auf Pappeln und Apfelbäumen, sehr selten auf Ulmen, Hainbuchen, Eschen, (bei uns) praktisch nie auf Eichen oder Edelkastanien; die Nadelholzmistel vor allem auf Kiefern; die auf Tannen wird als eigene Art oder Unterart angesehen. Getrocknete Misteln werden als Teedroge zur unterstützenden Behandlung bei Bluthochdruck und zur Vorbeugung von Arteriosklerose empfohlen. Speziell hergestellte Präparate zur Injektion setzt man bei Gelenkserkrankungen und vor allem in der Krebstherapie ein.

Familie: Stachelbeergewächse, Grossulariaceae

Gattung *Ribes*: Johannisbeere (Ribisel) und Stachelbeere

- Zweige mit Stacheln, Blüten und Früchte einzeln
  → Stachelbeere, *R. uva-crispa* (Fotos 3a, b)
- Zweige ohne Stacheln, Blüten in länglichen Blütenständen (Trauben)
  - Trauben stehen aufrecht (Foto A)
    → Alpen-Johannisbeere, *R. alpinum*
  - Trauben hängen (zumindest nach dem Verblühen) (Foto B)
    - Lappen der Blätter spitz, Blütenbecher glockig
      → Felsen-Johannisbeere, *R. petraeum* (S. 47, Foto 2)
    - Blattlappen stumpf, Blütenbecher flach (Foto C)
      → Rote Johannisbeere, *R. rubrum*

B

A

C

3 Stachelbeere, *Ribes uva-crispa*

0,5–1 m	IV–V	♄			H, W4, 3	mh		

\+ Blütenblätter sehr klein, weiß (auf Foto 3a sieht man darüber den beim Verblühen zurückgeschlagenen purpurfarbigen Kelch)

Herkunft: Schluchtwaldpflanze, auch in Felsen bevorzugt an luftfeuchten, halbschattigen Standorten; wächst in kleinen Gruppen, da am Boden liegende (und von Laub bedeckte) Zweige Wurzeln schlagen (Foto 3b: Steilufer am Kamp, Zwettl); häufig auch in Mauern, an Waldrändern und Hecken (Vogelausbreitung aus Gärten).

1a

2a

1b

2b

2c

3b

3a

1 Alpen-Johannisbeere (Alpen-Ribisel), *Ribes alpinum*

1–1,5 m	V	♄			W4	mh		

Nicht jeder Strauch trägt nach der Blüte auch Beeren (zweihäusige Art).

2 Felsen-Johannisbeere (Felsen-Ribisel), *Ribes petraeum*

1–2 m	V–VI	♄			W2, 7	s		

Schwer zu unterscheiden von häufig aus Gärten verwilderten (von Vögeln ausgebreiteten) Kultursorten der Roten Johannisbeere *(R. rubrum)* (in die die Felsen-J. teilweise auch eingekreuzt wurde).

Familie: Weinrebengewächse, Vitaceae

3 Wilde Weinrebe (Echt-Weinrebe), *Vitis vinifera* subsp. *sylvestris*

5–30 m lang	VI	♄			W3	s		

+ mit Ranken kletternde Liane
+ Blätter seicht (drei-)fünf-lappig; im Herbst durch dunkelrotes Laub weithin sichtbar
+ Trauben blauviolett bis schwarzblau (Foto 3b), ∅ ca. 6 mm, süß (wenn vollreif)

Auwald-Liane an Donau und March; prähistorische Kulturpflanze; ev. ureinheimische Wildform der Kulturreben.

4 Jungfernrebe („Wilder Wein"), *Parthenocissus inserta*

10–30 m	VII–VIII	♄			P3, 4, M, W3	mh		gi![12]

+ Blätter fünf- bis siebenfach gefingert
+ Ranken ohne Haftscheiben
+ Beeren blau, bereift

Leicht verwildernde, kletternde Zierpflanze aus Nordamerika: „Wilder Wein" (nicht verwechseln mit der oben angeführten einheimischen Verwandten unserer Kulturreben *Vitis vinifera*).

Familie: Pimpernussgewächse, Staphyleaceae

5 Pimpernuss (Europa-P.), *Staphylea pinnata*

1–4 m	V	♄			W2, 4	mh		

+ Borke mit auffallenden, hellen Längsstreifen (Foto 5c)
+ am Grund des Blattstiels schmale bleiche Nebenblättchen

Blätter fünf-(bis sieben-)zählig gefiedert; Frucht eine häutige, aufgeblasene Kapsel, innen mit sehr hartschaligen Samen (Foto 5d).

[12] Pflanze oxalathaltig, Beeren kaum giftig, aber jedenfalls nicht für Speisezwecke geeignet.

1a

1b

1c

4

3b

2

3a

5a

5b

5c

5d

Familie: Baumwürgergewächse[13], Celastraceae

Die leuchtenden Farbkontraste der Früchte machen Vögel darauf aufmerksam, dass es hier etwas zu holen gibt. Die Samen sind von einem dünnen, aber nährstoffhaltigen orangegelben Mantel umhüllt. Bei der Reife hängen sie sogar etwas aus der Frucht herab, sodass manche Vögel im Vorbeiflug ernten können. Der giftige Same wird nicht geknackt, sondern unversehrt ausgeschieden. Durch die Menge an Nährstoffen, die die Pflanze pro Same mitgibt, werden die Vögel dazu angeregt, möglichst viele davon zu verzehren, um so für deren Ausbreitung zu sorgen.

Alle Arten enthalten Herzglykoside sowie Alkaloide und sind daher giftig!

Gattung: Spindelstrauch, *Euonymus*

- Äste dicht von (Kork-)Warzen rau (Foto A)
  → Warziger Spindelstrauch, *E. verrucosus*
- Ältere Äste stumpf vierkantig, oft mit 4 (Kork-)Leisten (Foto B)
  → Pfaffenhütchen, *E. europaeus*
- Äste ± rund
  → Breitblättriger Spindelstrauch, *E. latifolius*

1 Warziger Spindelstrauch, *Euonymus verrucosus*

1–2,5 m	V–VI	♄			W1, M	mh		gi?

+ Früchte wirken wie „Äuglein“: Die schwarzen Samen gucken aus dem orangefarbigen Samenmantel heraus (Foto 1b)
+ auffallende, seltene Herbstfärbung (purpurrosa/rosaviolett) (Foto 1c)

Verbreitungsschwerpunkt: Pannonicum; im Waldviertel vor allem in Steilhängen der Flusstäler.

2 Pfaffenhütchen (Gewöhnlich-Spindelstrauch, Europäischer S., „Pfarrerkapperl“), *Euonymus europaeus*

1,5–4 m	V–VI	♄			W3, 2, M, H	h		gi!!

+ vier Blütenblätter (Foto 2c); „Käppchen“ mit vier runden Bögen (vier Fruchtblätter)
+ Herbstfärbung purpurrot

3 Breitblättriger Spindelstrauch (Voralpen-Sp.), *Euonymus latifolius*

1–5 m	V–VI	♄			W4, M	s		gi?

+ fünf Blütenblätter; „Käppchen“ mit fünf „gotischen“ Bögen (d. h. oben mit Kante) (Foto 3b)
+ deutlich größer und an längeren Stielen hängend als die der vorigen Art
+ auffallend lange, spitze Knospen (Foto 3a)

[13] Zur Familie gehören auch tropische Lianen, daher der Name.

Nicht so stark verzweigt wie das Pfaffenhütchen, auffällig und reich fruchtend; wegen seiner größeren, an langen Stielen herabhängenden Früchte sehr dekorativ. Bevorzugt halbschattige, luftfeuchte Lagen; im Dunkelsteinerwald z. B. auf dem Weg zur Ruine Aggstein; nördlich der Donau z. B. auf dem Jauerling und bei Münichreith (Kottes).

Familie: Weidengewächse, Salicaceae

Gattung: Pappel, *Populus*

1 Silberpappel, *Populus alba*

15–30 m	III–V	♄	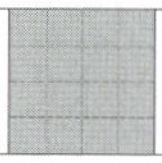		W3, P1, 3	h		

+ Blätter unterseits leuchtend weißfilzig
+ Blätter zweigestaltig: die der Langtriebe drei- bis fünf-lappig, die der Kurztriebe eiförmig rundlich
+ Borke ± weiß

Bildet durch Wurzelsprosse Kolonien, sodass aus einem Baum ein ganzes Wäldchen entsteht. Kann durch seine weit fliegenden Samen auch Au-ferne, vergleichsweise trockene Standorte wie Ackerbrachen, Steinbrüche, Industrie- und Bahngelände erobern, wächst aber hier nicht zu so mächtigen Bäumen heran wie in der Au. Trotz seines raschen Wachstums und weichen Holzes kann der Baum sehr alt werden (400–500 Jahre).

☝ Hybridisiert leicht mit Zitterpappel → Graupappel *(P. × canescens)*, steht in ihren Merkmalen zwischen den Eltern: Blätter nur jung unterseits weiß- oder graufilzig, später verkahlend, die der Langtriebe nur schwach gelappt, die der Kurztriebe rundlich. Gebietsweise sind diese Hybriden häufiger als die reine Silberpappel.

2 Zitterpappel (Aspe, Espe), *Populus tremula*

10–20 m	II–V	♄	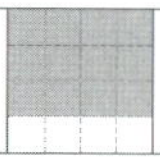	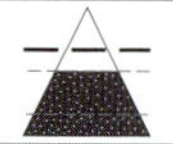	P, W6, M	h		

+ Blätter fast kreisrund, an Schösslingen oft dreieckig herzförmig[14]
+ Borke gelblich grün

Der Name kommt von dem seitlich zusammengedrückten, sehr langen Blattstiel, der die Blätter schon bei leichtem Wind „wie Espenlaub zittern“ lässt. Pioniergehölz (wie Salweide und Birke) mit Schwerpunkt auf sauren Böden; erobert mit Ausläufern vom Waldrand aus nicht mehr gemähtes oder beweidetes Grünland (Foto 2b). Kann wie die Silberpappel mit diesen Wurzelsprossen zusammenhängende Gehölze bilden. Prächtige Herbstfärbung! Im Holz von Zitterpappeln entwickeln sich verschiedene Insekten: Der Prachtkäfer *(Poecilonota variolosa)*, der aktuell in NÖ nur an wenigen Stellen zu beobachten ist (Foto 2c). Der Hornissen-Glasflügler *(Sesia apiformis)* ist ein kleiner Schmetterling, der sich im Holz von Pappeln entwickelt (Foto 2d).

3 Schwarzpappel, *Populus nigra*

15–30 m	III–IV	♄	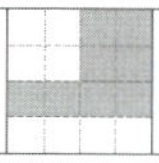	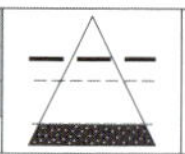	W3, P1	sh		

+ Blätter deltoid bis rhombisch, lang zugespitzt
+ Borke mit schräg oder quer verlaufenden Wülsten zusätzlich zu den Längsrissen
+ Knospen klebrig mit süßlichem Geruch

In der Vergangenheit wurden exotische, vor allem nordamerikanische Arten eingeführt und zahlreiche Züchtungen ausprobiert. Eine davon wird wegen ihrer besseren Wuchsleistungen bei Aufforstungen von Auböden bevorzugt und läuft unter dem Namen „Hybridpappel“ oder Kanadapappel *(Populus × canadensis)*. Eine der Elternarten ist die Schwarzpappel, daher ist die Hybride dieser recht ähnlich. Abgesehen davon findet der Genfluss zwischen diesen Pappeln in der Natur spontan statt (Windbestäubung), sodass befürchtet wird, dass es in manchen Gegenden gar keine „reinrassigen“ Schwarzpappeln mehr gibt.

[14] Bei vielen Baumarten sehen die Blätter von Schösslingen (z. B. aus Stockausschlägen) anders aus als die des Baumes selbst, oft sind sie auch viel größer.

1a
1b
1c
2b
2a
2c
2d
3a
3b
3c

Bäume und Sträucher als Lebensraum und Nahrung
Beispiele aus der Welt der holzbewohnenden Insekten

Wälder, Feldgehölze, Alleen, Hecken und Einzelbäume prägen unser Landschaftsbild und tragen wesentlich zur Struktur- und Lebensraumvielfalt bei. Ihre Randbereiche und Übergangsbereiche zu Offenlebensräumen zeichnen sich oft durch eine besonders hohe Vielfalt an Tier- und Pflanzenarten aus – ein Phänomen, das als „Randeffekt" bezeichnet wird. Außerdem gibt es zahlreiche Tierarten, die in ihrem Lebenszyklus in irgendeiner Weise auf Gehölze angewiesen sind, wie z. B. Vögel und Fledermäuse, die Baumhöhlen zur Aufzucht ihrer Jungen nutzen. Eine Vielzahl Insektenarten unterschiedlicher Ordnungen (z. B. Schmetterlinge, Käfer) fressen als Larven an den Blättern oder im Holz von Bäumen oder Strauchgehölzen oder nutzen diese im Erwachsenenstadium als Nahrungsquelle. Ein Großteil dieser Arten besitzt ein mehr oder weniger großes Spektrum an verschiedenen Arten von Wirtspflanzen. Es gibt aber auch Spezialisten, die auf ganz bestimmte Baum- oder Straucharten angewiesen sind.

Eine besondere Bedeutung für die Artenvielfalt haben Alt- und Totholz. Je nach Zustand, Exposition, Feuchte sowie Lage (stehend oder liegend) und Pilzbesatz stellen diese eine Vielzahl unterschiedlicher Kleinstlebensräume dar. In der heutigen Kulturlandschaft sind Alt- und Totholz mittlerweile „Mangelware". Unzählige mehr oder weniger bruchgefährdete Altbäume im Bereich von Verkehrsflächen oder in Parks sind (nicht nur) in NÖ aus Haftungsgründen vermehrt in den letzten Jahren gefällt worden.

Die folgenden Beispiele können nur einen kleinen Eindruck der Vielfalt an Arten und Lebensweisen der holzbewohnenden Insekten vermitteln.

- Der Prachtkäfer *(Poecilonota variolosa)* ist nicht nur in NÖ, sondern in ganz Mitteleuropa eine ausgesprochene Rarität. Er entwickelt sich in absterbenden sonnig exponierten Zitterpappeln (S. 51, Foto 2c).
- Ebenso im Holz von Zitterpappeln, aber auch in anderen Pappelarten entwickelt sich der Hornissen-Glasflügler *(Sesia apiformis)*, ein kleiner Schmetterling (S. 51, Foto 2d). Auf den ersten Blick könnte man ihn für eine große Wespe oder Hornisse halten. Man stellt sich vor, dass er sich durch diese Warnfärbung vor Fressfeinden schützt; dieses Nachahmen im Aussehen gefährlicher Tiere durch harmlose Arten wird als Mimikry bezeichnet. Seine Entwicklung dauert mehrere Jahre, während der Falter nur wenige Wochen lebt. Der Hornissen-Glasflügler ist keine seltene Art und wird sogar als Kulturfolger bezeichnet, weil er oft in der Nähe von Siedlungen zu finden ist.
- Zwei weitere Prachtkäferarten bevorzugen Schlehen. Die Larven von *Capnodis tenebrionis* (S. 78, Foto 1c) entwickeln sich in den Wurzeln. In Mitteleuropa, so auch in NÖ, kommt er nur an den wärmsten Stellen mit spärlichem Bewuchs, wo der Boden im Wurzelbereich stark aufgeheizt wird, vor. Der bis etwa 3 cm große Käfer ist wirklich ein Prachtstück. In Südeuropa ist die Art weiter verbreitet und kann sich auch in Obstgehölzen entwickeln und als Schädling auftreten.
- Der nur etwa halb so große *Ptosima undecimmaculata* (S. 78, Foto 1d) ist ebenfalls ein besonders wärme- und trockenheitsliebender Prachtkäfer und besiedelt ähnliche Standorte wie *Capnodis*. Er hat eine mehrjährige Entwicklung in kränkelnden und toten Ästen vorwiegend von Schlehen, seltener auch Steinweichseln.
- Stellvertretend für eine Vielzahl an Insekten, die an oder von Eichen leben, haben wir einen der größten Käfer Mitteleuropas ausgewählt. Der Große Eichenbock *(Cerambyx cerdo)* kann über 5 cm lang werden (S. 67, Foto 3d); es ist eine europaweit geschützte Art (FFH), deren Verbreitung österreichweit in NÖ ihren Hauptschwerpunkt hat. Die „Kinderstube" ist das namengebende Holz, wobei sonnenexponierte, ältere, etwas geschwächte Stiel- oder Trauben-Eichen zur Eiablage bevorzugt werden. Die Entwicklung des Käfers im Holz kann drei bis fünf Jahre dauern, während die erwachsenen Tiere meist nur mehrere Wochen leben. Mit etwas Glück kann man die imposanten Käfer an lauen Sommerabenden an Eichenstämmen beobachten.
- Der Große Ulmenbock *(Saperda punctata)* (S. 110, Foto C) ist aufgrund des Ulmensterbens sehr selten geworden. Die Auwälder an der Donau, March und Thaya sind österreichweit seine wichtigsten Lebensräume.
- Der Alpenbock *(Rosalia alpina)* genießt wegen seines attraktiven Aussehens (S. 65, Foto 2h) allgemeineres Interesse und ist in verschiedenen Ländern auf Briefmarken abgebildet zu sehen. Man findet ihn vom Flachland bis ins Gebirge in naturnahen Buchenmischwäldern. Seine Larven entwickeln sich in anbrüchigen oder abgestorbenen Buchenstämmen. Aufgrund der vorherrschenden Bewirtschaftung seiner Lebensräume ist er zur Seltenheit geworden und steht in den Alpenländern schon seit Langem unter Naturschutz. International wird er als gefährdet eingestuft und besitzt europäischen Schutzstatus.

Gattung: Weide, *Salix*

Vorwarnung: Die Weiden sind – nicht nur für Einsteiger – eine schwierige Gruppe, da viele Arten sehr variable Blattformen[15] haben und außerdem leicht miteinander hybridisieren. Darüber hinaus gibt es Zuchtsorten, teilweise auch Hybriden zwischen einer oder mehreren Arten, die zur Hang- und Uferbefestigung, aber auch als Ziergehölze Verwendung finden. Weidenrinde als Teedroge (Fieber-, Schmerzmittel; *Salix* → Salicylsäurederivate): nicht selbst sammeln, besser aus der Apotheke, weil die einzelnen Arten stark unterschiedliche Gehalte an Wirkstoffen aufweisen.

Wir beginnen mit Arten, die durch besonders auffallende Merkmale oder spezielle Wuchsorte aus der Menge hervorstechen und sie unverwechselbar machen:

Gruppe A: Teppichweiden und Kriechweiden (vorwiegend Alpenpflanzen) .... s. unten

Gruppe B: höherwüchsige Arten mit besonderen Merkmalen .... S. 56

Gruppe C: weitere Arten, Schlüssel .... S. 60

Gruppe A: Teppichweiden und Kriechweiden mit am Boden liegenden, verzweigten (Spaliersträucher) oder unterirdisch verlaufenden Stämmchen

- Alpine Teppichsträuchlein mit dicht an den Boden oder Felsen gedrückten Ästen
  - Blattoberseite durch das tief eingesenkte Adernetz runzlig
    → Netzweide, *S. reticulata* (S. 55, Foto 1a, b)
  - Blattoberseite glatt
    → Teppichweide, *S. retusa* (Foto unten) (S. 55, Fotos 2a–c)
- Stämmchen niederliegend, aber Äste aufsteigend
  → Alpenweide, *S. alpina* (S. 55, Foto 3)
- Stämmchen kriechen unterirdisch, oberirdisch nur Jungtriebe, Blätter und Kätzchen zu sehen; in NÖ extrem seltene alpine Weidenart
  → Krautweide, *S. herbacea* (S. 55, Fotos 4a, b)
- Kriechweide in feuchten Wiesen tieferer Lagen
  → Rosmarin-Kriechweide, *S. repens* subsp. *rosmarinifolia* (S. 55, Fotos 5a–c)

Teppichweide

[15] Blütenmerkmale werden wir nicht heranziehen, da man dazu starke Vergrößerungen braucht und bei vielen Arten die Blütenkätzchen lange vor den Blättern kommen. Weiden sind übrigens zweihäusig (es gibt rein ♀ und rein ♂ Pflanzen).

1 Netzweide, *Salix reticulata*

1–10 cm	VII–VIII	♄			A3	h		

+ unverwechselbar

Blattrand nach unten umgerollt.

2 Teppichweide (Stumpfblatt-Weide), *Salix retusa* s. str.

1–10 cm	VI–VIII	♄			A3, 7	sh		

+ unverwechselbar (Wuchsform!)

Obwohl die Form der glänzenden kahlen Blätter recht unterschiedlich sein kann; „Stumpfblatt-Weide“ daher, weil die Blätter manchmal stumpf oder sogar vorn „eingedellt“ sind.

3 Alpenweide (Ostalpen-W.), *Salix alpina*

5–30 cm	VI–VIII	♄			A3, 4	mh		

+ aufsteigender Wuchs (Zweige nicht teppichartig)
+ junge Blätter behaart, später nur noch der Blattrand bewimpert
+ Seitennerven (i. U. z. Teppichweide) deutlich durch Netznerven verbunden

4 Krautweide, *Salix herbacea*

2–3 cm	VII–VIII	♄			A7	ss		

+ Blättchen fast kreisförmig, am Rand mit rundlichen Zähnchen,

hellgrün, treiben erst im Frühsommer aus. Richtig müsste der Name „Krautige Weide“ heißen, da oberirdisch nur der nicht verholzte Teil der Pflanze zu sehen ist. Charakteristisch für die spät ausapernden Schneeböden der Zentralalpen; in NÖ eine Rarität (z. B. auf dem Ochsenboden, Schneeberg).

5 Rosmarin-Kriechweide, *Salix repens* subsp. *rosmarinifolia*

5–100 cm	IV–VI	♄			G2, 4	s		

+ bewurzelte Stämmchen kriechen seicht unter der Bodenoberfläche
+ die Seitentriebe steigen auf
+ Blätter schmal (rosmarinähnlich), oft am Rand etwas umgerollt

Als Weide am leichtesten im Frühling zu erkennen: Die Kätzchen kommen vor dem Blattaustrieb (sozusagen „Minipalmkatzerln“).

Im Waldviertel relativ häufig, soweit noch feuchte Magerwiesen oder Flachmoore vorhanden sind.

In gemähten Wiesen nur etwa 20 cm hoch; erträgt (1 × jährliche) Mahd.

1a
2a
1b
2b
3
2c
4b
5a
5b
4a
5c
DR. C. BAENITZ, HERBARIUM EUROPAEUM

Gruppe B: Höherwüchsige Arten mit einem (oder mehreren) besonderen Merkmal(en)

1 Reifweide, *Salix daphnoides*

3–10 m	III–IV	♄			T3, W3	mh		

+ Junge Äste stark bereift, dadurch „hechtblau“ (bläulich weiß) (Fotos 1a, c)

Hochwüchsiger Strauch oder kleiner Baum mit dicken, aufrechten Ästen und dicken, ca. 3 cm langen Kätzchen (auch zur Erzeugung von Palmkätzchenzweigen kultiviert).

2 Lavendelweide (Filzweide), *Salix eleagnos*

3–6 m	IV–V	♄			T3, P1	sh		

+ Blattrand etwas nach unten eingerollt
+ Blattunterseite dicht weißfilzig

Oft Bäumchenwuchs, durch die weithin leuchtenden Blattunterseiten und den typischen Lebensraum gut kenntlich. Die Blätter sind jung ganz nach unten eingerollt, ausgewachsene Blätter nur noch ganz randlich. Oberseits sind sie glänzend, ledrig derb, mit eingesenkten Nerven. Die Lavendelweide ist ein regelmäßiger Begleiter der Voralpenflüsse und Bäche, besonders auf Kalkschotter, und geht mit diesen bis auf die Schotterflächen im Alpenvorland und an die Donau. Außerhalb dieses Verbreitungsgebiets ist sie ein seltener Gast, z. B. in Steinbrüchen.

3 Korbweide, *Salix viminalis*

2–10 m	II–IV	♄			W3	s		

+ Blätter ebenfalls in der Jugend nach unten eingerollt, später nur noch randlich
+ aber unterseits durch anliegende Seidenhaare silbrig glänzend (also nicht filzig matt)

und oberseits nicht ledrig, mit lang ausgezogener Spitze. Hochwüchsiger Strauch der Tieflandauen, bevorzugt lehmige Böden; in der Natur eher selten, aber sehr häufig gepflanzt (und zwar vor allem Hybriden mit anderen Arten).

4 Purpurweide, *Salix purpurea*

1–8 m	III–IV	♄			T3, P1	sh		

+ Blätter über der Mitte am breitesten, unterseits hellblaugrün

Der Blattrand ist von der Spitze bis etwa zur Mitte fein gesägt, weiter unten ganzrandig. Knospen und Blätter zeigen eine Tendenz zu gegenständiger Stellung (Foto 4b) (während alle übrigen Weiden wechselständige Knospen und daher auch Blätter haben). Die Purpurweide ist eine der häufigsten Weiden; mit winzigen, weit fliegenden Samen Erstbesiedler auf frisch aufgeschütteten Ufern, Schotterbänken (hier gemeinsam mit der Lavendelweide), aber auch in Steinbrüchen und Schottergruben.

Das rote „Äpfelchen“ ist leider kein Bestimmungsmerkmal (Foto 4c). Es kommt auch auf anderen Weidenarten vor. Es ist die Galle einer Blattwespe *(Pontania)*. Das Weibchen legt mit seinem Legestachel die Eier ins Blatt. Die schlüpfenden Larven regen durch Ausscheiden von „Hormonen“ das Entstehen dieser Wucherung an, in der sie geschützt fressen können. Auch Milben können ähnliche rote Kugelgallen erzeugen.

1a

3

1b

1c

2b

1d

2a

4a

4b

4c

1 Schwarz-Weide, *Salix myrsinifolia (S. nigricans)*

1-4 m	IV–VI	♄			W3, T3, M	mh		

+ Blattunterseite hellblaugrün bereift mit grüner (unbereifter) Spitze (Foto 1b)

Die Blätter werden beim Welken und Trocknen schwarz (also eigentlich „Schwarz werdende Weide“, Synonym: *S. nigricans*, eine Eigenheit, die natürlich nur Botanikern beim Herbarisieren auffällt). Zweige rot- bis schwarzbraun, (meist) behaart; Blattoberseite dunkelgrün, glänzend. Eine, was die Blattform und Behaarung betrifft, sehr variable Art. Das originelle Merkmal „grüner Spitzenfleck“ ist jedoch recht verlässlich.

Oft gemeinsam mit der Lavendelweide an Gebirgsbächen und in Grauerlen-Auen. Außerhalb der Voralpen sehr selten.

2 Glanzweide, *Salix glabra*

0,5–1,5 m	V–VI	♄			W1, 5, A4	mh		

+ Blätter stark zweifarbig: oberseits sattgrün, wie lackiert glänzend, unterseits stark „bereift“, mit dichtem, abwischbarem Wachsüberzug

Blattrand gesägt mit Drüsen an den Zahnspitzen. Die ledrigen, durch Wachsüberzug geschützten Blätter weisen darauf hin, dass diese Weidenart an zur Austrocknung neigende, karge Wuchsorte angepasst ist: sonnige Hänge, Latschenkrummholz auf Schutthalden und lichte Föhrenwälder, vor allem über Dolomitgestein.

3 Silberweide, *Salix alba*

5–30 m	III–V	♄			W3	sh		

+ hoher Auwaldbaum mit dickem Stamm
+ Blattunterseite (und meist auch die Oberseite) dicht seidenhaarig, silbrig schimmernd

Äste an der Basis nicht brüchig, zäh, gegen die Spitze zu behaart; im Vergleich zu Weidenarten mit ähnlicher Blattform relativ kleinblättrig. Baumweide der Weichholzauen tieferer Lagen, nährstoff- und etwas kalkliebend.

4 Bruchweide, *Salix fragilis*

5–15 m	III–V	♄			W3	h		

+ Auwaldbaum mit dickem Stamm
+ Blatt völlig kahl

Zweige brüchig, (vorjährige) Zweige mit Sollbruchstelle: Brechen an der Basis, wenn sie an den Haupttrieb angedrückt werden, Blätter mit lang ausgezogener Spitze, daher unterhalb der Mitte am breitesten (i. U. z. ähnlichen Mandelweide). Anspruchsloser als die Silberweide, vor allem in Bachufer-Auen, mit einem Schwerpunkt in Regionen mit silikatischem Untergrund.

☝ Von beiden Weiden, besonders von der Bruchweide, gibt es auch buschig wachsende Exemplare (zu bestimmen nach der Blattform mit Schlüssel C). Die Hybride zwischen beiden Arten (die Hohe Weide, *S.* × *rubens*) steht auch bezüglich der Merkmale dazwischen (z. B. Blätter unterseits spärlich behaart) und ist daher schwer verlässlich zu bestimmen. Sie ist vor allem im pannonischen Raum häufig (wird auch ausgepflanzt).

Salweide, *Salix caprea*

+ Bäume oder hohe, locker verzweigte Sträucher auf durchschnittlichen oder eher trockenen Wuchsorten,
+ mit rundlichen Blättern

Sehr häufige und weitverbreitete Weide, mehr dazu s. S. 61.

Ohrweide, *Salix aurita* und Aschweide, *Salix cinerea*

+ Dichte Sträucher mit halbkugeliger oder krapfenförmiger Wuchsform in Flachmooren und Sümpfen

Mehr dazu s. S. 62

Schlüssel C: Weitere Arten

- Blätter lang und schmal (lanzettlich bis linealisch), viel länger als breit
  - Blätter am Rand nach unten umgerollt
    → Lavendelweide und Korbweide in Gruppe B, S. 56
  - Blätter oberhalb der Mitte am breitesten, Oberseite (jung) blaugrün
    → Purpurweide in Gruppe B, S. 56
  - Blätter in oder unterhalb der Mitte am breitesten
    - ◆ Blätter länglich bis elliptisch, mit kurzer Spitze, Nebenblätter deutlich ausgebildet
      → Mandelweide, *S. triandra* (Fotos 1a, b)
    - ◆ Blätter lanzettlich mit lang ausgezogener Spitze, Nebenblätter undeutlich oder winzig
      - ▪ Blattunterseite völlig kahl
        → Bruchweide, siehe Gruppe B, S. 58
      - ▪ Blattunterseite dicht seidenhaarig, schimmernd
        → Silberweide, siehe Gruppe B, S. 58
    - ◆ Blätter jung klebrig, mit Harzduft, am Blattstiel direkt unterhalb des Blattes 2–5 Paar Drüsen, Blattrand auffallend dicht gezähnt mit abstehenden Drüsen; 5 Staubblätter pro Blüte *(= pentandra)*; in NÖ ss, §
      → Lorbeerweide, *S. pentandra* (ohne Abb.)
- Blätter maximal 4 × so lang wie breit (rundlich, elliptisch oder breit lanzettlich)
  - Blattunterseite behaart
    - ◆ Bäume oder hohe, locker verzweigte Sträucher auf durchschnittlichen (frischen) oder sogar etwas trockenen Wuchsorten
      - ▪ Blätter ca. 1,5–2 × so lang wie breit, die größte Breite in der Mitte oder darunter; bevorzugt tiefere Lagen (Hügel- und Bergstufe)
        → Salweide, *S. caprea* (Fotos 2a–c)
      - ▪ Blätter ca. 3–4 × so lang wie breit, über der Mitte am breitesten; Strauch in Gebirgslebensräumen
        → Großblattweide, *S. appendiculata* (S. 62, Fotos 1a, b)
    - ◆ Dichte, ausladend verzweigte, halbkugelförmige Sträucher auf Feuchtstandorten
      - ▪ Strauch bis 4 m hoch, junge Zweige derb, dunkel graufilzig
        → Aschweide, *S. cinerea* (S. 62–63, Fotos 2a–c)
      - ▪ Strauch nur bis ca. 2 m hoch, junge Zweige dünn, kahl, rotbraun
        → Ohrweide, *S. aurita* (S. 63, Fotos 3a, b)
  - Blattunterseite ± kahl
    - ◆ Blätter oberseits sattgrün, wie lackiert glänzend, unterseits mit dichtem Wachsüberzug; Weide trockener, sonniger Lebensräume
      → Glanzweide, siehe Gruppe B, S. 58
    - ◆ Blätter oberseits mäßig glänzend, unterseits blaugrün (leicht bereift); auf feuchten Wuchsorten im Gebirge
      → Bäumchenweide, *S. waldsteiniana* (S. 63, Fotos 4a, b)

1 Mandelweide, *Salix triandra*

2–4 m	IV–VI	♄			W3, T3	mh		

+ Blattrand auffällig gezähnt
+ alte Stämme mit grober Plattenborke, die sich in Fetzen ablöst, darunter kommt die neue zimtbraune Rinde zum Vorschein

Mit dieser Eigenheit sticht die ansonsten eher unscheinbare Weide aus der glattborkigen Verwandtschaft heraus. Eine weitere Besonderheit ist nur zur Blütezeit und nur mit Lupe gut zu sehen: Die ♂ Blüten haben drei Staubblätter (*triandra* = dreimännig), während die meisten Arten der Gattung zwei haben.

2 Salweide, *Salix caprea*

3–10 m	III–IV	♄			P1, W6, M	sh		

+ Blätter unterseits dicht samtig behaart, oberseits nur in der Jugend kurzhaarig, dann kahl
+ rundlich bis elliptisch, unter oder in der Mitte am breitesten

Der „Palmkätzchenstrauch" ist weitaus die häufigste Weide und fällt schon dadurch auf, dass er nicht, wie die meisten seiner Gattung, an Auen, Ufer und Feuchtstandorte gebunden ist. Bis zu einem gewissen Grad sind zwar alle Weiden Pioniergehölze, er vermag aber auch eher trockene, karge Flächen mit offenem Boden zu erobern. Er produziert reichlich staubfeine Samen, die mit einem langen Haarbüschel ausgestattet kilometerweit vom Wind vertragen werden. Da sie keinen Nährstoffvorrat mitbekommen, sind sie nur wenige Tage lebensfähig und die lichtbedürftigen Keimlinge haben nur eine Chance, wenn sie zufällig auf offenem Boden landen. Dieses Risiko wird durch die Unmenge an Samen, die ein Baum produzieren kann, verringert. Die Jungpflanzen wachsen sehr rasch heran. Sie müssen sich auch beeilen, denn auch sie sind lichtbedürftig. Auf Waldschlägen werden sie schließlich von anderen, höherwüchsigen Arten beschattet und verdrängt.

Sowohl die Kätzchen der ♂ als auch die der ♀ Bäume produzieren Nektar, die ♂ natürlich auch Pollen, und beide sind daher im Vorfrühling eine unentbehrliche Nahrungsquelle für Honigbienen, Wildbienen, Hummeln und Schmetterlinge.

1a

1b

2a

2b

2c

1 Großblattweide, *Salix appendiculata*

1,5–6 m	IV–VI	♄			W3, 5	h		

+ junge Blätter behaart, ältere werden allmählich kahl (bis auf die Rippe an der Blattunterseite)
+ länglich, über der Mitte am breitesten
+ große Nebenblätter (besonders an den Langtrieben)

2 Aschweide, *Salix cinerea*

2–4 m	III–IV	♄			G4, W3, T3, H	h		

+ Blätter unterseits kraus wollig, auch oberseits behaart
+ junge Äste derb, grau oder schwarz filzig
+ der ganze Strauch wirkt grau (aschefarben),
+ im Freistand nimmt er eine flach halbkugelige, krapfenförmige Wuchsform an

Besonders charakteristisch für tief liegende, nährstoffreiche Feuchtwiesenbrachen.

3 Ohrweide, *Salix aurita*

0,5–2 m	IV–V	♄			G2, M	h		

+ Blätter tropfenförmig (Blattgrund keilig, größte Breite über der Mitte)
+ Blattrand wellig
+ oberseits runzlig durch eingesenktes Nervennetz
+ Öhrchen stark ausgeprägt

Im Freistand (z. B. auf verbuschenden Flachmooren) wächst der Strauch zu einer dichten Halbkugel heran; die untersten Äste liegen dabei ausgebreitet auf dem Boden; meidet Kalkgebiete.

4 Bäumchenweide (Braun-W., Ost-Bäumchen-W.), *Salix waldsteiniana*

0,3–2 m	VI–VII	♄			W5, A4	mh		

+ Blätter unterseits oft gegen die Spitze zu schwach anliegend behaart
+ junge Blätter stehen in Büscheln an den Zweigenden

1a

1b

2a

Wuchs sowohl dicht, bäumchenartig als auch (durch Schneedruck) niederliegend, in feuchten Schutthalden, auf sickerfeuchten Hängen in Latschen- und Grünerlenkrummholz, im Weidengebüsch an Bächlein; steigt auch gelegentlich in die Bergstufe hinab.

☝ Am besten dadurch bestimmbar, dass man die anderen Weidenarten, die in dieser Höhenlage vorkommen könnten, ausschließt (Glanzweide: andere Standortansprüche, Alpenweide: Blattrand mit Wimpern, Schwarz-Weide: grüner Spitzenfleck auf der ebenfalls bereiften Blattunterseite, Großblattweide: Blattunterseite wenigstens auf der Mittelrippe borstig behaart, Nebenblätter). Falls man mit der Bestimmung nicht zurechtkommt, ein Trost: Es gibt Hybriden.

2d

3b

2b

3a

4a

2c

4b

Familie: Buchengewächse, Fagaceae

Die allseits bekannten Früchte entstehen aus einem ein- bis dreiblütigen (Teil-)Blütenstand, der von einem Becher umhüllt ist. Dieser ist entweder stachelig (und enthält zwei bis drei Maroni: Foto 1c), borstig (mit zwei Bucheckern (Foto 2a), bei der Zerr-Eiche mit nur einer Eichel oder glatt, wie bei den übrigen Eichenarten. Die nährstoffreichen Früchte werden von Eichhörnchen, Eichelhähern und anderen Tieren geerntet und als Vorrat an verschiedenen Stellen deponiert. Da nicht alle Depots wiedergefunden bzw. geleert werden, hat der Baum auch was davon (Fachausdruck: „Versteckausbreitung"). Seine Keimlinge profitieren dann von dem üppigen mütterlichen Jausenpaket, das ihnen in der Startphase hilft, sich in bereits vorhandener Vegetation durchzusetzen.

1 Edelkastanie, *Castanea sativa*

15–35 m	VI–VII	♄			W2	s		

+ Blattform unverwechselbar (Foto 1b)
+ Zur Blütezeit von Weitem auffallend: die langen (10–20 cm), gelblich weißen Blütenstände der männlichen Bäume (Pflanze meist zweihäusig)

In NÖ nicht heimisch; auf kalkarmen, bodensauren Standorten in warmen Lagen verwildert.

2 Rotbuche, *Fagus sylvatica*

20–40 m	IV–V	♄			W2	sh		(gi)[16]

+ junge Blätter seidig behaart und am Rand bewimpert
+ Knospen auffallend lang und spitz (Foto 2c)
+ Rinde hellgrau, glatt[17]
+ Stamm im Querschnitt rund (i. U. z. Hainbuche, S. 68)

Konkurrenzstarkes, hochwüchsiges Schattholz, kann sich im (eigenen) Schatten verjüngen (d. h. keimen und aufwachsen: Buchenkeimlinge, Foto 2e) und verdrängt auf optimalen Standorten (klimafeuchte, spätfrostfreie Lagen, tiefgründige Böden) andere Baumarten. Ausgesprochene, gleichaltrige Buchen-Reinbestände, in deren Schatten kaum mehr Vegetation aufkommt, die sogenannten Hallenwälder (Foto 2f: bei Neulengbach), sind aber meist Aufforstungen. In für sie besonders günstigen Lagen kann die Rotbuche bis zur Baumgrenze aufsteigen und dort Krummholz bilden (in NÖ nur andeutungsweise, z. B. auf der Gemeindealpe bei Mitterbach). In den schneereichen Randalpen bildet sich dieses „Buchenstauden" genannte Krummholz auch in Lawinenstrichen aus, da die Buche viel eher Schneedruck verträgt als die Fichte. Junge Buchen können durch ihre Biegsamkeit, auch wenn sie schon 5–6 m hoch sind, im Winter vom Schnee niedergedrückt werden und sich im Frühjahr mehr oder weniger unbeschadet wieder aufrichten. Falls sie doch einmal brechen, treiben sie wieder aus. In anbrüchigen oder abgestorbenen Buchenstämmen entwickelt sich der attraktive Alpenbock (s. Foto 2h).

[16] Bucheckern sind in größeren Mengen giftig.

[17] Die rissige Borke alter Baumexemplare bekommt man nur in Urwäldern zu sehen. Das Foto 2d zeigt den „Stammablauf"; auf dem durch das von der glatten Rinde abrinnende Wasser durchfeuchteten und versauerten Boden bildet sich ein Moosteppich. Die glatte Rinde („Spiegelrinde") von jungen Zweigen und von Stockausschlägen wird medizinisch wegen ihres Gerbstoffgehalts für Bäder bei Hauterkrankungen angewendet.

1c

2a

2e

1a

2g

1b

2b

2c

2d

2f

2h

1 Zerr-Eiche, *Quercus cerris*

15–35 m	IV–V	♄			W1	h		

+ Blattlappen zugespitzt
+ Eichelschälchen mit Fransen (Foto 1a)
+ Borke mit auffallend breiten und tiefen Längsrissen (deutlich „cerissener" als die anderer Eichen)

Wächst oft gemeinsam mit der Trauben-Eiche, ist aber schon am Vergleich der Borke (Foto 1b) leicht zu erkennen; ihre Knospen sind von langen Fransen umgeben; sie treibt im Frühling später aus als die Trauben-Eiche. Junge Zweige und Blätter sind in der Jugend behaart (später nicht mehr oder nur noch undeutlich); die Behaarung ist aber nicht so ausgeprägt wie die der Flaum-Eiche, außerdem ist der Blattschnitt ein ganz anderer.

2 Flaum-Eiche, *Quercus pubescens*

2–20 m	IV–V	♄			W1	mh		

+ Blattunterseite „flaumig" (kraus weichhaarig), Haare können abgeribbelt werden
+ Blätter generell kleiner als die der anderen Eichen, etwas gewellt, Lappen rundlich
+ Bäume (schon wegen des kargen Standortes) meist kleiner und knorriger oder sogar nur buschartig

Bildet auf trockenwarmen, flachgründigen Hängen lichte Reinbestände mit artenreichem Unterwuchs (Flaumeichenbuschwald). Ein leicht erreichbares, schönes Beispiel findet man entlang des Nasenwegs auf dem Leopoldsberg bei Wien (also fast schon in NÖ), ein weit nach Westen vorgeschobenes (und interessantes, aber weniger leicht erreichbares) Vorkommen auf der Teufelsmauer bei Spitz. Die getrockneten Blätter sind Bestandteil von Nieren- und Blasentees.

3 Stiel-Eiche, *Quercus robur*

15–40 m	IV–V	♄			W3, 2	h		

+ Blätter kurz gestielt
+ Blattgrund herzförmig, oft mit Öhrchen
+ Früchte (Fruchtstand) lang gestielt (daher der Artname)

Eichenknospen sind im Querschnitt (d. h. von oben betrachtet) fünfkantig; das kann man bei den großen Knospen der Stiel-Eiche gut sehen (Foto 3b). Eine Vielzahl an Insekten leben an oder in Eichen. Zwei prominente, prächtige Beispiele sind der Hirschkäfer (Foto 3c) und der Große Eichenbock (s. Foto 3d).

4 Trauben-Eiche, *Quercus petraea*

10–30 m	IV–V	♄			W1	sh		

+ Blätter lang gestielt
+ Blattgrund keilförmig bis ± im rechten Winkel in das Blatt übergehend
+ Früchte sitzend oder kurz gestielt

Die eher schmalkronige Trauben-Eiche bildet selten so mächtige Exemplare wie die breitkronige Stieleiche. Sie ist die Eiche der Eichen-Hainbuchenwälder der Hügelstufe, vermag aber auch unter recht kargen Bedingungen (oft gemeinsam mit der Rotföhre) zu gedeihen (Foto 4: bei Göttweig).

Der Name kommt von den traubenförmigen ♂ Blütenständen, die aber die anderen Eichen auch haben (siehe Foto 2a bei der Flaum-Eiche).

Stiel-E. und Trauben-E. hybridisieren miteinander (seltener auch mit der Flaum-E., nie mit der Zerr-E.); dann gibt es Bestimmungsprobleme.

1a

1b

2a

2b

2c

2d

3a

3b

3c

3d

4

Familie: Birkengewächse, Betulaceae

1 Hainbuche (Edel-H., Weißbuche), *Carpinus betulus*

6–25 m	III–V	♄			W2, 3, H	sh		

+ Borke glatt, grau, aber
+ Stamm mit Längswülsten und -gräben (Foto 1a); daher im Querschnitt nicht kreisrund wie der der Rotbuche
+ Blätter doppelt gesägt (Rotbuche fast ganzrandig, aber mit Wimpern)

Die beiden „Buchen“ kann man nur dem Namen nach verwechseln; beide sind nicht einmal nahe miteinander verwandt – die Hainbuche hat wie Birke und Erle geflügelte Früchte, die vom Wind verbreitet werden. Sie kommen auch nicht häufig miteinander vor. Die Domäne der Hainbuche sind die Wälder der Hügelstufe (die Rotbuche hingegen der Bergstufe) auf tiefgründigen schweren Böden. Vorherrschend wird sie hier bei Niederwaldwirtschaft[18], da sie nach Schlägerung leicht wieder aus dem Stock austreibt. Dadurch werden die Bäume mehrstämmig (da der Mutterstock abfault) (Foto 1c). Es entstehen charakteristische, eigenartige Waldbilder (besonders verbreitet im Weinviertel und Leithagebirge). (Foto 1d)

2 Hängebirke (Gewöhnliche Birke), *Betula pendula*

10–20 m	IV–V	♄			W1, P1, 3, M, H, W6	sh		

+ Zweige kahl, jung mit klebrigen Wärzchen (Harzdrüsen)
+ später meist hängend
+ Blätter dreieckig bis deltoid, lang zugespitzt

Lichtbedürftiger Pionierbaum (Vorholz), der mit seinen leichten kleinen, weit fliegenden Flügelfrüchten offene Böden aller Art erobert: Waldlichtungen, Waldschläge, (nicht gemähte) Ackerraine, Ackerbrachen, Sandgruben, Bahngelände, Felsritzen (Foto 2d: Aggstein, Wachau) Auf guten Standorten wird er früher oder später von schattenden Bäumen verdrängt.

3 Moorbirke, *Betula pubescens*

8–15 m	IV–V	♄			HM	s		

+ junge Zweige behaart (dadurch oft dunkelgrau)
+ Zweige hängen nicht
+ Blätter rundlich eiförmig, kurz zugespitzt

Der klassische Wuchsort, Hochmoore, bzw. deren Randbereiche, ist selten (bzw. selten geworden); am ehesten findet man sie auf sauren, vernässten Böden an Waldrändern und in Feldgehölzen. Allerdings hybridisiert sie leicht mit der viel häufigeren, ja fast allgegenwärtigen Hängebirke. In Gegenden, wo die Moorbirke vorkommt (bzw. vorgekommen ist), sind manche Bäume nicht sicher der einen oder der anderen Art zuordenbar.

[18] Traditionelle Form der Waldbewirtschaftung (früher zur Brennholz-, neuerdings zur Hackschnitzelgewinnung), bei der die Bäume etwa alle 15–30 Jahre auf den Stock gesetzt werden und aus diesem wieder austreiben.

1a

1b

1c

1d

2a

2b

2c

2d

3

1 Zwergbirke (Polarbirke), *Betula nana*

0,2–0,5 m	IV–V	♄			HM	ss	§	

\+ Blättchen fast kreisrund, ∅ ca. 2 cm

Eine hübsche kleine Rarität in Hochmooren im nördlichen Waldviertel, vermutlich ein Überbleibsel aus der Eiszeit. In Nordeuropa ist diese Zwergbirke weit verbreitet, das Foto stammt aus Island.

2 Schwarz-Erle, *Alnus glutinosa*

10–25 m	II–IV	♄			W3	sh		

\+ Blätter vorn abgerundet oder sogar eingebuchtet (wie mit einer Schere ausgeschnitten, Foto 2c)
\+ ♀ Kätzchen (d. h. Blütenstände) und damit die zapfenartigen Fruchtstände gestielt
\+ alte Stämme mit dunkelgrauer bis schwarzer, rissiger Borke (Foto 2d)

Typischer Baum der Niederungs-Bachauen im Alpenvorland und Wienerwald; stockausschlagfähig und daher oft mehrstämmig (wie die Hainbuche).

3 Grau-Erle, *Alnus incana*

3–25 m	III–IV	♄			W3	sh		

\+ Blätter spitz, scharf doppelt gesägt (Foto 3b), unterseits graugrün (behaart)
\+ ♀ Kätzchen und Fruchtzapfen (fast) sitzend
\+ auch alte Stämme mit glatter grauer Borke

Typischer Baum der Auen an Flüssen und Bächen im (Kalk-)Gebirge; steigt an (Alpenfluss) Donau hinab bis östlich von Wien; im Waldviertel selten.

4 Grün-Erle, *Alnus alnobetula (A. viridis)*

0,5–3 m	IV–V	♄			W5, A5, M	mh		

\+ Strauch
\+ Knospen spitz (bei den anderen Erlen stumpf)
\+ junge Zweige zweikantig
\+ Blätter spitz, unterseits grün
\+ Fruchtzapfen lang gestielt, länglich

Besiedelt mit weit fliegenden geflügelten Früchten aufgerissenen (erodierten) Boden in (sicker-)feuchten Rutschhängen, entlang von Lawinenrinnen und Bergbächen, sowie an Straßenböschungen (hier auch gepflanzt, s. u.). Außerdem sind die Früchte, wie die der anderen Erlen auch, schwimmfähig und werden mit dem Wasser z. B. hangabwärts transportiert. Kann mit am Boden liegenden (und wurzelnden) Trieben großflächige Bestände (z. B. auf aufgelassenen Almen) ausbilden. In den Kalkalpen nur auf tiefgründigem, lehmigem, saurem Boden. Im Waldviertel auch in Waldmänteln und Hecken. Seltene Tieflagenvorkommen am Unterhang der Leithaberge und im Rosaliengebirge.
Die Grün-Erle ist, wie die anderen Erlen, ein „Stickstoffsammler", d. h., sie hat Wurzelknöllchen (Foto 4b), in denen Strahlenpilze leben, die den in der Luft reichlich vorhandenen Stickstoff assimilieren können. Deswegen wird sie (wie auch die anderen Arten) zur Begrünung und Bodenbefestigung auf nährstoffarmen, humusfreien Substraten gepflanzt. Dass die Erlen mit Stickstoff nicht sparen müssen, sieht man auch daran, dass sie keine Herbstfärbung haben, sondern die Blätter grün abfallen. Sie bauen den grünen Blattfarbstoff (Chlorophyll) nicht vorher ab, um den darin enthaltenen Stickstoff zurückzuhalten.

1

2a

2b

2c

2d

3a

3b

4a

4b

1 Hasel (Haselnuss), *Corylus avellana*

1–5 m	II–IV	♄			M, H	sh		

+ Knospen stumpf, auffallend (wie zwischen zwei Fingern) zusammengedrückt
+ Blätter ähneln denen der Bergulme, aber weich, nicht rau

Wie bei allen Mitgliedern der Familie Birkengewächse stehen die ♀ und ♂ Blüten in getrennten Blütenständen (aber „einhäusig“, d. h. auf ein und derselben Pflanze); die ♂, wie bei Hainbuche, Birken und Erlen in „Kätzchen“ („Würsteln“); die ♀ sind in einer Knospe verborgen, aus der zur Blütezeit die roten Narbenpinsel herausragen.

Familie: Walnussgewächse, Juglandaceae

2 Walnuss (Echt-W., Nussbaum), *Juglans regia*

10–25 m	V	♄			W3	h		

+ Blätter gefiedert, die Teilblättchen (Fiedern) ganzrandig
+ Endblättchen größer als die seitlichen
+ beim Zerreiben mit typischem (Nussschalen-)Duft

Besonders häufig in den Donauauen (und zwar in der Harten[19] Au). Hier vermittelt er den Eindruck, als ob er immer schon dazugehört hätte. Ob er tatsächlich „ureinheimisch“ ist oder doch „nur“ aus Verwilderungen (Tierausbreitung) von Bäumen stammt, die die Römer mitgebracht haben, ist eine zwar interessante, aber rein akademische Frage.

☝ Amerikanische Schwarznuss *(J. nigra)*: 11–23 am Rand gesägte Fiederblättchen (Walnuss 7–9), Endblättchen nicht vergrößert, reife Nuss schwarz (Walnuss grün); in Auen als Forstbaum eingebracht (ohne Abb.).

Familie: Rosengewächse, Rosaceae

Wegen des sehr unterschiedlichen Aussehens sowohl der Blätter und Blüten und vor allem der Früchte sind Gattungen und auch teilweise Arten leicht nach Fotos zu erkennen. Daher haben wir auf einen Gesamtschlüssel verzichtet. Die einzelnen Gattungen der Familie finden Sie auf folgenden Seiten:

[19] „Harte Au“: die etwas höher gelegenen Gebiete einer Au, die nur selten (nicht jährlich) überschwemmt werden (mit Harthölzern wie Stiel-Eiche, Flatterulme, Hainbuche ...). Die tiefer gelegenen, regelmäßig unter Wasser stehenden Au-Teile nennt man „Weiche Au“ (mit Weiden, Pappeln, Erlen ...).

1a

1b

2c

1c

2b

2a

1d

Gattung: *Prunus*

- Blüten kräftig purpurrosa, kleiner Strauch (kaum über 1 m hoch); nur im Pannonicum, s
  → Zwergmandel, *P. tenella* (Fotos 1a, b)
- Blüten weiß
  - Blüten in (oft überhängenden) langen Trauben (Foto A), Blätter sehr ähnlich denen des Kirschbaums, Baum an Feuchtstandorten
    → Traubenkirsche, *P. padus* (Fotos 2a, b)
  - Blüten (zu 4–12) in gestielten doldenartigen Blütenständen (Foto B), Blätter rundlich eiförmig (Foto C). Strauch oder kleiner Baum an Trockenstandorten
    → Steinweichsel, *P. mahaleb* (S. 77, Fotos 2a–c)
  - Blüten einzeln oder zu wenigen in einer sitzenden Dolde (Foto D)
    - ◆ Sträucher (1–2 m hoch, nur ausnahmsweise höher), bilden Bestände durch unterirdische Ausläufer
      - ▪ Dornig, Blüten und Früchte kurz gestielt, diese dunkelblau bis schwarz, bereift
        → Schlehdorn, *P. spinosa* (S. 78, Fotos 1a, b)
      - ▪ Wehrlos, Blüten und Früchte lang gestielt, Früchte rot
        → Zwergweichsel, *P. fruticosa* (S. 77, Fotos 3a–c)
    - ◆ Baum
      → Vogelkirsche, *P. avium* (S. 77, Fotos 1a, b)

1 Zwergmandel (Strauch-M.), *Prunus tenella*

0,5–1,5 m	III–V	♄			K	ss		

\+ Mandeln 1–2 cm lang, seidig behaart
\+ wächst in Gruppen durch unterirdische Ausläufer

Foto 1b: Lösshohlweg mit Zwergmandeln und Robinien bei Angern a. d. March

Hochgefährdetes Naturkleinod: Ursprünglich wohl in Waldsteppen, an Waldrändern, in zuwachsenden Trockenweiden; heute nur noch winzige Restbestände an Böschungen, auf Ackerrainen. Zierstrauch (in Baumschulen erhältlich!).

2 Traubenkirsche, *Prunus padus*

3–10 m	IV–V	♄			W3, T3, M	sh		gi![20]

+ Blattstiel mit zwei grünen Warzen (Nektardrüsen[21]: Foto 2b)
+ Rinde der Zweige (und Blätter) verletzt mit Bittermandelduft
+ Früchte ca. 5 mm ∅, schwarz

1a

2a

1b

2b

[20] Fruchtfleisch unergiebig, etwas bitter; Kern enthält „blausäurehaltiges“ Glykosid. Auch die Rinde ist giftig.

[21] Nektardrüsen von Kirsche und Traubenkirsche scheiden Zuckersaft aus, der Ameisen anlockt („Polizistenfutter“). Diese nehmen dann auch gleich die Raupen mit, die die austreibenden Blätter abfressen wollen.

1 Vogelkirsche (Wild-Kirsche), *Prunus avium*

5–25 m	IV–V	♄			W2, M, H	h		

+ Blattstiel mit zwei roten Warzen (Nektardrüsen: Foto 1a)
+ Früchte ± rot, vollreif schwarzrot, weniger als 1 cm ∅, dünnfleischig, bittersüß
+ Herbstfärbung oft leuchtend orange- bis purpurrot

Wildform der Kulturkirschen, die „in der Natur" häufig aus von Tieren verschleppten Kernen wild vorkommen; es ist oft schwer zu entscheiden, ob man eine „echte" Wildkirsche vor sich hat. Zur Blütezeit kann man feststellen, dass Kirschbäume in den Laubwäldern tieferer Lagen (auf gut mit Wasser und Nährstoffen versorgten Böden) häufig sind (Foto 1b).

2 Steinweichsel, *Prunus mahaleb*

2–6 m	IV–V	♄			W1	mh		gi!

+ ausladender, oft bäumchenförmiger Strauch (Foto 2a: Falkenstein, Weinviertel)
+ Zweige und Blätter bei Verletzung mit bitterem Duft (nach Waldmeister bzw. Cumarinen)
+ Blätter ledrig, am Rand kerbsägig (Foto 2c)

Häufig gepflanzt (vor allem an Straßenbegleitflächen); im Raum von Baden kultiviert zur Erzeugung von duftenden Zigarettenspitzen, Pfeifenrohren und Spazierstöcken.

3 Zwergweichsel, *Prunus fruticosa*

0,3–1 m	IV–V	♄			W1, K	s		

+ Blätter etwas ledrig, glatt, glänzend
+ Früchte bis 5 mm ∅, rot, säuerlich, aber wohlschmeckend

Ursprünglich wohl Sträuchlein der Waldsteppe bzw. deren Säume; heute in tiefgründigeren Stellen von Trockenrasen (ehem. Weiderasen).

☝ Die häufigen Bastarde mit der Kulturweichsel *(Prunus × eminens)* blühen zwar reichlich, bilden aber kaum Früchte aus. Sie sind wesentlich wüchsiger (2–3,5 m hoch) und können mit ihren Wurzelsprossen dichte Monokulturen bilden; wenn sie in Naturschutzflächen invasiv auftreten und alle anderen Arten verdrängen, werden sie als Problem angesehen. Zurückdrängen (wie bei der Schlehe) ist schwierig, da sie nach Abschneiden vermehrt wieder austreiben.

1a
1b
2a
3a
2c
2b
3c
3b

1 Schlehdorn (Schlehe, Schwarzdorn), *Prunus spinosa*

1–3 m	III–V	♄			M, H	sh		(gi)[22]

+ im Winter durch Dornen, dunkelgraue Rinde und kleine, kugelige Blütenknospen auffällig
+ Blüten erscheinen vor dem Blattaustrieb
+ Blätter runzelig
+ Früchte schmecken herb, zusammenziehend, vollreif (nach dem Frost) auch etwas süß

Liebt wärmere Lagen und nährstoffreiche Böden (geht zwar auch auf Trockenstandorte, ist aber hier nicht besonders wüchsig); häufig in Weideland sowie in Hecken und an Waldrändern; wächst von hier mit seinen unterirdischen Ausläufern in die benachbarten Flächen hinein, wenn diese nicht mehr genutzt (gemäht, geackert) bzw. gepflegt werden (invasive Art). Schlehen bieten zahlreichen Insekten Lebensraum oder Nahrung. Ein bekanntes Beispiel ist der Segelfalter, dessen Raupen sich von Schlehen ernähren. Weniger bekannt sind zwei Pracht-Käferarten, die sich in Schlehen entwickeln: *Capnodis tenebrionis* (Foto 1c) und *Ptosima undecimmaculata* (Foto 1d).

☝ Schwer zu unterscheiden von hochwüchsigeren, weniger oder nicht bedornten Hybriden mit der Zwetschken-Pflaumen-Verwandtschaft oder verwilderten Zwetschkenbäumen (Blüten erscheinen zugleich mit dem Blattaustrieb).

Gattung: Weißdorn, *Crataegus*

Hinweis: Die Zahl der Griffel bzw. der Kerne immer an mehreren Blüten bzw. Früchten an unterschiedlichen Ästen eines Strauchs feststellen.

- Blüten stets mit einem Griffel, Früchte mit einem Kern
  Blätter tief eingeschnitten, Blatteinschnitte kaum gezähnt, Blattlappen an der Spitze mit nur wenigen Zähnen (Foto A); sehr häufige Art
  → Einkern-Weißdorn, *C. monogyna* (S. 81, Fotos 1a–d)

[22] Die Samen („Kerne") aller *Prunus*-Arten enthalten „Amygdalin", ein giftiges, Blausäure abspaltendes Glykosid.

- Blüten zweigriffelig (Foto B), Früchte mit zwei Kernen
  - Blätter nur wenig geteilt (selten über ein Drittel) mit kurzen, stumpf gesägten Blattlappen (Foto C) → Zweikern-Weißdorn, *C. laevigata* (S. 81, Fotos 2a–c)
  - Blätter stärker (oft über die Hälfte) geteilt, Blattlappen spitz, gezähnt (Foto D) → Großfrucht-Weißdorn, *C.* × *macrocarpa* (S. 81, Foto 3)
- Blüten an einem Strauch teils ein-, teils zweigriffelig, folglich teils ein- bzw. zweikernig
  - Kelchblätter teilweise viel länger als breit, spitz (Foto E) → Großfrucht-Weißdorn, *C.* × *macrocarpa* (S. 81, Foto 3)
  - Kelchblätter alle etwa so lang wie breit, ± stumpf → Mittlerer Weißdorn, *C.* × *media* (die Hybride zwischen Einkern- und Zweikern-W.) (ohne Abb.)

1 Einkern-Weißdorn (Eingriffeliger W.), *Crataegus monogyna*

2–6 m	V–VI	♄			M, H	sh		

+ Kelchblätter breit dreieckig, ± stumpf (Foto 1b)
+ Hauptnerven der Blätter konvex (S. 79, Foto A)

Sehr vielgestaltig, Blätter aber immer tief eingeschnitten bis geteilt; lichtbedürftig, verträgt trockene Standorte, sehr häufig auf verbuschenden Weiden (Foto 1d) und auf Böschungen, im Aubereich auf „Heißländen" (das sind trockengefallene und daher waldfreie Schotterflächen).

☝ Ebenfalls einkernig: Krummkelch-W., *C. rhipidophylla (C. curvisepala, C. rosiformis)* – Kelchblätter erheblich länger als breit, alle Blattlappen und -einschnitte scharf gezähnt; Vorkommen in NÖ in der FlÖ als fraglich angegeben, allerdings ist die Hybride mit dem Zweikern-W., der Großfrucht-W., in NÖ nicht selten (s. u.). Ebenso wird die einkernige Hybride aus Krummkelch-W. und Einkern-W. aus NÖ angegeben. Die Kelchblätter dieses Verschiedenzahn-W. *(C. × heterodonta)* sind nur zum Teil länger als breit, ein Teil gleicht denen des Einkern-W.

2 Zweikern-Weißdorn (Zweigriffeliger W.), *Crataegus laevigata (C. oxyacantha)*

2–6 m	V–VI	♄			W2, 3, M, H	h		

+ Hauptnerven der Blätter konkav (Foto 2b)

Liebt bodenfrische bis feuchte und (vor allem im pannonischen Raum) (halb)schattige Wuchsorte. (Foto 2c: Marchauen bei Marchegg), Blätter, Blüten und Früchte der Weißdornarten werden als Teedrogen und als Extraktpräparate wegen ihrer herzstärkenden Wirksamkeit (beim „Altersherz") verwendet.

3 Großfrucht-Weißdorn, *Crataegus × macrocarpa*

0,5–2 m	V–VI	♄			W6, M	mh		

+ von Weitem an den lang gestielten, hängenden, großen, walzenförmigen Früchten erkennbar

4 Felsenbirne (Echt-Felsenbirne), *Amelanchier ovalis*

1–3 m	IV–V	♄			W1, P4	mh		

+ blüht vor dem Blattaustrieb
+ Blütenblätter schmal
+ Blätter blaugrün, jung unterseits weißfilzig, mit purpurroter Herbstfärbung

Vor allem über Kalk und Dolomit; häufig in Schwarzkiefernwäldern; in Weidesteppen (Trockenrasen) Vorbote der Bewaldung. In Vollblüte fällt der Strauch von Weitem durch seine leuchtend weißen („edelweißartigen") Blüten auf. Die kleinen (7–11 mm ∅), bereiften Früchte sind (in kleinen Mengen) essbar und schmecken gut.

1a
1b
1c
1d
2a
2b
2c
3
4a
4b
4c
4d

1 Holzbirne (Wild-Birne), *Pyrus pyraster*

8–20 m	IV–V	♄			W3, 1, H	mh		

+ Staubbeutel[23] rot bis violett
+ junge Zweige meist mit Dornen
+ Früchte klein (meist nur wenige cm lang), grün bis gelblich braun
+ meist kugelig (oder nur ganz angedeutet birnenförmig) – können (ohne Blätter) für Äpfel gehalten werden
+ Stiel meist länger als die Birne (Foto 1b)

Wie bei den anderen Obstgehölzen ist auch bei den Birnen die Grenze fließend zwischen Pflanzen, die zu der als ursprünglich bei uns wild vorkommenden Art gehörig angesehen werden, alten Kultursorten und (aus Samen) verwilderten Bäumen (daher das Wörtchen „meist" bei den Merkmalsangaben). Außerdem gibt es vor allem im östlichen NÖ Formen, die man an den länglichen, unterseits stark behaarten Blättern kaum als Birne erkennen würde (Foto 1e), die in der FlÖ sogar als eigene Arten mit hübschen Namen (Schnee-Birne, Salbeiblättrige B., Österreich-B.) geführt werden. Also – wieder einmal – eine Spiel(obst)wiese, die wir Spezialisten (und denen, die es werden wollen) überlassen müssen. Es lohnt aber jedenfalls, genau hinzuschauen.

2 Holzapfel (Wild-Apfel), *Malus sylvestris* agg.

2–10 m	V	♄			W1, 6	s		

+ Staubbeutel gelb, Blütenblätter meist rosa getönt
+ Äste meist dornig
+ Äpfel gelblich grün, 2–3,5 cm im ∅
+ Blätter nur in der Jugend behaart, ältere Blätter ± kahl (bei Kulturäpfeln unterseits filzig behaart)

Kleiner Baum an lichten Waldstellen (Foto 2c: Schwarzföhrenwald bei Hernstein). Aus verschleppten Äpfeln und Kernen gekeimte Kulturapfelwildlinge sind an Wildstandorten (Hecken, Waldrändern, Waldlichtungen ...) häufiger als „echte" Wildäpfel.

[23] D. h. das verdickte, obere (Pollen produzierende) Ende der Staubblätter

2a

2b

2c

Gattung: *Sorbus*

- Blätter gefiedert
  - Früchte rot, maximal 1 cm breit, kugelig oder eiförmig; sh
    → Eberesche, *S. aucuparia* (S. 84–85, Fotos 1a–c)
  - Früchte gelb, rotbackig oder bräunlich, mehr als doppelt so groß, apfel- oder birnförmig; ss
    → Speierling, *S. domestica* (S. 85, Foto 2a)
- Blätter ahornartig (Foto A), Früchte braun mit hellen Pünktchen
  → Elsbeere, *S. torminalis* (S. 84, Fotos 3a–e)
- Blätter elliptisch bis rundlich, mit gesägtem Rand, selten mit seichten Ausbuchtungen (Lappen)
  - Blätter auch unterseits ± kahl, Blüten rosa bis rot, kleiner Strauch in der subalpinen Stufe (meist im Latschenkrummholz) mit roten bis braunroten Früchten
    → Zwergmehlbeere, *S. chamaemespilus* (S. 85, Fotos 4a, b)
  - Blätter unterseits weißfilzig, Blüten weiß, Früchte rot (Foto B)
    - (Gebietsweise) sehr häufig; Blätter am Grund abgerundet
      → Mehlbeere, *S. aria* (S. 87, Fotos 1a–d)
    - Selten, nur im Pannonicum; Blätter kleiner, am Grund keilförmig
      → Griechische Mehlbeere, *S. graeca* (S. 86, ohne Abb.)

A

B

1 Eberesche (Vogelbeere), *Sorbus aucuparia*

3–15 m	IV–VI	♄			W6, 1, 5, M, H	sh		(gi)

+ Teilblättchen (Fiedern) am Grund asymmetrisch
+ junge Zweige oft behaart[24], duften bei Verletzung bitter
+ Winterknospen sehr auffällig (schwarz, oft behaart und klebrig)

Lichtliebender, kurzlebiger, kleiner Baum an Waldrändern und Lichtungen (Vogelausbreitung), bevorzugt saure Böden (in den Kalkalpen vor allem auf Braunlehmböden), besonders häufig daher im Waldviertel, Wienerwald, Bucklige Welt und Zentralalpen, im pannonischen Raum deutlich seltener; steigt in den Alpen bis über die Baumgrenze (und bleibt hier dann gern im Schutz von Latschen und Grünerlen). Wächst in Gruppen durch Wurzelsprosse. Die Früchte werden außer für die Schnapsherstellung auch für Marmelade und Gelee verwendet, frisch eingenommen oder als Presssaft wirken sie schleimhautreizend und führen zu Magen- und Nierenbeschwerden!

2 Speierling, *Sorbus domestica*

8–20 m	V	♄			W2	ss		

+ Teilblättchen am Grund symmetrisch

Wärmeliebend, am Alpenostrand vielleicht einheimisch; früher als (Most-)Obstbaum kultiviert, heute Gegenstand von Schutzprojekten (alte Bäume sind kartiert, Neupflanzungen).

3 Elsbeere, *Sorbus torminalis*

5–25 m	V–VI	♄			W1, 2	mh		

+ Winterknospen stumpf (Foto 3c)
+ oft weit leuchtende Herbstfärbung

Früchte reifen spät, vollreif von feinem, süßsaurem Geschmack, gut für Marmelade, neuerdings für die Erzeugung von hochpreisigem Schnaps sehr begehrt.

[24] In der subalpinen Stufe eher kahl (und Früchte eiförmig): Gebirgs-Eberesche (subsp. *glabrata*).

4 Zwergmehlbeere, *Sorbus chamaemespilus*

0,5–1,5 m	VI–VII	♄			W5	mh		

Fällt durch die rosa Blütenfarbe, die kahlen, unterseits blaugrünen Blätter und den Wuchsort aus dem Rahmen der vielgestaltigen Mehlbeer-Verwandtschaft.

1c

2a

1d

3c

3a

3e

3b

3d

4a

4b

1 Mehlbeere (Echt-M.), *Sorbus aria*

3–12 m	V	♄			W1, M, P4	h		

+ Blätter unterseits leuchtend weißfilzig
+ Winterknospen spitz (Foto 1c)

Die auch oberseits weiß leuchtenden, frisch austreibenden Blätter vermitteln von Weitem den Eindruck eines Baumes in voller Blüte (Foto 1d). Früchte zwar mehlig, vollreif aber süß (und wohlschmeckend mit etwas Mandelaroma). Bevorzugt Kalkgebiete, hier steigt sie bis fast in die subalpine Stufe auf; besonders häufig in den Schwarzföhrenwäldern des Alpenostrandes.

- Griechische Mehlbeere *(S. graeca)*: Strauch bis kleiner Baum auf ausgesprochen trockenen Hängen in waldsteppenartiger Vegetation; selten, nur im Pannonicum (ohne Abb.).
- Donau-Mehlbeere *(S. danubialis)*: Blätter etwas rhombisch rundlich, derb, über der Mitte undeutlich gelappt und grob gezähnt; Rarität: in NÖ nur auf den Hainburger Bergen. (Foto 1e)
- Zwischen (fast) allen Arten gibt es Übergänge, Hybriden und artgewordene Hybriden (die teilweise Artnamen bekommen haben). In Gegenden, wo Mehlbeere (und eventuell Griechische M.), Elsbeere und Eberesche gemeinsam vorkommen (z. B. bei Puchberg am Schneeberg), kann man daher interessanten in Blattform (z. B. mit seicht bis deutlich gelappten Blatträndern) und Fruchtfarbe intermediären Bäumen begegnen.

2 Steinmispel (Gewöhnlich-S., Zwergmispel), *Cotoneaster integerrimus*

0,5–2 m	V	♄			W1, P3	mh		

+ Früchte kahl, 6 mm lang
+ Blattoberseite kahl

- Filz-Steinmispel *(C. tomentosus)*: Früchte behaart, etwas größer, blutrot, junge Blattoberseite dicht behaart; auf ähnlichen Wuchsorten aber seltener und auf Kalkgebiete beschränkt (ohne Abb.)

3 Weiden-Spiere (Weidenblättriger Spierstrauch), *Spiraea salicifolia*

0,5–2 m	VI–VII	♄			T3	s		

+ Blütenstand schmal (viel länger als breit)
+ Blattunterseite filzhaarig, viel heller als die Oberseite
+ Blattrand durchgehend fein gesägt

Recht ähnliche (meist weiß blühende) Zierstraucharten (Hybriden und Sorten) aus dieser Gattung kommen auch verwildert vor.

4 Karpaten-Spierstrauch, *Spiraea media*

0,5–1,6 m	VI	♄			P4, W1	ss		

+ Blütenstand doldig
+ Blüten weiß

Nur am Alpenostrand auf sonnigen Karbonatfelsen und steinigen Hängen.

1a
1d
1e
Donau-Mehlbeere
1b
2a
2b
1c
3
4a
4b

Gattung: Rose, *Rosa*[25]

Wenn Sie beginnen, sich mit unseren wild wachsenden heimischen Rosen zu beschäftigen, so werden Sie wieder einmal mit der Vielfältigkeit der Natur und mit den Schwierigkeiten, die die systematisierende Wissenschaft damit hat, konfrontiert. Wenn Sie versuchen, einen konkreten Strauch „zu bestimmen", d. h. mit einem Artnamen zu benennen, dann werden Sie immer wieder daran scheitern, dass ein Teil der für eine Art angegebenen Merkmale zutrifft, ein Teil aber überhaupt nicht. Und je mehr Fachbücher und Spezialliteratur[26] Sie konsultieren, umso verwirrender kann die Angelegenheit werden. Denn selbst Spezialisten sind sich bis heute nicht einig darüber, wie viele Rosenarten es gibt, obwohl sich Generationen von Botanikern um eine Verbesserung der Rosensystematik bemüht haben. Tatsächlich entstand dadurch nicht Klarheit, sondern ein Wirrwarr von unterschiedlichsten Unterteilungen und eine Flut wissenschaftlicher Namen.

Der Grund dafür liegt einerseits darin, dass „Arten" – zumindest teilweise – nicht etwas sind, was in der Natur vorgegeben ist und vom Wissenschaftler entdeckt wird, sondern das Ergebnis eines wissenschaftlichen Abstraktionsprozesses. Arten sind also nichts Konkretes. Sie werden – überspitzt formuliert – „erfunden", nicht gefunden.

Gerade bei den Rosen (und bei vielen anderen Pflanzengruppen) herrschen Verhältnisse, die es schwierig machen, sie in voneinander deutlich durch Merkmale getrennte Gruppen einzuordnen. Denn es ist so, dass ein Großteil des Genmaterials der Nachkommen von der Mutter stammt. Daher sehen ihr die Nachkommen auch dann sehr ähnlich, wenn der Pollen, das väterliche Genmaterial, von einem anders aussehenden Strauch, z. B. von einer anderen „Art", stammt. Dadurch kann es sein, dass die Sträucher in einer Landschaft jeder für sich ein wenig anders aussehen. Und wenn man sich die Merkmale anschaut, so kann es sein, dass man alle Übergänge findet. Es ist wichtig zu verstehen, dass Sie, wenn Sie vor einem Strauch stehen, ja keine „Art" vor sich haben – eine Art kann man nicht anfassen, sie ist etwas Abstraktes –, sondern ein Individuum, eine Persönlichkeit. Damit wird man nun verstehen, dass Bestimmungsergebnisse wie „ist am ehesten ..." oder „steht in den Merkmalen zwischen der und der Art ..." der von der Natur vorgegebenen Situation durchaus gerecht werden. Mit diesem Verständnis können Sie sich nun mit den Wildrosen ganz unbeschwert beschäftigen und sich an deren Vielfalt erfreuen. Übrigens: alle „Hetscherln" eignen sich mehr oder weniger gut zur Teebereitung, sie enthalten unterschiedliche Mengen an Vitamin C, der Gehalt nimmt aber beim Trocknen ab.

Wildrosen haben in NÖ sehr viel an Vielfalt (Biodiversität) verloren, nicht nur an „Arten", sondern vor allem auch an Formenvielfalt innerhalb der Arten (an genetischer Diversität).

Die Gründe sind:

- Standortverluste durch Landschaftsbereinigung (Entfernen von alten Hecken)
- Auspflanzen von genetisch einheitlichem und womöglich auch noch standortfremdem Baumschulmaterial in großem Stil bei Heckenneupflanzungen und Straßenbegleitgrün
- Rigorose Rodung von verbuschten Flächen ohne Rücksicht auf seltene Arten
- Begradigen von Waldrändern und Entfernen der Waldmäntel
- Legen der Güterwege direkt an die Waldränder, sodass kein Platz für einen Strauchmantel bleibt
- Aufforstung von Weiden
- Wildverbiss (überhöhte Wildstände, vor allem Rotwild)

Vor allem im niederösterreichischen Voralpen- und Alpenraum sind einige Rosen extrem selten geworden oder bereits ganz ausgestorben.

[25] Herrn Univ.-Prof. Dr. Harald Niklfeld verdanken wir Hinweise zur Verbreitung der Rosen in NÖ.

[26] Empfehlenswert: Henker, Heinz: *Rosa* in Hegi, G.: Illustrierte Flora von Mitteleuropa IV, 2C, 2. Auflage, Parey 2003; Timmermann, Georg, und Müller, Theo: Wildrosen und Weißdorne Mitteleuropas, Verlag des Schwäbischen Albvereins e.V., 1994; Wissemann, Volker: Molekulargenetische und morphologisch-anatomische Untersuchungen zur Evolution und Genomzusammensetzung von Wildrosen der Sektion *Caninae* (DC.) Ser., Bot. Jahrb. Syst. 122, 2000.

Schlüssel

Hinweis: Rosen lassen sich am besten im fruchtenden Zustand bestimmen.

A. Niederliegende, lange, relativ dünne grüne Stämmchen und Zweige, Wuchs am Boden ausgebreitet oder ein Stück in anderen Sträuchern emporkletternd; Griffel zu einem verlängerten Bündel (Säulchen) verwachsen, das aus der (kleinen) Hagebutte herausragt (Foto A); wächst oft im (Halb-)Schatten
→ Waldrose, *R. arvensis* (S. 91, Fotos 1a–e)

B. Aufrechte Sträucher bilden durch unterirdische Ausläufer Kolonien; bevorzugen warm-trockene Standorte

- Hagebutten schwarz (Foto B), Blüten weiß, Pflanze unter 1 m hoch
  → Bibernellrose, *R. spinosissima* (S. 91, Fotos 2a–d)
- Hagebutten braunrot, an sehr langen stacheligen Stielen, Blüten hell- bis dunkelpupurrot, duften, Pflanze kaum höher als 50 cm, Blätter ledrig
  → Essigrose, *R. gallica* (S. 93, Fotos 2a–f)
- Hagebutten rot, Blüten rosa, Pflanze 1–2 m hoch, Blätter derb, unterseits auffallend rau
  → Raublattrose, *R. jundzillii* (S. 95, Fotos 2a–c)

(Anmerkung: Rosen, die ebenfalls mittels Ausläufern Kolonien bilden können, aber andere Merkmale aufweisen und ihren Verbreitungsschwerpunkt in kühl-feuchten (Berg-)Lagen haben, sind *R. pendulina*, *R. villosa* und *R. majalis*.)

C. Sträucher (meist deutlich über 1 m hoch und ohne die Merkmale der oben angeführten Rosen)

- Kelchblätter ungeteilt (bei der Zimtrose manchmal mit vereinzelten, fadenförmigen Anhängseln), an der Frucht (meist) steif aufgerichtet, bleiben bis zur Fruchtreife; Gebirgsrosen
  - häufige Rose; Hagebutten hängen, meist länglich ei- oder flaschenförmig; bevorzugt kühlfeuchte Standorte: Fluss- und Seeufer, Waldschatten
    → Hängefruchtrose, *R. pendulina* (S. 92–93, Fotos 1a–d)
  - seltene (oder vermutlich ausgestorbene) Rosen
    - Blüten dunkelrosa mit weißem Zentrum, Zweige blau bereift, vor allem in der Jugend purpurn überlaufen, Blättchen hellblaugrün, oft rot überlaufen, mit rötlichen Nerven, kahl; sehr selten
      → Rotblattrose, *R. glauca* (S. 95, Fotos 3a–c)

A

B

- Blüten rosa, Zweige dünn mit braunroter Rinde („zimtfarben“), dünne, ± gerade Stacheln stehen oft in Paaren (Foto C), Blättchen graugrün, unterseits grauhaarig; gilt in NÖ als ausgestorben
  → Zimtrose, *R. majalis* (S. 94–95, Fotos 1a–d)

- Kelchblätter fiederteilig (Foto D)
  - Blüten dunkelrosa mit weißem Zentrum, Zweige blau bereift, vor allem in der Jugend purpurn überlaufen, Blättchen hellblaugrün, oft rot überlaufen, mit rötlichen Nerven, kahl; sehr selten
    → Rotblattrose, *R. glauca* (S. 95, Fotos 3a–c)
  - Ohne all diese Merkmale
    → „Hundsrosen im weitesten Sinn“ (Untergattung oder Sektion *Caninae)*, s. S. 96

1 Waldrose (Kriechrose, Liege-R.), *Rosa arvensis*

30–100 cm	VI	♄			W6, 1, M	h		

+ Wuchs: dünne, grüne, nahe am Boden liegende oder in anderen Sträuchern emporkletternde Zweige (Spreizklimmer)
+ Griffelsäulchen (Foto 1a und S. 89, Foto A)
+ Nebenblattränder nicht fransig (Foto 1d rechts)

Die Art ist in NÖ weit verbreitet, im warmen Osten, besonders aber im Alpenvorland und in den Voralpen. Im Waldviertel kommt sie nur ganz im Osten und Süden und sonst nur an besonders günstigen Standorten vor. Trotz des Namens ist unsere Rose nicht eigentlich eine Waldpflanze, sondern ein Waldsaumgehölz. Sie kann zwar auch an lichten Waldstellen gedeihen, blüht aber im Schatten kaum. Optimal entwickelt sie sich bei guter Besonnung und auf schweren Böden. Bei Auspflanzungen gehört sie an die Heckenaußenseite oder an Zäune; über Böschungen kann sie herunterhängende Teppiche bilden. Sie ist etwas wärmebedürftig, doch steigt sie in den Kalkalpen bis weit über 1000 m.

☝ Die Waldrose kann eventuell mit der Vielblütigen Rose *(R. multiflora)* mit etwas ähnlichem Wuchs (und ebenfalls aus der Frucht ragendem Griffelsäulchen) verwechselt werden. Diese Ostasiatin wird gern gepflanzt und verwildert auch. Das einfachste und sicherste Unterscheidungsmerkmal sind die Fransen am Rand der Nebenblätter bei *R. multiflora* (s. Foto 1f und 1d links).

2 Bibernellrose, *Rosa spinosissima (R. pimpinellifolia)*

20–100 cm	V–VI	♄			K	mh		

+ Blüten weiß
+ Hagebutten kugelig, werden bei der Reife schwarz (S. 89, Foto B)
+ Stämmchen reichlich mit geraden Nadelstacheln und kürzeren Stachelborsten (Foto 2c)
+ durch Ausläufer dichte Bestände
+ schöne Herbstfärbung (Foto 2d)

Sehr wärmebedürftig: südseitige Wald- und Gebüschsäume, nicht (mehr) gemähte oder nicht mehr beweidete Trockenrasen.

C
D
1c
1f
Vielblütige Rose
1a
1b
2a
1d
Rosa arvensis
Rosa multiflora
1e
2b
2c
2d

1 Hängefruchtrose (Gebirgsrose, Alpen-Heckenrose), *Rosa pendulina*

0,5–2 m	V–VII	♄			M, W4, T3	h		

+ reife Frucht an langen Stielen hängend, ei- oder flaschenförmig (selten kugelig)
+ Blüten eher klein, aber kräftig rosa bis dunkelrot
+ Ufer-, Wald- und Gebirgsrose
+ bildet durch Ausläufer lockere Bestände

Ist weniger als die anderen Wildrosen an Kulturlandschaft gebunden (relativ schattenvertragend) und daher auch heute noch recht häufig. Sie ist eine Rose der Bergstufe und daher sowohl in der Hügelstufe als auch im subalpinen Bereich seltener. Im pannonischen Raum fehlt sie ganz. Bevorzugte Standorte sind Bach- und Seeufer, Gebüsch- und Waldmäntel oder auch lichte Bergwälder.

☝ *R. pendulina* kreuzt sich sehr leicht mit anderen Wildrosenarten (in NÖ z. B. mit *R. glauca*). Daher findet man immer wieder Sträucher, die sich nicht recht einordnen lassen.

Naturgartentipp: Die Wildrose, die am ehesten Schatten verträgt; außerdem nur wenig stachelig.

2 Essigrose[27], *Rosa gallica*

30–80 cm	VI–VII	♄			K	s		

+ Blättchen in voller Sonne dunkelgraugrün, hart, ledrig, kahl, oft am Mittelnerv etwas nach oben gefaltet, die Nerven treten an der Unterseite stark hervor
+ Stämmchen und Äste sowohl mit geraden bis leicht gekrümmten derben Stacheln als auch mit Nadelstacheln, Stachelborsten und Stieldrüsen
+ Früchte meist einzeln auf langem, drüsig stacheligem Stiel und selbst drüsenborstig (Foto 2d)
+ Blüten hellrosa bis dunkelpurpurn, stark duftend

In NÖ ist sie zwar nicht ausgesprochen selten, aber im Rückgang begriffen. Ihr Verbreitungsgebiet umfasst Wachau, Weinviertel, Wienerwald, Alpenostrand und Steinfeld. Sie ist wärme- und lichtbedürftig; im Schatten kümmert sie. Ihre Domäne sind Wald- und Gebüschsäume. Von dort kann sie mit stark verzweigten, unterirdischen Sprossen und langen Ausläufern in angrenzende Rasen und (nicht mehr genutzte) Wiesen und Weiden einwandern (Foto 2f)[28].

☝ Verwechslungsmöglichkeiten: An sich unmöglich, wenn man die obige charakteristische Kombination von Merkmalen beachtet. Allerdings gibt es nur wenige Wildrosenarten, von denen keine Hybride mit *R. gallica* bekannt sind. Daher wird man sich trotzdem sehr oft am Kopf kratzen, wenn man *gallica*-verdächtige Pflanzen zu bestimmen versucht (s. auch unter *R. jundzillii*). Besonders charakteristisch sind die ausgesprochen großen Lederblätter (welche die Bastarde meist nicht haben) und die lang gestielte, stachelborstige Frucht.

1a

1b

1c

[27] Der „saure" Name „Essigrose" für diese besonders schöne Art – die „Urmutter" der Gartenrosen – benannt nach einer ehemaligen Verwendung der Hagebutten, hat sich zwar durchgesetzt, wir sind aber nicht glücklich damit. Andere Namen, die in Verwendung sind: Apotheker-Rose, Französische Rose, Provence-Rose.

[28] Das Foto von der „Rosenwiese" in Förthof, Wachau, verdanken wir (wie andere) Frau DI A. Vitovec, Spitz/D.

1d

2a

2b

2c

2d

2e

2f

1 Zimtrose, *Rosa majalis*

1–1,5 m	V–VII	♄			W2, T3	†	§	

Durch unterirdische Ausläufer bestandesbildend; Heimat: Schotterbänke und Auen der Alpenflüsse; gilt in NÖ als ausgestorben (ehemals in den Donauauen im Mündungsgebiet von Kamp und Schmida); ist seit Langem im Sortiment der Baumschulen und aus Gärten verwildert.

Naturgartentipp: Achtung, neigt zum Wuchern und wächst in nicht regelmäßig gemähte Flächen hinein.

2 Raublattrose, *Rosa jundzillii*

1–2 m	VI–VII	♄			M, H	s		

+ Blätter mit geschlossenen Augen anfassen: derb und sehr kratzig
+ da unterseits mit profilartig hervortretenden, rauen Nerven
+ Früchte oft kugelig, oft drüsenstachelig, immer an drüsenstacheligen aufrechten Stielen, die aber kürzer und dicker als die der Essigrose sind
+ Zweige dichtstachelig, Stacheln schlank, gerade bis leicht gebogen, aber nicht hakig (i. U. z. Heckenrose, *R. canina*)

✍ Gilt als artgewordene Hybride von Heckenrose *(R. canina)* und Essigrose *(R. gallica)*; äußerst vielgestaltig, vereinigt in unterschiedlichen Kombinationen Merkmale der Eltern. Es ist auch möglich, dass diese „Art" zu unterschiedlichen Zeiträumen und an unterschiedlichen Orten mehrfach und voneinander unabhängig entstanden ist und auch weiter immer wieder neu entsteht. Da die Elternarten selbst sehr variabel sind, ist klar, dass auch die Kinder sehr uneinheitlich aussehen werden. Durch laufende Rückkreuzung entstehen Merkmalsreihen und gleitende Übergänge *R. canina – R. jundzillii – R. gallica*. Studiert man die Fachliteratur, so bekommt man den Eindruck, dass die Ansichten über Status und Merkmale dieser Art von Gebiet zu Gebiet sehr verschieden sind. In manchen warmen Gebieten NÖs sind Rosen mit dem typischen „Raublatt"-Merkmal zwar ganz lokal, aber doch relativ häufig (Teile der Wachau vor allem i. d. Umgebung von Krems und am Bisamberg).

3 Rotblattrose, *Rosa glauca*

1–3 m	VI–VII	♄			M, H	s		

+ an den dreifarbigen Blüten mit einem ganz besonderen Rot („Karmin"),
+ den blaugrünen (bereiften), oft purpurn getönten Blättern
+ und den rotblau überlaufenen Zweigen gut erkennbar (Foto 3b)

1a

1b

1c

Oft großer, aufrechter Strauch; Stacheln gerade oder leicht gebogen (selten sichelförmig), abwärtsgerichtet.

Liebt sonnige, felsige Kalkstandorte. Bei Wildsträuchern in den Voralpen sind die Kelchblätter oft deutlich gefiedert (Fotos 3d, e). Diese werden von manchen Autoren als eigene „Art“, Gutenstein-Rose *(R. gutensteinensis)*, geführt.

R. glauca ist in NÖ sehr selten und gefährdet (Standortverluste durch Zuwachsen der Waldränder und Weiden). Sie wird als Zierstrauch gepflanzt und es ist bei manchen Standorten schwer zu entscheiden, ob eine Anpflanzung oder Verwilderung vorliegt. Wer sie für den Garten will, kann sie aus Baumschulen beziehen, wo sie schon lange im Sortiment ist.

„Hundsrosen im weitesten Sinn" (Untergattung oder Sektion *Caninae*)

Diese Gruppe enthält die Rosen, denen man am häufigsten begegnet. Sie können einen beim Bestimmen sehr ärgern (was aber wohl nicht der Grund war, warum sie so benannt wurden). Dieses Ärgernis kann man verringern, indem man sich von der berückenden (und beim Systematisieren bedrückenden) Vielfalt der Rosen in der Natur – bzw. umgekehrt von der Natur der Rosen – nicht verwirren lässt, sondern einfach pragmatisch nach Schema in drei Schritten vorgeht:

Schritt 1: Zunächst teilt man die Rosen nach der Blattbehaarung und der Form der Stacheln in drei Gruppen ein:

I. FILZROSEN:
Stacheln gerade oder etwas gekrümmt (aber nicht sichelförmig oder hakig), Blätter beim Anfassen weich, beiderseits behaart (dabei oberseits schwächer), unterseits wollig und außerdem drüsig (die winzigen Drüsenkügelchen sind leider im Haarfilz versteckt und nur mit guter Lupe sichtbar), duften beim Zerreiben (meist nur schwach) nach Harz oder Terpentin

II. WEINROSEN
Stacheln sichelförmig bis hakig, Blätter reichdrüsig klebrig, beim Berühren oder im Sonnenschein mit Fruchtduft (Foto C zeigt die Frucht der Großblütigen Weinrose)

III. HECKENROSEN
Stacheln hakig oder sichelförmig, Blätter zwar behaart oder kahl, drüsig oder nicht, aber jedenfalls nicht duftend; also sozusagen der „Rest", die Rosen, die nicht unter I oder II passen

Schritt 2: Anschließend kann man die Rosen jeder Gruppe anhand bestimmter Merkmalskomplexe zwei Typen zuordnen

- L-Typ (oder Tieflagentyp[29], L von „laxus" = locker):
  lockerer, überhängender Wuchs oder auch Spreizklimmer in anderen Gehölzen;
  Kelchblätter zurückgeschlagen, früh (d. h. vor der Fruchtreife) abfallend
  Griffelkanal eng (< 1 mm) (Foto A)
- D-Typ (oder Hochlagentyp, von „densus" = dicht):
  dichter, aufrechter Wuchs
  Kelch aufgerichtet, spät abfallend oder über den Winter bleibend
  Griffelkanal weit (> 1 mm) (Foto B)

A

B

C

[29] Die Gliederung stammt aus dem 19. Jh. und die beiden Typen hießen ursprünglich „Arten der Ebene" und „Arten der Bergregion". Obwohl heute eine geografisch neutrale Benennung bevorzugt wird, so ist es doch zumindest in NÖ so, dass die Rosen des einen Typs (D) eher die Voralpen und höheren Lagen des Waldviertels bevorzugen, während die des anderen (L) ihren Verbreitungsschwerpunkt tiefer unten haben.

Kombiniert man die 3 Gruppen I–III mit diesen beiden Typen, so kommt man auf 6 Arten (I/D, II/D ... usw.).

Schritt 3: Unterteilt man nun noch die Gruppe III „Heckenrosen" in zwei Untergruppen: Blätter behaart oder unbehaart (die – vorhandenen oder nicht vorhandenen – Drüsenhaare werden dabei nicht berücksichtigt), und die Gruppe II „Weinrosen" nach der Form des Blättchengrunds (keilförmig oder abgerundet), so kommt man auf 10 Arten.

Typ/ Gruppe	Filzrosen	Weinrosen		Heckenrosen	
		Blattgrund		Blättchen	
		abgerundet	keilförmig	behaart	kahl (ausgenommen evtl. vorhandene Drüsenhaare)
L	FILZROSE *R. tomentosa*	KLEINBLÜTIGE WEINROSE *R. micrantha*	FELDROSE *R. agrestis*	BEHAARTE HECKENROSE *R. corymbifera*	HECKENROSE *R. canina*
D	APFELROSE *R. villosa*	GROSSBLÜTIGE WEINROSE *R. rubiginosa*	KEILBLATT-ROSE *R. elliptica*	LEDERBLATT-ROSE *R. caesia*	VOGESENROSE *R. dumalis*

Die Raublattrose *(Rosa jundzillii)* auf dem Bisamberg

Gruppe I: FILZROSEN

1 Filzrose, *Rosa tomentosa*

1–3 m	VI–VII	♄	?		M, H	s		

+ hellrosa bis weißliche Blüten
+ Hagebutten mit gestielten Drüsen (Foto 1d), auf langem, drüsenborstigem Stiel
+ Stacheln schwach gekrümmt (Foto 1c)

Blättchen graugrün, weich, unterseits wollig filzig und mit Drüsenpunkten, frisch oft mit harzigem Duft, Kelch nach dem Blühen ausgebreitet, zur Zeit der Hagebuttenrötung zurückgeschlagen, fällt bei der Fruchtreife bald ab. Gilt als eine besonders vielgestaltige, variable Art.

Diese Art soll zwar laut (alter) Literatur vor allem in der Hügelstufe eine weite Verbreitung gehabt haben und wird auch heute noch von niederen Lagen angegeben, doch ist heutzutage die Chance, auf Sträucher mit Filzrosenmerkmalen zu stoßen, im Gebirge (vor allem in den Kalkvoralpen) größer. Sie dürfte bereits zu den hochgradig gefährdeten Rosen NÖs gehören.

☝ Filzrosen mit aufrechtem oder ausgebreitetem, später „flatterigem“ Kelch, der bis zur Fruchtreife oder länger bleibt, werden als eigene Art, Kratzrose *(R. pseudoscabriuscula)*, geführt. Weitere Merkmale: Blüten rosa, *„Äste mit vielen, auffallend langen, oft gepaarten Stacheln“* (FlÖ). (Fotos 1f, g) Der Name kommt von den Widerhäkchen auf der Unterseite der Blattmittelrippe, wodurch sie sich nicht weich (filzig), sondern kratzig anfühlen. Rosen mit diesen Merkmalen sind jedenfalls häufig. Jedoch die Warnung „Formenreich, oft schwierig von *R. tomentosa* zu trennen“[30] eines Rosenspezialisten sollte uns vorsichtig machen. „Filzrose“, als Sammelart *(R. tomentosa* agg.*)* ist ein durchaus ausreichendes, befriedigendes Bestimmungsergebnis.[31]

☝ Verwechslungen mit der Behaarten Heckenrose und der Lederblattrose mit ebenfalls behaarten Blättern vermeidet man, indem man auf deren stark gebogene (sichelige bis hakige) Stacheln achtet.

2 Apfelrose, *Rosa villosa*

0,5–1,5 m	VI–VII	♄			M	ss		

+ Stacheln ganz gerade, schlank, aber kräftig
+ Früchte meist kugelig, kirschgroß, meist hängend, oft drüsenborstig
+ sehr früh reif
+ Kelch lang, aufrecht, am Grund verdickt, bleibt nach der Fruchtreife

Kelchblätter länger als die Kronblätter, ungeteilt oder nur mit wenigen schmalen Anhängseln; Blüten kräftig rosa, Laubblätter auffallend groß, graugrün; formenreich und vielgestaltig.

Die „Königin der Rosen“ (Zitat Prof. W. Adler) ist in NÖ leider fast ausgestorben. Als lichtbedürftige Rose der Berglagen ist sie besonders vom Zuwachsen unserer Voralpenlandschaften (mit Fichten) betroffen. Ihre klassischen Vorkommen (wie das in der „Trauch“) sind durch Rotwildverbiss stark dezimiert. Der deutsche Name ist die Übersetzung der älteren, wissenschaftlichen Bezeichnung *R. pomifera* und weist auf die oft auffallend großen Hagebutten hin, derentwegen sie früher auch kultiviert wurde.

Bevorzugt trockene, vollsonnige Standorte in den Kalk(vor)alpen: südseitige Waldmäntel, felsige Hänge; wächst durch kurze, unterirdische Ausläufer in Gruppen.

---

[30] H. Henker: *Rosa*, in: Gustav Hegi, Illustrierte Flora von Mitteleuropa, IV, 2c, 2. Aufl. 2003.

[31] Wie kommen nun aber Experten (Rhodologen) zu ihren Bestimmungsergebnissen? Der Autor des soeben zitierten Spezialwerks betont immer wieder, dass dazu der „gesamte Merkmalskomplex“ (Wuchs, Bedornung, Blattform, Zähnung, Behaarung, Drüsigkeit ...) zu berücksichtigen wäre, was aber ein aufwendiges Studium an reichlichem Material notwendig mache, da die meisten Rosenarten in sich sehr vielgestaltig seien (Merkmale variieren oft an ein und demselben Strauch) und dass außerdem mit Hybriden zu rechnen ist. Es gehört also schon viel Erfahrung dazu, um zum „richtigen Namen“ zu kommen, und dann kann es immer noch sein, dass ein Kollege anderer Meinung ist. So weist unser Autor immer wieder auf Fehlbestimmungen in anderen Fachwerken hin.

1a
1b
1c
1d
1e
1f
Kratzrose
1g
Kratzrose
2a
2c
2b

Gruppe II: WEINROSEN

1 Großblütige Weinrose, *Rosa rubiginosa*

1–3 m	VI–VII	♄			M, H	mh		

+ Blattunterseite dicht von rotbraunen Drüsen bedeckt,
+ die beim leichten Drücken einen intensiven Duft nach reifen Äpfeln (oder Wein, daher der Name) aussenden (an sonnigen Tagen ist der Duft auch schon von der Ferne wahrnehmbar)
+ Frucht mit einem Kelchkrönchen, das bis nach der Fruchtreife oder sogar bis in den Winter hinein erhalten bleibt
+ Blattgrund abgerundet (i. U. z. ähnlichen Keilblattrose)

Im Freistand kompakter Strauch, typisch für Hutweiden; im Sortiment der Baumschulen, wird gern bei Neuanlagen von Hecken ausgepflanzt.

☝ Sehr ähnlich die Kleinblütige Weinrose *(R. micrantha)* mit kleineren, hellrosa Blüten und einem zurückgeschlagenen Kelch, der vor der Fruchtreife abgeworfen wird (Foto A, Fotos 1c, d). In Gebieten, wo beide gemeinsam vorkommen, gibt es Übergangsformen („Brückensippe": Säulenrose, *R. columnifera*).

2 Feldrose, *Rosa agrestis*

2–4 m	VI	♄	?		M, H	s		

+ Fruchtstiel drüsenlos (i. U. z. Weinrosen)
+ Blättchen schmal, mit keiligem Blattgrund (Foto 2a)
+ und auffallender Zähnung
+ unterseits mit dunklen Drüsen und schwachem Apfelduft
+ Kelchblätter nach dem Abblühen zurückgeschlagen, bald abfallend

Lockerwüchsig, die langen Äste klettern in benachbarten Gehölzen weit nach oben (Spreizklimmer). Die Feldrose gehört heute zu den ausgesprochenen Seltenheiten unserer Flora und muss als stark gefährdet bezeichnet werden.

☝ Keilblattrose *(R. elliptica)*: ebenfalls duftende Drüsen (Foto 2d) und keilförmiger Blattgrund, aber Strauch gedrungen, kompakt, Hagebutten kurz gestielt mit aufrechtem bis zur Fruchtreife bleibendem Kelch (Foto 2e). Über ihre Verbreitung in NÖ weiß man, schon wegen der Abgrenzungs- und Bestimmungsprobleme (zur Weinrose und Feldrose), wenig. Das abgebildete Exemplar stammt aus dem Höllental (zwischen Rax und Schneeberg). Sie ist jedenfalls heutzutage sehr selten.

Gruppe III: HECKENROSEN

3 Lederblattrose, *Rosa caesia*

1,5–2 m	VI–VII	♄	?		M, H	s		

+ Blätter (zumindest jung) durch Behaarung beiderseits graugrün (Foto 3a)
+ Blattstiel und Mittelrippe des Fiederblattes stark behaart
+ Kelchblätter bilden auf der Frucht einen Schopf

Blüten kräftig rosa; Blättchen manchmal gegen den Sommer zu verkahlend, aber immer noch unterseits auf den Adern (und auf der Mittelrippe) behaart.

Der unpassende Name „Lederblattrose" ist eine Übersetzung eines älteren wissenschaftlichen Namens *(coriifolia)*.

Ihre Blätter sind nicht ledrig; „Graugrüne Rose“ wäre daher passender. Sie ist eine Seltenheit in NÖ. Laut älterer Literatur soll sie in NÖ jedoch einst (auch in tieferen Lagen) verbreitet, ja sogar mäßig häufig gewesen sein.

☝ Merkhilfe: Die Lederblattrose ist sozusagen eine „haarige Vogesenrose“ bzw. eine „Behaarte Heckenrose mit Kelchkrönchen“. Die starke Behaarung vor allem der Blattunterseite erinnert an die Filzrosen, doch fehlen ihr die Drüsenpünktchen und sie hat kräftige, hakige Stacheln.

1 Vogesenrose, *Rosa dumalis (R. vosagiaca)*

1–2 m	VI–VII	♄			M, H	mh		

+ unverkennbar durch die prächtige Kelchkrone, die bis in den Winter hinein an der Frucht bleibt
+ Blättchen ± kahl, blaugrün
+ Blüten kräftig rosa bis rosenrot, Strauch dadurch zur Blütezeit auffällig
+ Früchte meist eher groß, kurz gestielt, oft zu mehreren von großen, laubigen Hochblättern umhüllt

Mittelhoher, gedrungener Strauch mit nach oben strebenden Zweigen (also nicht so ausladend überhängend wie die Heckenrose).

In NÖ nur lokal häufiger (östliches und südliches Waldviertel, Wachau, Wienerwald, Puchberg, Bucklige Welt), bevorzugt vielleicht basenreiche Böden.

Behaarte Heckenrose (Eigentliche Heckenrose),[32] *Rosa corymbifera (R. dumetorum)* (ohne Abb.)

1–2 m	VI	♄			M, H	mh		

+ Blättchen weich und zumindest unterseits auf den Adern behaart
+ Mittelrippe der Fiederblätter behaart
+ Kelchblätter nach der Blüte zurückgeschlagen, fallen bald ab

Aufrechter, stark verzweigter Strauch mit bogig überhängenden Ästen; zwar keine Seltenheit, aber lange nicht so häufig wie ihre kahle Verwandte, die Heckenrose *(R. canina)*, mit der sie auch gemeinsam (aber vereinzelt) vor allem an Waldrändern und in Hecken vorkommt. Sie ist anspruchsvoller als diese und meidet ausgesprochen trocken warme Lagen, geht aber auch mit zunehmender Seehöhe allmählich zurück, d. h., sie wird sowohl im pannonischen Raum als auch im Gebirge und im hohen Waldviertel seltener.

Eine weißblütige Form (mit stieldrüsigen Fruchtstielen und Kelchblättern) wurde und wird (?) als Unterlage für Zierrosen verwendet. Man findet sie daher nicht selten in Gärten und Parks als „durchgewachsenen Wildling", der aber wegen seiner Schönheit geduldet wird. Diese Form kann auch verwildern – ihre Vorfahren sollen aus Asien stammen.

1a

1b

1c

[32] Für den etwas holperigen deutschen Namen gibt es keinen Ersatz, wenn man „Gebüschrose" nicht mag und Heckenrose für *canina* verwendet, was ich vorziehe, da „Hundsrose" abwertend klingt (auch wenn man Hunde gern mag). Das Synonym *„dumetorum"* heißt übersetzt „Gebüsche oder Hecken".

2 Heckenrose (Hundsrose[33]), *Rosa canina*

1–3 m	V–VI	♄			M, H	sh		

+ Früchte zwar sehr vielgestaltig in Größe und Form, aber immer mit streng zurückgeschlagenem Kelch, der noch vor der Fruchtreife abfällt
+ Blätter kahl (aber ohne oder mit Drüsenhaaren in unterschiedlichster Dichte[34])
+ hoher, lockerer Strauch mit weit überhängenden Zweigen; im Schatten werden die Zweige lang und klettern in höheren Gehölzen zum Licht empor (Spreizklimmer)

Vor allem im warm-trockenen Osten NÖs die weitaus häufigste und in manchen Landschaften die einzige Wildrose. Die Häufigkeit und weite Verbreitung der Heckenrose könnte darauf zurückzuführen sein, dass ihre Hagebutten sehr spät reifen, zu einer Zeit, wenn das Angebot an essbaren Früchten schon spärlich ist. Sie wird darum besonders effizient von Vögeln verbreitet.

☝ In Gebieten, wo Heckenrose und Vogesenrose gemeinsam vorkommen, gibt es dekorative Zwischenformen (Mittelgebirgs-Hundsrose, *R. subcanina*) (Foto 2c) mit ausgesprochen großen Hagebutten, die relativ kurz gestielt in Büscheln stehen und von Hochblättern umgeben sind. Dieses Merkmal haben sie von der Vogesenrose. Die Kelchblätter können verschieden gestellt sein (schräg aufrecht, flatterig, zurückgeschlagen), fallen aber zur Fruchtreife ab; diesbezüglich gleichen sie der Heckenrose. Da beide Ausgangsarten sehr vielgestaltig sind, gilt das natürlich auch für ihre Abkömmlinge. Manche tendieren in ihren Merkmalen mehr zur Heckenrose, andere wieder mehr zur Vogesenrose.[35]

[33] Der „offizielle" Name (FlÖ) „Hundsrose", ist zwar die wörtliche Übersetzung der wissenschaftlichen Bezeichnung. Trotzdem bevorzugen wir „Heckenrose" für diesen schönen und sehr häufigen Strauch; so wird er ja auch allgemein verwendet.

[34] Nach dem Vorhandensein und der Dichte von Drüsenhaaren und nach der Ausbildung der Blattrandzähnung wurden mehrere Art unterschieden, die aber – den Bearbeitern sei gedankt – in der FlÖ nur noch den ganz untergeordneten Rang von Varietäten haben.

[35] Ein eindrucksvoller Fachausdruck für diese „Zustände" ist „polymorpher Formenschwarm". (Etwas Vergleichbares existiert zwischen *R. caesia* und *R. corymbifera*; auch hierfür gibt es einen eigenen Artnamen: *R. subcollina*; in NÖ selten.) Das mag praktisch sein, suggeriert aber, dass klare Abgrenzungen vorhanden sind, wo gar keine existieren (behindert also das Verständnis für die in der Natur tatsächlich gegebenen Verhältnisse). Man kann das auch so darstellen: *R. canina* ⇔ *R. dumalis*, und mit unterschiedlicher Länge oder Dicke der Pfeile ausdrücken, zu welcher der beiden Arten der Strauch, den man vor sich hat, mehr tendiert.

Gattung: Felsen-Himbeere, Himbeere, Brombeere *(Rubus)*

Schlüssel A: Leicht bestimmbare Arten

- Früchte rot
  - Pflanze niedrig (10–20 cm hoch)
    → Felsen-Himbeere, *R. saxatilis* (Bd. 1, S. 132) (Foto A)
    Ausläuferartige Legtriebe ohne oder mit zarten Stacheln: oberirdische Teile nicht verholzt, sterben im Winter ab, daher in Bd. 1, S. 132; Blütenblätter schmal, so lang oder kürzer als die Kelchblätter, Früchtchen wenige (2–6), stehen locker und glänzen (essbar)
  - Stängel steif aufrecht, meist über 1 m hoch
    → Himbeere, *R. idaeus*
- Früchte blauschwarz, stark bläulich bereift (schmecken kratzig sauer), Stängel kriecht, dünn, stark bereift
  → Auen-Brombeere (Kratzbeere), *R. caesius*

1 Himbeere, *Rubus idaeus*

1–2,5 m	V–VI	♄			W6, K, A5	sh		

+ Blätter meist gefiedert, selten gefingert (wie bei den Brombeeren)
+ unterseits grau- bis weißfilzig
+ junge Stängel mit zarten dunklen Stacheln

☝ Die Hybride zwischen der Himbeere und der Auen-Brombeere (s. u.) hat sogar einen eigenen wissenschaftlichen Namen bekommen *(R. × pseudidaeus)*: Früchte fast alle verkümmert, Blätter zumindest zum Teil gefiedert.

2 Auen-Brombeere (Kratzbeere), *Rubus caesius*

20–40 cm	V–VII	♄			W3, T3, P3, Ä	sh		

+ Blätter der Schösslinge dreizählig, unterseits grün
+ Schösslinge mit ganz kurzen borstigen Stacheln
+ Typisch für Auen – hier meist die einzige Brombeere.

☝ Die Gruppe der Haselblatt-Brombeeren (sect. *Corylifolii*) steht in den Merkmalen zwischen der Auen-Brombeere und den „eigentlichen Brombeeren" (s. Schlüssel B). Man nimmt an, dass sie aus Hybriden entstanden sind. Deshalb sind auch die Früchtchen (einer Brombeere, d. h. einer Blüte) oft teilweise oder ganz verkümmert (Foto 2c). Aus NÖ werden in der FlÖ sieben bis neun Arten angegeben, die entsprechend schwer bestimmbar sind. Als Merkmale für die ganze Gruppe werden unter anderem angegeben: Früchte nur schwach grau bereift („wie angestaubt"), Stängel meist ungleich und kräftiger bestachelt (als bei der Auen-B.), Blätter drei- bis fünfzählig. Die lichtbedürftigen Haselblatt-Brombeeren wachsen vor allem an Wald- und Gebüschsäumen.

A

1b

1a

2a

2b

2c
Haselblatt-Brombeere

Schlüssel B Übersicht über die Vielfalt der „eigentlichen“ Brombeeren („*R. fruticosus* agg.“)

Früchte schwarz, dunkelrotbraun oder schwarzrot, Stängel meist unangenehm bestachelt, von bogig überhängendem Wuchs (Fotos A, B) oder niederliegend (Foto C), ab dem zweiten Jahr verholzt. Die aus dem Boden entspringenden, erstjährigen, beblätterten (aber noch nicht blühenden), nicht verholzten Triebe bezeichnet man als Schösslinge. Ihre Merkmale (und die ihrer Blätter) werden in erster Linie für die Bestimmung herangezogen. Erst im zweiten Jahr treiben die Blattachseln Blütenzweige. Die Blätter können 3- oder 5-(bis 7-)teilig, die letzteren hand- (Foto D) oder fußförmig (Fotos E, F) ausgebildet sein.[36]

- Stacheln der Schösslinge alle von gleicher Gestalt
  - Pflanze sommergrün (d. h. ohne dunkelgrüne, teilweise oder randlich braune Blätter, denen man ansieht, dass sie überwintert haben), oft mit leuchtend roter Herbstfärbung (Foto G); Staubblätter spreizen beim Verblühen auseinander (Foto H); Schösslinge aufrecht bis hochbogig, ± kahl
    → Artengruppe: **Aufrechte Brombeeren** (6 Arten in NÖ)
  - Pflanze wintergrün (überwinternde Blätter sind auch im darauffolgenden Sommer als solche erkennbar: Foto I); Staubblätter spreizen beim Verblühen nicht (Foto J); Schösslinge niederbogig bis liegend, meist behaart
    - Blätter unterseits grün (Stacheln etwas ungleich)
      → Artengruppe: **Wald-Brombeeren** (in NÖ selten)

A

B

C

D

[36] Handförmig: Alle Blättchen zweigen von einer Stelle ab; fußförmig: Die beiden untersten Blättchen entspringen aus dem Stiel der nächsthöheren.

E
F
G
H
I
J
K

- Blattunterseite ± filzig behaart
  - Blätter unterseits schwach grünlich filzig, oberseits schwach behaart
    → Artengruppe: **Grünfilz-Brombeeren** (in NÖ selten)
  - Blätter unterseits dicht weißfilzig (S. 107, Foto K)
    - Blattstiel oben mit einer deutlichen Rinne, Blattoberseite meist grauhaarig, Blütenkronblätter milchweiß (Foto L), beim Verblühen gelblich; mittlere Teilblättchen fast ungestielt, mit den beiden untersten (ganz ungestielten) manchmal verwachsen, Stacheln schwach und etwas ungleich; licht- und wärmebedürftig, erträgt Trockenheit; häufig
      → **Filz-Brombeere**, *R. canescens*
    - Blattstiel ohne Rinne, Blätter oberseits meist kahl
      → Artengruppe: **Zweifarben-Brombeeren** (Foto M)
      In NÖ mehrere Arten, z. B. Armenische Brombeere *(R. armeniacus)* eine wärmeliebende, vor allem im städtischen Bereich und auf Bahngelände häufig verwildernde Kulturart, mit rosa Blüten, dicken, rotkantigen Trieben (Schösslingen) und (am Grund) lebhaft roten Stacheln; die Teilblättchen sind etwas konvex, der Blütenstand reichblütig (und in der Folge entsprechend „reichbeerig"); die Blätter sind handförmig, während sie bei der häufigen Zweifarben-Brombeere *(R. bifrons)* aus der gleichen Gruppe fußförmig sind (s. Fotos in der Einleitung).

- Stacheln verschieden groß und von unterschiedlicher Gestalt
  - Nur zwei Formen von Stacheln: kegelige große und höckerige bis pfriemliche kleine
    - Schösslinge stumpfkantig, eher kräftig
      - Pflanze stark behaart, Blütenstand mit dunkelroten Drüsenhaaren, Blüten blassrosa; auf Waldschlägen in den Kalkalpen
        → **Samt-Brombeere**, *R. vestitus*
      - Pflanze wenig behaart
        → Artengruppe: **Raspel-Brombeeren**
    - Schösslinge rund, ziemlich schwach
      → Artengruppe: **Bleiche Brombeeren** (in NÖ vermutlich selten)
  - Schösslinge dicht bestachelt, Stacheln in vielen Größen und Formen
    - Schösslinge stumpfkantig, Blätter oft fünfzählig
      → Artengruppe: **Stachelschwein-Brombeeren** (in NÖ 2 seltene Arten)
    - Schösslinge rund, Blätter meist dreizählig
      → Artengruppe: **Drüsige Brombeeren** (aus NÖ ca. 15 Arten, angegeben vor allem von höheren Lagen)

L

M

Rubus – eine „in Botanikerkreisen berüchtigte Gattung"[37]

Diesen Ruf verdanken die Brombeeren der Eigenschaft, dass die Mehrzahl unter ihnen Samen in erster Linie auf „ungeschlechtliche" Weise (d. h. ohne Fremdbefruchtung) ausbilden können (mit der Besonderheit, dass für die Samenbildung aber eine Bestäubung durch Insekten notwendig ist). Dadurch gleichen die Nachkommen der Mutterpflanze. Aber auch Fremdbefruchtung kommt vor, wobei die Häufigkeit von der Art, aber auch vom Klima abhängt. Dadurch können neue Formen (Hybriden) entstehen, die wieder über lange Zeit ungeschlechtliche Nachkommen produzieren und somit unverändert bleiben, sich also wie Arten verhalten und auch als solche von einem Botaniker neu entdeckt und mit einem Artnamen versehen werden können. Dadurch entstand im Lauf der Zeit eine Flut von Namen für einander „verblüffend ähnliche" Formen. „Nicht selten treten Unterschiede erst unter der Lupe oder unter dem Binokular hervor." (M. Hohla, s. u., S. 29) Obwohl das erklärte Ziel der Botaniker ist, mit der „Systematik" die Verwandtschaftsbeziehungen der Pflanzen nach dem neuesten Stand der Wissenschaft abzubilden, so entschloss man sich hier zu einem pragmatischen Weg. Man machte die Anerkennung als Art von der Größe des Verbreitungsgebiets abhängig (∅ mindestens 40 km). Dadurch wurde die Zahl der Arten überschaubar und kategorisierbar. Andererseits bleiben natürlich viele nur ganz lokal verbreitete Arten unberücksichtigt.

Die Vielfalt innerhalb der Brombeeren ist also immens und es ist gerade für Einsteiger in der Botanik lehrreich zu erleben, dass Superspezialisten, die sich schon Jahrzehnte mit dieser Gattung beschäftigt haben, einzelne Pflanzen nicht mit einem Artnamen ansprechen können oder wollen. Hier gibt es noch viel, vielleicht endlos, zu erforschen. In der FlÖ werden für NÖ über 70 Arten angegeben; wahrscheinlich sind es aber viel mehr. Aus all dem ist verständlich, dass wir statt eines Bestimmungsschlüssels wie der bei den Rosen, der zu den Arten führt, nur eine grobe Übersicht gebracht haben, wobei wir uns an der FlÖ orientiert haben. So kann unser „Schlüssel" als erster Einstieg in die verwirrende Vielfalt der Brombeeren dienen.

Die Brombeere ist auch für Wildbienen interessant. So werden z. B. die Nester der Keulhornbienen im Mark dürrer Pflanzenstängel, wie hier in der Brombeere, angelegt: *Ceratina cyanea* am Nesteingang im Brombeerstängel (Foto O).

O

[37] Zitat aus M. Hohla: „Die Brombeere" – eine Leidenschaft der etwas anderen Art(en). ÖKOL.L 36/1 (2014), S. 20, eine sehr empfehlenswerte, profunde und amüsante Einführung in die Probleme der Batologie (Brombeerkunde).

Familie: Ulmengewächse, Ulmaceae

Gattung: Ulme, *Ulmus*

Alle drei in Niederösterreich vorkommenden Arten haben vielgestaltige Blätter mit einem asymmetrischen Blattgrund und einer ausgezogenen Spitze. Charakteristisch sind auch die Früchte (geflügelte Nüsschen) der Ulmen (s. Foto A). Ulmen oder „Rüster", wie sie auch genannt werden, treten nur ausnahmsweise bestandsbildend auf, meist sind sie nur gruppenweise oder einzeln beigemischt. Die Bergulme steigt am höchsten und ist eine Art luftfeuchter Hänge und Schluchten und kommt dort gemeinsam mit Bergahorn und der Esche bis etwa 1300 m vor. Feld- und Flatterulme sind wärmeliebender und kommen gemeinsam zum Beispiel in den Donauauen Niederösterreichs in der Harten Au vor, die nur bei großen Hochwasserereignissen überschwemmt wird. Früher war dort die Feldulme relativ häufig, ist aber in den letzten Jahrzehnten selten geworden. Wie alle heimischen Ulmen ist sie von der Ulmenwelke betroffen; eine durch zwei Pilze verursachte Krankheit, die vom Ulmensplintkäfer (Fraßbild Foto B) übertragen wird. Befallene Bäume sterben relativ rasch ab. So findet man häufig nur noch relativ junge, aber kaum ausgewachsene Feldulmen. Aufgrund des Ulmensterbens ist auch der Große Ulmenbock (Foto C) sehr selten geworden.

- Blätter oberseits sehr rau und matt, manche Blätter mehr oder weniger deutlich dreilappig
  → Bergulme, *U. glabra* (Foto 1)

- Blätter rau, oberseits glänzend

  - Blätter deutlich doppelt gesägt und die Zähne zur Spitze hin gekrümmt (Foto D), unterseits grau und weich behaart
    → Flatterulme, *U. laevis* (S. 113, Fotos 1a, b)

  - Blätter in der Regel kleiner und unterseits nur in den Nervenachseln behaart
    → Feldulme, *U. minor* (S. 111, Fotos 2a–c)

A

B

C

D

1 Bergulme, *Ulmus glabra*

10–40 m	III–IV	♄			W4	mh		

+ manche Blätter mehr oder weniger deutlich dreilappig an der Blattspitze (an Hasel erinnernd, aber viel rauer als diese). Blätter fast sitzend (bei Hasel gestielt).
+ Blätter doppelt gesägt an der Oberseite sehr rau und matt dunkelgrün
+ Stamm zunächst viele Jahre glatt („glabra") und grau, später mit Netzwerk dunkler Leisten

Gemeinsam mit Bergahorn und Esche, der typische Baum luftfeuchter Schluchten, der aber auch bis 1300 m ins Gebirge steigt und dort schattige, (luft)feuchte Hänge gemeinsam mit Bergahorn und Rotbuche besiedelt. Im Waldviertel steht sie auch auf eher trockenen, windausgesetzten Kuppen und kann hier zu mächtigen Exemplaren heranwachsen.

2 Feldulme, *Ulmus minor*

5–30 m	III–IV	♄			W3, 1	mh		

+ Blätter selten länger als 10 cm (meist 4–8 cm), manchmal nur undeutlich doppelt gesägt
+ Blätter an der Oberseite glänzend, an der Unterseite nur in den Nervenachseln behaart
+ Zweige oft mit deutlichen Korkleisten (Foto 2c)

Die Feldulme ist sehr wärmeliebend und kommt in Laubwäldern der Harten Au vor (früher häufig, nun wegen des oben kurz beschriebenen Ulmensterbens seltener). Man findet sie auch oft strauchförmig in Feldgehölzen, Gebüschen, Waldrändern und Trockenlebensräumen. Gerade dort sehr häufig mit den typischen Korkleisten an den Zweigen (Foto 2c). Als einzige der drei Ulmen kann sich die Feldulme auch über Wurzelbrut verbreiten.

1

2a

2b

2c

1 Flatterulme, *Ulmus laevis (U. effusa)*

15–35 m	III–(IV)	♄			W3, H	mh		

+ Blattgrund noch deutlicher asymmetrisch als bei den anderen Ulmen
+ Blätter oberseits grün glänzend und kahl, unterhalb grau und weich behaart
+ Blüten lang gestielt – „flattern" im Wind

Die anspruchsvolle Flatterulme bereichert die Auwälder der Harten Au, also dort, wo Überschwemmungen nicht alljährlich, sondern selten vorkommen. Eine Besonderheit bilden die oft deutlich brettartig nach oben verbreiterten Wurzelanläufe („Brettwurzeln": Foto 1b), die die Flatterulme als einzige heimische Baumart zeigt. Diese Wurzeln stützen den Stamm auf Standorten, wo die Wurzeln wegen des hohen Grundwasserstands nur flach im Boden verlaufen. Die Flatterulme ist von der Ulmenwelke am wenigsten betroffen, deshalb gibt es von dieser Baumart noch relativ viele Exemplare mit Durchmesser über 20 cm. Allerdings braucht sie zur Keimung Rohboden, und daher findet man relativ wenig natürliche Verjüngung.

Familie: Hanfgewächse, Cannabaceae

Hopfen *(Humulus lupulus)*, siehe Bd. 1, S. 132

Familie: Kreuzdorngewächse, Rhamnaceae

Die heimischen Kreuzdorngewächse sind Gehölze (Sträucher, kleine Bäume), mit 4- bis 5-zähligen winzigen Blüten, die deutlich gestielt meist zu mehreren in den Blattachseln stehen („Blütenbüschel") und mit sogenannten Steinbeeren (d. h. ähnlich aufgebaut wie Steinobst (z. B. Kirschen), aber mehrkernig).

- Blätter am Rand fein gesägt und (fast) gegenständig, Zweige oft dornig, Blüten meist vierzählig
  - Aufrechter, hoher Strauch, Blattstiele mehr als 1 cm lang, Blattspreite 3–8 cm lang
    → Purgier-Kreuzdorn, *Rhamnus cathartica*
  - Niedriger, sparrig verzweigter, ausgebreitet wachsender kleiner Strauch, Blattstiele weniger als 0,5 cm lang, Blattspreite maximal 3 cm lang
    → Felsen-Kreuzdorn, *Rhamnus saxatilis*
- Blätter ganzrandig und wechselständig, Zweige dornenlos, Blüten fünfzählig
  → Faulbaum, *Frangula alnus*

2 Faulbaum, *Frangula alnus (Rhamnus frangula)*

2–5 m	V–VII	♃ bis ♄			M, W1, 3, G2	mh		gi!

+ Rinde jüngerer Zweige rotbraun (älterer graubraun) mit auffallenden weißen Punkten und Strichlein
+ Früchte erst grün, dann rot und reif, schließlich schwarz

Auf nährstoffarmen, nassen bis frischen Böden, verträgt starke Feuchtigkeitsschwankungen (wechselnass bis wechseltrocken) und sogar Überschwemmungen; lichtliebend, daher vor allem an Waldrändern in Verlichtungen. Der ganze Strauch ist insbesondere für Weidetiere (Pferde) giftig; die Rinde wird zwar medizinisch als Abführmittel verwendet, muss dazu aber länger gelagert und speziell zubereitet werde. Die Früchte aller drei Arten (!) können auch in geringen Mengen (vor allem bei Kindern) zu drastischen Durchfällen und Darmkoliken führen.

1a

1b

2a

2b

2c

2d

2e

1 Purgier-Kreuzdorn (Gewöhnlich-K.), *Rhamnus cathartica*

1–3 m	V–VI	♄			H, M	h		gi!

+ aufrechter, sparriger, locker aufgebauter, breitwüchsiger Großstrauch oder kleiner Baum
+ grüne, eingeschlechtliche Blüten, die ♂ sind etwas größer als die ♀ (Foto 1a)
+ Früchte erst grün, später leuchtend schwarz

Auf mäßig feuchten bis oberflächlich trockenen Böden (Tiefwurzler); lichtbedürftig, daher vor allem an Wald- und Heckenrändern; häufig auf Lesesteinhaufen und -rieden; vor allem in höheren Lagen kalkliebend.

Die Dornen sind wesentlich weniger prominent und stechend als die anderer Dornstraucharten (z. B. die des Schlehdorns). Bei manchen Sträuchern muss man sie sogar suchen. Im Winter findet man sie zwischen den beiden langen Endknospen der Zweige. Sie entstehen dadurch, dass die Enden der Zweige absterben. Der Zweig wächst mit den beiden (oft versetzt) gegenständigen Endknospen weiter. Wenn die Enden der beiden neuen Seitenzweige wieder zu Dornen absterben, dann bilden die Dornen ein Kreuz. Die beiden nächsten Seitenäste sind um 90° versetzt (kreuzgegenständig). Der ausladende Wuchs beider Kreuzdornarten kommt durch diese spezielle Verzweigung zustande.

2 Felsen-Kreuzdorn, *Rhamnus saxatilis*

20–50 cm	IV–V	♄			W1, TR	mh		gi!

+ Strauch oft halbkugelig, kompakt, breiter als hoch, unterste Äste liegen auf dem Boden oder auf Felsen angedrückt
+ gelblich grüne, eingeschlechtliche oder zwittrige Blüten (bei den rein weiblichen Blüten fehlen oft die Kronblätter) (Foto 2b)

Kalkliebende Art trocken-warmer Standorte: verbuschende Trockenrasen (Foto 2c), Föhrenwälder, Kalkfelsen.

Familie: Ölweidengewächse, Elaeagnaceae

3 Sanddorn, *Hippophaë rhamnoides*

1–3 m	III–V	♄			T4, P1	mh		

+ Blätter oberseits fast kahl, unterseits mit silbrig weißer, anliegender Behaarung (schildförmige Haare)
+ junge Zweige bronzefarbig schimmernd
+ aufrechter, sehr lockerer, sparrig verzweigter Großstrauch
+ die jungen Zweigspitzen sterben ab und werden zu Dornen (ähnlich wie beim Kreuzdorn, S. 114)

Blütenstände winzig und unscheinbar (Windbestäubung, Pollenblüten); ♀ (Foto 3b) und ♂ Blüten (Foto 3a) getrennt.

Pionier auf den Schotterflächen der Alpenflüsse und der Donau (bis unterhalb von Wien), Tiefwurzler (erreicht daher auch auf oberflächlich trockenen Flächen feuchte Bodenschichten, soweit der Untergrund für Wurzeln durchlässig ist – Sand, Schotter), besitzt Wurzelknöllchen mit luftstickstoffbindenden „Strahlenpilzen" (Fadenbakterien); wächst oft in Herden (durch lange Ausläufer). Braucht volle Lichteinstrahlung, verträgt Beschattung nicht. Früchte – bekanntlich – reich an Vitamin C.

☝ Die asiatische Ölweide *(Elaeagnus angustifolia)*, ein bis 10 m hoher Baum mit ausladendem Wuchs, wird wegen ihrer Fähigkeit, auf Rohböden zu wachsen (Wurzelknöllchen, s. o.), angepflanzt (z. B. in Windschutzstreifen); verwildert in NÖ hingegen nur ab und zu. (Sehr häufig ist sie im Seewinkel, Bgld.; salztolerant.) Die Früchte sind essbar und süß. (Foto 3d, e)

3a

3b

3c

3d

Ölweide

3e

Ölweide

Familie: Schmetterlingsblütler, Fabaceae
(siehe auch Bd. 1, ab S. 134, und Bd. 3, ab S. 154)

1 Robinie (Gewöhnlich-R., Falsche Akazie[38]), *Robinia pseudacacia*

5–30 m	V–VI	♄			S3, W3	sh		gi!![39]

+ Zweige (vor allem Schösslinge und Langtriebe) mit paarweisen Dornen (umgewandelte Nebenblätter)
+ Borke hellgraubraun, tief längsrissig (Foto 1d)

Die Gelenke der Blattstiele und der Ansatzstelle der Teilblättchen sind beweglich. Bei intensiver Sonnenstrahlung werden die Fiedern schräg gestellt, nachts gehen sie in eine senkrechte Schlafstellung. Außerdem reagieren sie tagsüber innerhalb von Minuten auf starke Erschütterungen (Regengüsse) mit Absenken.

Ursprünglich bei uns heimisch, während der Eiszeit ausgestorben, im 17. Jh. als Ziergehölz, Alleebaum aus Nordamerika wieder eingeführt (gilt daher als Neophyt). Ihre Samen werden mit dem Wind verbreitet (Propellerfrüchte); daher neigt sie dazu, sich in benachbarten Flächen anzusiedeln[40]. Wie die anderen Mitglieder der Familie besitzt sie luftstickstoffbindende Wurzelknöllchenbakterien; dadurch prägt die Robinie stark ihren Unterwuchs – stickstoffliebende Arten werden gefördert[41]. Wegen ihrer Raschwüchsigkeit und Anspruchslosigkeit wurde sie gern auf trockenen, mageren, humusarmen Flächen aufgeforstet. Der Krüppelwuchs, den sie dort zeigt, verrät allerdings nicht das Wuchspotenzial der Art. Im Auwald wächst sie zu mächtigen Stämmen mit entsprechendem (Wert-)Holzertrag heran.

Wie man zur Robinie steht, ist weitgehend eine Sache der Weltanschauung (Ablehnung von „Nichteinheimischem") bzw. der Nutzungsinteressen auf einer bestimmten Fläche. Dringt sie dort ein, wo sie unerwünscht ist (vor allem auf naturschutzrelevanten Flächen oder auch in Forsten), so wird sie zum Problem: Man kriegt sie schwer wieder los. Wird sie geschlägert, so treibt sie aus den Wurzeln wieder aus, wird also mehrstämmig (das schafft sie sogar nach Ringelung des Stammes (Foto 1e). Andererseits hat sie sehr witterungsbeständiges, hartes, schönes und daher wertvolles Holz. Ihre schönen Blüten sind eine wertvolle Bienenweide (Akazienhonig). Wie man das Gesamtbild des Baumes beurteilt, ist Frage des persönlichen Geschmacks. Jedenfalls sind Robinienwäldchen (bzw. -forste) aus dem Landschaftsbild mancher Gebiete NÖs (Weinviertel, Marchfeld, Lössterrassen, Kellergassen ...) nicht wegzudenken.

2 Besenginster, *Cytisus scoparius (Sarothamnus sc.)*

15–200 cm	V–VI	♄			ZW, W1, S3	s		gi!

+ Zweige rutenförmig, kantig, jung grün
+ obere Blätter einfach, untere dreiteilig

Wohl nicht einheimisch (stammt aus West-Europa, bei uns frostempfindlich); zur Bodenverbesserung, Hangfestigung oder als Wildfutter angepflanzt und verwildert vor allem in kargen, bodensauren Gebieten.

---

38 Im allgemeinen Sprachgebrauch („Volksname") heißt dieser Baum „Akazi(e)". Die Gattung *Acacia*, also die „Richtige Akazie", ist etwas anderes – und zwar, skurrilerweise, das, was im Blumenhandel im Frühling unter „Mimosa oder Mimoserl" verkauft wird. Darauf soll die Bezeichnung „Falsche Akazie" hinweisen. Der Name ist aber unüblich und sollte nicht verwendet werden, denn damit stellt man die vielen Menschen als Unwissende hin, für die das seit Generationen die „Akazi" sind.

39 Die Blüten sind (höchstwahrscheinlich!) nicht giftig und schmecken angenehm süßlich nussig. Einnahme größerer Mengen kann aber zu Übelkeit führen (Kinder!). Beliebt sind sie herausgebacken in Palatschinkenteig. Durch Erhitzen werden die eiweißähnlichen Giftstoffe zerstört.

40 Sie gilt daher als „invasive" Art. Ihre Ausbreitungsfähigkeit hat aber nichts mit ihrer „exotischen" Herkunft zu tun. Das können einheimische Arten mindestens genauso gut (siehe z. B. Schlehdorn, Roter Hartriegel, Reitgras, Quecke ...).

41 „Überdüngung" ist hier der falsche Ausdruck, so etwas bewirken nur Menschen, vor allem mit übermäßigem Stickstoffdünger. Ein weiterer unterwuchsprägender Faktor ist, dass die Robinie vor allem bei starker Sonneneinstrahlung viel Licht durch das Kronendach durchlässt.

3 Goldregen (Gewöhnlich-G.), *Laburnum anagyroides*

2–6 m	IV–VI	♄			W1, M, H	s		gi!!

+ Blättchen dreizählig (wie Kleeblätter)
+ Früchte (Hülsen) erbsenähnlich (aber sehr giftig)

Zierstrauch, der gern an naturnahen Standorten verwildert; im pannonischen Raum vielleicht sogar ursprünglich heimisch.

1a

1b

1d

1c

2b

1e

2a

3

Familie: Bitterholzgewächse, Simaroubaceae

1 Götterbaum (Hoch-G.), *Ailanthus altissima*

10–30 m	V–VI	♄			S1, 3, W3	sh		

+ Blätter riechen beim Zerreiben stark bitter und eher unangenehm
+ am Rand seichte Zähne mit (bei Ameisen beliebten) Nektardrüsen (Foto 1c)
+ Blüten rötlich bis grünlich gelb, duften wie Weißdorn oder Berberitze

(Im Freistand) hoher, breitkroniger Baum mit sehr großen, bis 1 m langen, dekorativen Blättern; im Hochsommer durch die orangeroten Früchte auffallend (Foto 1a). Herkunft: China; einst als sehr rasch wachsender Zierbaum beliebt; vor allem im städtischen Bereich durch seine Anspruchslosigkeit, was das Substrat betrifft (wächst gern auf Bauschutt), und seine Unempfindlichkeit gegen Luftverschmutzung wertvoll. Verwildert er in naturnaher Vegetation (Trockenrasen, Auwald), ist er unbeliebt und man wird ihn schwer wieder los, weil er auf Verletzungen und Schlägerung mit Wurzelaustrieben reagiert. Dadurch entstehen dichte Verjüngungsbestände.

☝ Ähnlich der nicht nahe verwandte (gehört zu den Anacardiaceae) und viel kleinere Essigbaum (auch Sumach, *Rhus typhina)* mit stark behaarten Zweigen (und jungen Stämmchen) sowie gezähnten Blättern. Beliebtes Ziergehölz, das gern verwildert.

Familie: Pistaziengewächse (Sumachgewächse, Kaschugewächse), Anacardiaceae

2 Perückenstrauch (Europa-P.), *Cotinus coggygria*

0,5–3 m	VI–VII	♄			W1, M	ss		

+ Blätter lang gestielt, rundlich, vorn stumpf oder abgerundet, unterseits blaugrün, mit dunkel purpurroter Herbstfärbung
+ Blüten winzig, grünlich gelb in lockeren Rispen
+ Fruchtstiele mit langen violetten Haaren (dadurch Fruchtstand flauschig „perückenartig“: Foto 2)

In lichtem Flaumeichengebüsch und am Waldmantel trockener, warmer Hänge am Alpenostrand (Thermenlinie); vielleicht ureinheimisch: submediterraner Strauch, der hier aus wärmeren Zeiten die Eiszeit überlebt haben könnte.

1a

1b

1c

1d

2

Familie: Ahorngewächse, Aceraceae[42]

Gattung: Ahorn, *Acer*

- „Klassische Ahornblätter“ (d. h. in der Fachsprache: Blätter handförmig gespalten, mit mehreren vom Blattgrund abgehenden, in jeden Lappen reichenden Hauptnerven)
  - Blattlappen etwas spitz, am Rand gesägt, Buchten zwischen den Lappen spitz
    → Berg-Ahorn, *A. pseudoplatanus* (S. 120–121, Fotos 2a–c)
  - Blattlappen lang zugespitzt mit wenigen, langen, spitzen Zähnen, Buchten zwischen den Lappen abgerundet (der Spitz-Ahorn hat also keine spitzen Buchten)
    → Spitz-Ahorn, *A. platanoides* (S. 120–121, Fotos 3a–c)
  - Blattlappen stumpf, mittlerer stumpf dreilappig, sonst ± ganzrandig, Buchten zwischen den Lappen oft, aber nicht immer, spitz
    → Feld-Ahorn, *A. campestre* (S. 121, Fotos 4a–c)
- Blätter gefiedert oder dreizählig (nur an den Früchten als Ahorn zu erkennen)
  → Eschen-Ahorn, *A. negundo* (S. 121, Fotos 1a–c)
- Blätter länglich herzförmig (erinnern an die einer Ulme, nur an den Früchten als Ahorn zu erkennen), bestenfalls seicht gelappt (Fotos A, B), mit einem durchgehenden Hauptnerv und davon abgehend Seitennerven; kleiner Baum des pannonischen Auwaldes, in NÖ leider wahrscheinlich ausgestorben
  → Tataren-Ahorn, *A. tataricum*

A

B

[42] Neuerdings inkludiert in die Seifenbaumgewächse (Sapindaceae).

1 Eschen-Ahorn, *Acer negundo*

3–20 m	III–IV	♄			W3	h		

+ junge Äste grün, blaugrau bereift (Reif abwischbar)
+ Blüten erscheinen vor den Blättern in lang herabhängenden Trauben (Windbestäubung); Foto 1c: Blüten eines ♂ Baumes (Pflanze zweihäusig)

Beliebter, schnellwüchsiger Parkbaum aus Nordamerika; verwildert gern, vor allem in Auen.

2 Berg-Ahorn, *Acer pseudoplatanus*

10–25 m	IV–VI	♄			W4, 2	h		

+ Blüten und Früchte in hängenden, schmalen Rispen (Fotos 2b, c)
+ Borke alter Bäume mit großen Schuppen (sehr ähnlich der Borke der Platane)
+ Herbstfärbung grün bis gelb

Mächtiger Baum, der sehr alt werden kann (bis 500 Jahre); wird in Parks und auch Alleen gepflanzt und verwildert von dort mit weit fliegenden Hubschrauberfrüchten; liebt Feuchtigkeit und nährstoffreichen Boden. Die herbstlichen schwarzen Flecken auf den Blättern werden von einem Pilz verursacht und sind für den Baum harmlos.

3 Spitz-Ahorn, *Acer platanoides*

10–20 m	III–IV	♄			W2, H	mh		

+ Blüten in aufrechten, doldenartigen Blütenständen (Foto 3b); erscheinen kurz vor dem Blattaustrieb, daher sehr auffallend (und hübsch)
+ Blattstiel mit Milchsaft
+ Herbstfärbung leuchtend gelb (mit rotem Blattstiel), oft auch mit Rottönen

Beliebter Alleebaum; seine Propellerfrüchte werden vom Wind weit vertragen und keimen rasch.

2b

2c

3c

4 Feld-Ahorn, *Acer campestre*

2–15 m	IV–V	♄			W2, M, H	sh		

+ Äste oft mit Korkleisten
+ Blattschnitt unverwechselbar
+ Blattstiel mit Milchsaft

Wärmeliebend; erträgt mehr Trockenheit als die beiden vorher beschriebenen Arten; typisch für Feldgehölze im pannonischen Raum.

Familie: Seidelbastgewächse, Thymelaeaceae (siehe Bd. 1, S. 148)

1 Seidelbast (Echt-S.), *Daphne mezereum*

50–100 cm	II–IV	♄			W2	h		gi!!!

+ Blätter sommergrün
+ Blüten duften stark

Besonders die Rinde und die Früchte sind stark giftig (nicht abpflücken, hautreizend); Zerbeißen der Samen führt zu starken Reizerscheinungen im Mund und Hals (deutscher Name: „Kellerhals“, von Quälerhals!). Auch der Duft soll giftig sein (??); bevorzugt lichte Waldstellen und Waldränder, auch auf Almweiden.

2 Lorbeer-Seidelbast, *Daphne laureola*

30–70 cm	III–V	♄			W2	h		gi!!

+ Blätter immergrün, ledrig
+ Blüten hellgelb, duften nur schwach
+ Früchte schwarz

Da die Blätter auch an warmen Wintertagen assimilieren, kann die Pflanze die Zeit ausnützen, in der die Bäume kein Laub tragen.

Familie: Lindengewächse, Tiliaceae

3 Sommerlinde, *Tilia platyphyllos*

25–40 m	V–VI	♄			W4, 2	mh		

+ Blattunterseite flächig behaart (Foto 3b)
+ Haarbüschel in den Blattachseln weiß
+ Früchte deutlich fünfkantig, verholzt und nicht zusammendrückbar
+ junge Zweige behaart

4 Winterlinde, *Tilia cordata*

20–30 m	VI–VII	♄			W2	h		

+ Blattunterseite kahl
+ Haarbüschel in den Blattachseln rostbraun (Foto 4c)
+ Früchte schwach kantig, ledrig, leicht zusammendrückbar
+ junge Zweige kahl

Blätter deutlich kleiner als die der Sommerlinde, rundlich herzförmig, oberseits matt dunkelgrün, unterseits blaugrün. Erträgt mehr Trockenheit als die Sommerlinde; typisch für die Eichen-Hainbuchenwälder der Hügelstufe; sehr ausschlagfähig, geeignet für Niederwaldwirtschaft. Keimblätter charakteristisch (Foto 4d).

☝ Hybriden zwischen den beiden Arten sind auch in der Natur nicht selten; im Siedlungsbereich gepflanzte Linden sind oft solche Mischlinge („Dorflinde“, „Holländische Linde“). Lindenblütentee schmeckt hervorragend und ist bei Grippe und Erkältungen empfehlenswert.

1a
1b
2a
2b
2c
3a
3b
4a
4b
4c
4d

Familie: Hartriegelgewächse, Cornaceae

1 Gelber Hartriegel (Dirndlstrauch, Kornelkirsche), *Cornus mas*

2–10 m	II–IV	♄			M, W1	h		

+ im Vorfrühling durch seine gelben Blüten von Weitem sichtbar (Foto 1c)
+ oft Bäumchenwuchs
+ Blattoberseite glänzt
+ Bärtchen in den Nervenwinkeln der Blattunterseite

Bevorzugt über Kalk- und Dolomitgestein. Die Dirndlhecken in der Mostviertler Flyschzone (z. B. Pielachtal) sind größtenteils gepflanzt. Einen besonders stattlichen Dirndlbaum gibt es in Stössing bei Laaben im Wienerwald zu sehen. Dieser Baum wurde sogar als Naturdenkmal unter Schutz gestellt.

2 Roter Hartriegel (Blutroter H.), *Cornus sanguinea*

2–4 m	V–VI	♄			M, H, W1	sh		

+ Blattoberseite matt (Foto 2a)
+ selten Bäumchenwuchs
+ bildet Bestände durch Wurzelausläufer und am Boden liegende, wurzelnde Zweige

Früchte nicht essbar. Invasiv: Neigt zum Hineinwuchern in an Hecken und Waldränder angrenzende Brachen und Böschungen und wird dann zu einem Pflegeproblem.

☝ Die rote Farbe der Zweige allein ist kein verlässliches Merkmal, da sie sich nur bei besonnten Zweigen (und auf der dem Licht zugewandten Seite) ausbildet; im Schatten ist der Strauch ± grün (und blüht auch kaum). Auch die Zweige des Gelben H. können sich rot verfärben.

Familie: Heidekrautgewächse, Ericaceae (siehe auch Bd. 1 und 3)

3 Gelbe Azalee, *Rhododendron luteum (R. flavum)*

1–4 m	V–VI	♄			W6	ss		

+ junge Äste und Blätter klebrig
+ Blüten gelb, ∅ 5–6 cm, stark duftend

Meidet wie alle Rhododendren kalkhaltiges Substrat; Zierpflanze, verwildert z. B. im Dunkelsteinerwald (auf Waldschlägen).

1a

1b

1c

2c

2a

2b

2d

3

Familie: Nachtschattengewächse, Solanaceae

1 Bocksdorn (Teufelszwirn, Gewöhnlich-B.), *Lycium barbarum*

1–2,5 m	V–IX	♄			S3, 2, 1	h		gi?[43]

+ Strauch mit weit bogenförmig überhängenden dünnen, lehmgelben bis hellgrauen rutenförmigen Zweigen
+ etwas dornig
+ klettert in anderen Sträuchern empor (Spreizklimmer)

Herkunft: Vermutlich China; gilt als (vor langer Zeit) verwildertes Ziergehölz, vielleicht war aber sein Verbreitungsschwerpunkt in und um menschliche Siedlungen (oft in Kellergassen) der Anlass, seine Ursprünglichkeit bei uns anzuzweifeln. Die Lössgebiete Chinas, in denen er bzw. sein naher Verwandter (s. u.) vorkommen, sind denen in NÖ (Weinviertel, Langenlois) sehr ähnlich. Außerdem ist er als Ziergehölz ausgesprochen unscheinbar, bildet mit Luftwurzeln am Stängelgrund und unterirdischen Ausläufern dichtes Gestrüpp (Vogelschutzgehölz), das sich immer weiter ausbreitet. Kann viele Meter weit unterirdisch wandern und sogar durch oder unter Mauern hindurchwachsen.

Die neuerdings als Gojibeere (ostasiatisches „Allheilmittel") im Handel befindlichen Sträucher und Beeren stammen sowohl von *L. barbarum* als auch von *L. chinense*; beide sind nahe verwandt und einander so ähnlich, dass sie auch zusammengefasst und als eine einzige Art angesehen werden können.

Familie: Sommerfliedergewächse, Buddlejaceae[44]

2 Sommerflieder (Schmetterlingsstrauch), *Buddleja davidii*

1–3 m	VII–IX	♄			S1, P1, 3	mh		

+ Blätter unterseits weißfilzig

Als „Schmetterlingsmagnet" kultivierter Zierstrauch aus Ostasien; mit weit fliegenden Samen siedelt er sich an warmen, geschützten Stellen an: Mauerritzen, Mauerfüße, Hinterhöfe (hier kann er ganze Gebüsche bilden, er liebt Stadtklima), Bauruinen, Schutthaufen, Bahngelände ...

Familie: Ölbaumgewächse, Oleaceae

3 Esche (Edel-E.), *Fraxinus excelsior*

10–40 m	IV–V	♄			W3, 1, 6, P3	sh		

+ Blüten unscheinbar, braun
+ Blattrand gezähnt, mit ungefähr doppelt so vielen Zähnen wie Seitennerven
+ Knospen schwarzfilzig

Einerseits (in der Jugend schattentolerantes) raschwüchsiges Pioniergehölz (Windverbreitung), das sich z. B. in Grünlandbrachen ansiedelt, andererseits sowohl feuchtigkeitsliebender Baum in Schluchten und Auen („Wasser-

[43] Zur Giftigkeit gibt es unterschiedliche Angaben; die reifen Beeren sind sicher ungiftig; die jungen Triebe mit Blättern werden in Ostasien als Gemüse geschätzt, allerdings nur abgekocht (Kochwasser verworfen).

[44] Wird auch zur Familie der Rachenblütler (Scrophulariaceae) gestellt.

esche") als auch in trockenen, steinigen (± kalkhaltigen) Hangwäldern („Kalkeschen") und Rücken („Gipfeleschenwald") – also eine ökologisch vielseitige Baumart (vielleicht unterschiedliche Rassen, die Kalkeschen sind deutlich weniger wüchsig als die Wassereschen). Es gibt rein ♂, rein ♀ Bäume und solche mit beiderlei Geschlecht; Früchte sind Propeller-Drehflieger.

Quirl-Esche (Schmalblatt-E.), *Fraxinus angustifolia* (ohne Abb.)

10–20 m	III–V	♄			W3	s		

+ ähnlich wie die Esche, aber Blätter schmäler
+ Blattrand mit ungefähr gleich vielen Zähnen wie Seitennerven
+ Knospen braun

Herbstfärbung purpurrot; Auen von Donau (östlich von Wien), March und Leitha.

1 Blumen-Esche, *Fraxinus ornus*

4–15 m	V	♄			W1	s		

+ Knospen samtig grau (Foto 1)

Gilt in NÖ als nicht heimisch, kommt aber an den Unterhängen der Leithaberge unter naturnah wirkenden Verhältnissen vor; kalkliebend.

2 Liguster (Rainweide), *Ligustrum vulgare*

1–3 m	VI–VII	♄			W1, M, H	sh		gi?[45]

+ ohne die stark duftenden Blüten und Früchte recht unauffällig
+ Zweige rutenförmig, hängen oft über und wurzeln, wenn sie am Boden anliegen
+ die Blätter überwintern teilweise (je nach Winter) und sind im nächsten Jahr an ihrer dunkelgrünen Farbe und ledrigen Konsistenz von den Frühlingsblättern unterscheidbar

Wärme- und lichtliebend (kümmert im Schatten), bevorzugt kalkhaltige Böden.

Familie: Stechpalmengewächse, Aquifoliaceae

3 Stechpalme, *Ilex aquifolium*

1–6 m	V–VI	♄			W2	s	§	

+ Blüten weiß

Schattenliebend, verträgt keine Wintersonne; bei uns nur in kühl-feuchten Lagen; in Westeuropa fühlt sich der Baum wohler als bei uns, wird höher und bildet in (Buchen-)Wäldern eine zweite, untere Baumschicht.

1

3

[45] Wenn überhaupt, dann für Menschen höchstens schwach giftig!

Familie: Geißblattgewächse, Caprifoliaceae

Die alteingeführte Familie wird heute von manchen Autoren in drei Familien aufgespalten (Sambucaceae, Viburnaceae, Caprifoliaceae), von anderen zum Teil *(Viburnum, Sambucus)* mit den Moschuskrautgewächsen (Adoxaceae, Bd. 1, S. 234) vereinigt. Wir bleiben bei der traditionellen Version: Caprifoliaceae.

Gattung: *Lonicera*, Heckenkirsche und Geißblatt

- Kletterstrauch (Stämmchen winden oder liegen am Boden)
  → Geißblatt, *L. caprifolium* (S. 131, Foto 1)
- Aufrechte (wenn auch manchmal kleine) Sträucher, Blüten immer paarweise
  - Blätter beiderseits dicht weichhaarig
    → Rote Heckenkirsche, *L. xylosteum* (S. 130, Fotos 2a, b)
  - Blätter höchstens unterseits auf den Nerven etwas behaart
    - die beiden Fruchtknoten jedes Blütenpaars und dann auch die Früchte scheinbar völlig miteinander verwachsen (Doppelbeere)
      - Blüten rötlich, Frucht rot
        → Alpen-Heckenkirsche, *L. alpigena* (S. 131, Fotos 3a, b)
      - Blüten blassgrünlich gelb oder gelblich weiß, Früchte dunkelblau; in NÖ ss
        → Blaue Heckenkirsche, *L. caerulea* (S. 131, Fotos 4a, b)
    - die beiden Fruchtknoten jedes Blütenpaars nicht (oder nur ganz am Grund) verwachsen, die beiden Beeren daher getrennt
      - Blüten rötlich weiß oder weiß, Beeren schwarz
        → Schwarze Heckenkirsche, *L. nigra* (S. 131, Fotos 5a–c)
      - Blüten gelblich weiß, Beeren scharlachrot
        → Rote Heckenkirsche, *L. xylosteum* (S. 130, Fotos 2a, b)

1 Geißblatt (Jelängerjelieber), *Lonicera caprifolium*

2–4 m	V–VII	♄			W2, 6, M	mh		gi!

+ oberste Blätter der Blütentriebe am Grund paarweise verwachsen
+ Blüten gelblich weiß, später purpurn überlaufen; zu 6 quirlig gehäuft mit süßem Duft
+ Beeren rot

Oft wohl nicht indigen, sondern aus Gärten verwildert.

2 Rote Heckenkirsche (Gewöhnlich-H.), *Lonicera xylosteum*

1–2 m	V–VI	♄			W2, M, H	h		gi!

+ Blüten gelblich weiß
+ Äste hohl

Bevorzugt Kalkgebiete.

3 Alpen-Heckenkirsche, *Lonicera alpigena*

0,3–1,5 m	V–VII	♄			W4, 2	h		gi!

+ Blätter frischgrün, unterseits stark glänzend

4 Blaue Heckenkirsche, *Lonicera caerulea*

0,6–0,8 m	VI–VII	♄			W5	ss		

Kommt nur selten in den Göstlinger Alpen vor.

5 Schwarze Heckenkirsche, *Lonicera nigra*

0,5–1,5 m	V–VI	♄			W2, 5, 7	mh		gi!

+ Äste mit weißem Mark
+ Blätter bläulich grün

2a

2b

1

3a

3b

4a

4b

5a

5b

5c

Gattung: Holunder, *Sambucus*

- Nicht verholzt, meist über 1 m hohes Kraut, Staubbeutel rot-violett (beim Verblühen schwarz)
  → Zwergholunder, *S. ebulus* (Fotos 1a–c)
- Kräftige (verholzte) Sträucher oder kleine Bäume, Staubbeutel gelb
  - Früchte schwarz, Blütenstand schirmförmig, flach, Mark der Zweige weiß
    → Schwarzer Holunder, *S. nigra* (Fotos 2a, b)
  - Früchte rot, Blütenstand kugelig, Mark der Zweige ockerfarbig
    → Roter Holunder, *S. racemosa* (Fotos 3a, b)

1 Zwergholunder (Attich), *Sambucus ebulus*

0,8–1,5 m	VI–VIII	♃			K, W6	mh		gi!

+ Beeren schwarz
+ Stängel gefurcht, meist unverzweigt

Wächst in dichten Beständen (unterirdische Ausläufer), nährstoff- und lichtbedürftig, gern entlang von Waldwegen. Sehr beliebt bei Schmetterlingen (Nektarblüten).

2 Schwarzer Holunder, *Sambucus nigra*

2–7 m	VI–VII	♄			W3, 6, 7, 8, H, S2	sh		(gi)[46]

Liebt nährstoffreiche Böden, daher gern in der Umgebung menschlicher Siedlungen, aber auch auf Waldschlägen (Stickstoffmobilisierung durch Verwundung, Belichtung und Erwärmung des Bodens).

Vögel und Säugetiere naschen gerne an den schwarzen Früchten (Foto 2c) und tragen damit zu deren Ausbreitung bei (wie auch die Mönchsgrasmücke: Foto 2c). Im Frühling locken die fein duftenden Blüten zahlreiche Insekten an. Aber auch für die menschliche Nutzung hat der Holler vom Holz bis zu den Früchten viel zu bieten – daher auch der Spruch „vor dem Holler soll man den Hut ziehen".

Als Beispiel ein Rezept für einen köstlichen Hollerröster (in NÖ oft Hollerkoch genannt):

Reife Hollerbeeren abrebeln, ca. 30 dag gemeinsam mit 20 dag halbierten und entkernten Zwetschken und 8 dag Zucker (je nach Geschmack) etwa 20 Min. lang kochen lassen bis Beeren und Zwetschken weich sind. Separat wird $^1/_8$ l Süßrahm mit einem Esslöffel Stärkemehl kalt gut miteinander vermischt bevor diese Mischung in den heißen Hollerröster eingerührt wird. Unter ständigem Rühren nochmals aufkochen lassen. Zum Verfeinern kann man noch Zimt hinzufügen.

3 Roter Holunder (Trauben-H.), *Sambucus racemosa*

1–3 m	IV–V	♄			W6, M, S2	mh		(gi)

+ Blüten grünlich gelb

Blüht schon beim Laubaustrieb (also deutlich früher als der Schwarze H.). Bevorzugt Gebiete mit kalkarmen Böden.

[46] Blätter und Rinde schwach giftig, ebenso die Samen; die Früchte sind nicht zum Rohgenuss geeignet (manche Menschen vertragen sie zumindest nicht). Beim Kochen werden die Giftstoffe zerstört.

1a

1b

2a

3a

1c

2b

2c

3b

1 Gewöhnlicher Schneeball, *Viburnum opulus*

1–3 m	V–VI	♄			W3, T3	h		(gi)

+ Blätter ahornartig (drei- bis fünflappig) (Foto 1e)
+ am Übergang zum Blattstiel mit becherförmigen Nektardrüsen (Pfeil im Foto 1f)

Randblüten des Blütenstands mit großen, radförmigen (aber sterilen), weit leuchtenden „Reklameblüten" (Foto 1c). Bei der Zierform sind alle Blüten steril und bilden einen „Schneeball".

2 Wolliger Schneeball (Filz-Schneeball[47]), *Viburnum lantana*

1–3 m	IV–VI	♄			M, W1	h		gi!

+ Blätter oberseits runzlig (Foto 2c), unterseits filzig behaart (Sternhaare)
+ Früchte erst rot, später schwarz (dadurch für Vögel auffälliger Farbkontrast)

Bevorzugt in kühleren und höheren Lagen kalkhaltige Böden.

Familie: Araliengewächse, Araliaceae

3 Efeu (Gewöhnlich-E.), *Hedera helix*

5 cm–20 m	IX–XI	♄			W2, 3, P4	h		gi!!

+ Klettert mit Haftwurzeln
+ Blüten grünlich gelb (Foto 3c)
+ zwei ganz unterschiedliche Blattformen: (1) drei- bis fünflappige „Schattenblätter", (2) spitz eiförmige (schwer als Efeublätter erkennbare) „Lichtblätter" (Foto 3b)

Diese werden erst gebildet, wenn die Pflanze ein reiferes Alter erreicht hat (kann 400 Jahre alt werden) und es den Zweigen gelungen ist, ans Licht zu wachsen. Erst dann bildet der Efeu auch Blüten und Früchte aus. Die Früchte reifen erst im Frühling des Folgejahrs und sind dann schwarzblau. Schadet Bäumen, an denen sie hochklettert, höchstens durch ihr Gewicht und ev. Beschattung. Schützt Mauern durch die dachziegelig angeordneten Blätter vor Schlagregen und wirkt wärmeisolierend. Bei uns empfindlich gegen Wintersonne; im wintermilden Westeuropa kann ein Exemplar eine ganze Kirche überziehen. Durch die späte Blüte eine wichtige Nektarquelle für viele Insekten im Herbst. Efeublätter sind zur Teebereitung nicht zu empfehlen, sie liefern aber – meist mit „Alkohol-Wasser" extrahiert – wertvolle, auch für Kinder geeignete Hustenmittel (als Tropfen, Säfte oder Tabletten).

1a

1b

[47] Tatsächlich ist der Strauch nirgends „wollig" (= „lanata"; „lantana" = biegsam, Flechtmaterial); trotzdem ist es vernünftig, beim alteingeführten Namen zu bleiben.

1c

1d

1e

1f

2a

2b

2c

3a

3b

3c

Lanzen-Schildfarn *(Polystichum lonchitis)*

Kapitel 4: Farne, Schachtelhalme, Bärlappe (Sporenpflanzen)

Die Verbreitungsorgane dieser urtümlichen Pflanzengruppe, die Sporen, sind etwas prinzipiell ganz anderes als die Samen der Blütenpflanzen (Samenpflanzen). Sie können nach der Keimung nicht gleich zu einer fertigen Pflanze, z. B. zu einem Farn, heranwachsen, sondern nur zu einem „Vorkeim", einem etwa einen halben Zentimeter großen, flächigen, kurzlebigen Gebilde (das man in der Natur kaum je zu Gesicht bekommt). Auf dessen Unterseite entstehen weibliche und männliche Geschlechtsorgane. Die männlichen Geschlechtszellen (Spermatozoiden) schwimmen in einem Wasserfilm, der kapillar zwischen Vorkeim und Boden festgehalten wird, in ein weibliches Organ. Nach der Befruchtung entwickelt sich dann erst die uns bekannte „eigentliche" Pflanze. Die Abhängigkeit vom Wasser zur Befruchtung ist wohl einer der Gründe, warum die meisten Sporenpflanzen feuchtes Milieu bevorzugen.

Die Sporen sind staubfein und entstehen in winzigen Kapseln (Sporangien), die sich bei den Farnen in dichten, regelmäßig rund oder streifenförmig geformten Gruppen auf der Blattunterseite befinden. Sie können in der Jugend von einem weißlichen Häutchen, dem „Schleier", abgedeckt sein. Der Fachausdruck für diese Sporenbehälteraggregate ist kurz und bündig „Sori". Wir sprechen stattdessen der Allgemeinverständlichkeit halber (aber fachlich ungenau) einfach von „Sporen" oder „Sporenbehältern".

Bei den Schachtelhalmen werden die Sporen in Kolben an der Sprossspitze gebildet. Dabei gibt es drei Möglichkeiten: (1) Der Sporenkolben wird von einem eigenen, unverzweigten chlorophyllfreien Trieb gebildet, der ganz anders aussieht als die sich später entwickelnden grünen Triebe. Er stirbt nach der Sporenreife ab. (2) Der Sporentrieb ergrünt später, treibt Seitenäste und wird zu einem „normalen Schachtelhalmtrieb". (3) Die Sporenkolben werden an der Spitze grüner Triebe gebildet, die genauso aussehen wie die nicht Sporen tragenden.

Übersicht:

- Blätter („Wedel") grundständig, gestielt, breiter als 10 mm
  → Farne[48], S. 139
- Blätter stängelständig, sitzend, höchstens 2 mm breit
  - Blätter quirlig, zu gezähnten, stängelumfassenden Scheiden verwachsen; Stängel gegliedert
    → Schachtelhalme, Equisetaceae, S. 160
  - Blätter schraubig oder gegenständig
    - Pflanze moosähnlich
      - In nassen Senken (Schlenken) von Hochmooren
        → Moorbärlapp, *Lycopodiella inundata* (S. 138, Foto 1)
      - Nicht in Hochmoorsenken
        - Blätter allseitig abstehend, von gleicher Gestalt, fransig gezähnt
          → Alpen-Moosfarn, *Selaginella selaginoides* (S. 138, Fotos 2a, b)
        - Blätter vierreihig, zweigestaltig, ganzrandig
          → Schweizer Moosfarn, *Selaginella helvetica* (S. 138, Fotos 3a, b)
    - Pflanze nicht moosähnlich
      → Bärlappgewächse, *Lycopodiaceae*, S. 168

[48] Die in NÖ vorkommenden Farne werden zurzeit in acht Familien aufgeteilt. Da diese Aufteilung für Laien schwer nachvollziehbar ist, haben wir auf die Angabe der jeweiligen Familie verzichtet.

1 Moorbärlapp, *Lycopodiella inundata* (Lycopodiaceae)

2–10 cm	VIII–IX	♃			HM	ss		

+ Stängel schwach, moosartig, kriecht und wurzelt
+ Sporen werden am oberen Teil aufrechter Seitentriebe gebildet, diese Sporenstände sind aber (im Gegensatz zu anderen Bärlappen) nur ganz undeutlich abgesetzt

Die Pflanzen sterben bis auf die grüne, überwinternde Endknospe im Herbst ab.
Nur in Hochmooren der Voralpen (Lunz, Mitterbach) und des Waldviertels (Gutenbrunn, Alt-Melon).

2 Alpen-Moosfarn, *Selaginella selaginoides* (Selaginellaceae)

2–10 cm	VI–VIII	♃			A1, 3, G6	h		

+ ein kleines, zerbrechliches, in Gras und Moos verstecktes Pflänzchen
+ hellgelbgrün
+ erinnert an einen sehr zarten Bärlapp

Biegt man den Stängel, so sieht man, dass jedes Blatt innen ein zartes Blatthäutchen umfasst. Blätter außerdem an der Basis mit scharfen Zähnchen. Kalkliebend, in den Kalkalpen und deren Voralpen.

3 Schweizer Moosfarn, *Selaginella helvetica* (Selaginellaceae)

3–20 cm lang	V–VIII	♃			G1, P4, TR	mh		

+ Stängel kriecht und bildet flache, oft ausgedehnte Rasen
+ im Herbst oft orangerot verfärbt
+ Sporen tragende Stängel aufrecht, dünn

Oft auf zeitweise oberflächlich feuchter, moosiger Erde.

1

2a

2b

3a

3b

SCHLÜSSEL A: FARNE

Hinweis: Im ersten Teil des Schlüssels werden – wie üblich – die Arten mit den „ausgefallenen" oder besonders auffälligen Merkmalen „weggeschlüsselt". Die schwerer unterscheidbaren „typischen" (und noch dazu häufigen) Farne kommen daher erst in den Unterschlüsseln VI–VIII vor. Man kann also beim Bestimmen zunächst einmal dort beginnen (siehe auch den Hinweis bei den Dornfarnen, Schlüssel VIII).

Blätter (Wedel) gefiedert? Und wenn ja, wie oft?

Die Architektur der Farnblätter ist eigentlich ganz einfach und logisch aufgebaut. Trotzdem ist es oft schwierig und verwirrend, in der Natur die Zahl der Fiederung festzustellen. Das Schema soll dies erleichtern.

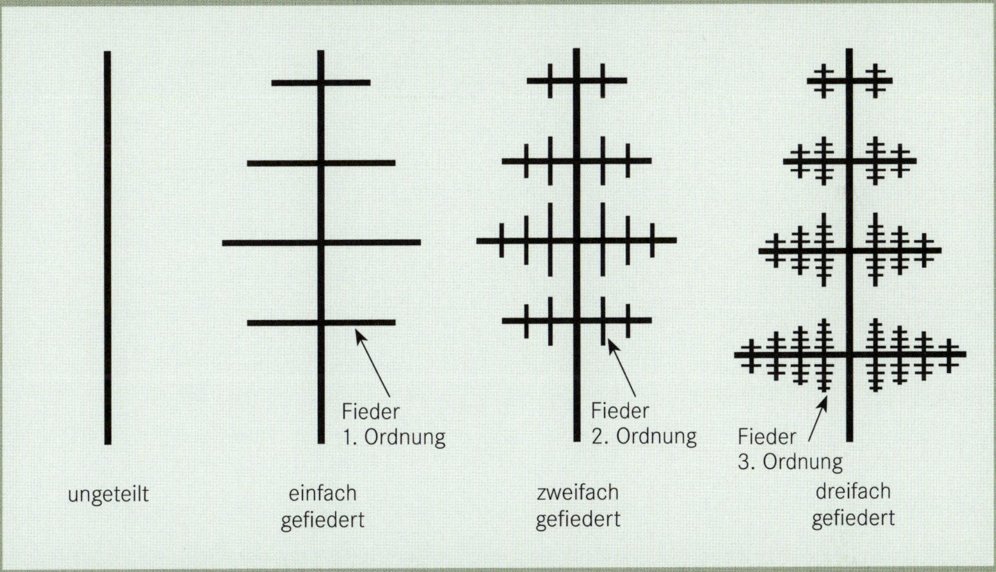

Bei mehrfacher Fiederung nennt man die einzelnen Teile Fiedern 1. Ordnung (Hauptfiedern), Fiederchen 2. und 3. Ordnung. „Fiederteilig" bedeutet, dass die Abschnitte nicht bis zum Grund (d. h. bis zur „Mittelrippe") reichen.

- Blätter mit zwei ganz unterschiedlichen Abschnitten, Sporen tragenden (fertilen) und grünen (sterilen); der Blattteil mit den Sporenbehältern ist ährig oder rispig ausgebildet
  → Schlüssel I, S. 140
- Die Pflanze hat deutlich unterschiedliche Blätter: Auf der Blattunterseite Sporenbehälter tragende Blätter und vegetative („sterile") Blätter
  → Schlüssel II, S. 141
- Die Blätter sehen alle gleich aus
  - Blätter ganzrandig, ungeteilt, zungenförmig
    → Schlüssel III, S. 142
  - Blätter einfach fiederschnittig oder gefiedert und die Blattzipfel/Abschnitte (fast) ganzrandig
    → Schlüssel IV, S. 142
  - Blätter ein- oder mehrfach fiederschnittig oder gefiedert und die Blattzipfel/Abschnitte nicht ganzrandig, sondern gekerbt bis gefiedert

- Farne mit weiteren, besonders auffallenden Merkmalen
  → Schlüssel V, S. 144
- Ohne besondere Merkmale
  - Blätter einfach gefiedert (aber die Blattabschnitte nicht ganzrandig wie in IV)
    → Schlüssel VI, S. 148
  - Blätter zwei- bis dreifach gefiedert
    - Blätter werden zum Grund hin schmäler: Die untersten Fiedern sind kleiner als die benachbarten
      → Schlüssel VII, S. 150
    - Blätter werden zum Grund hin breiter: die untersten Fiedern sind größer als die benachbarten oder gleich groß
      → Schlüssel VIII, S. 154

I Blätter mit zwei ganz unterschiedlichen Abschnitten, Sporen tragenden (fertilen) und grünen (sterilen); der Blattteil mit den Sporenbehältern ist ährig oder rispig ausgebildet (siehe Fotos)

- Vegetativer Blattteil ungeteilt, eiförmig
  → Natternzunge, *Ophioglossum vulgatum* (Foto 1)
- Vegetativer Blattteil ein- oder mehrfach fiederschnittig bis gefiedert
  → Mondraute, *Botrychium lunaria* (Fotos 2a, b)

1 Natternzunge, *Ophioglossum vulgatum*

7–30 cm	V–VII	♃			G2, 4, W3	s		

+ der sterile, vegetative Blattteil ist netznervig, aber ohne Mittelnerv

Wenn der Sporen tragende Abschnitt fehlt, ist dies dann eine gute Unterscheidungsmöglichkeit zu Blättern von Blütenpflanzen, die meistens einen Mittelnerv haben. Auf feuchten Magerwiesen und in Auen.

2 Mondraute (Mond-Rautenfarn), *Botrychium lunaria*

5–20 cm	VI–VIII	♃			G1, A1, W1	mh		

+ Blätter 1 × gefiedert
+ die Fiedern sind meist halbmondförmig (Name!), ungeteilt, nicht netznervig, sondern mit frei endenden Nerven

Auf trockenen Magerwiesen; um Wien ss.

☝ Die Ästige Mondraute *(B. matricariifolium)* hat fiedrig geteilte Fiedern. Sie ist kalkmeidend und kommt (kam?) ss nur in Hochroterd und bei Scheiblingkirchen vor; §.

Die folgenden zwei Arten haben 2–3 × gefiederte Blätter. Beide sind ss:

☝ Die Vielspaltige Mondraute *(B. multifidum)* hat ein 1–9 cm lang gestieltes Blatt, das im untersten Drittel des Stängels abzweigt. Auch sie ist kalkmeidend; §.

☝ Die Virginische Mondraute *(B. virginianum)* hingegen hat ein fast sitzendes Blatt, das im mittleren Drittel des Stängels abzweigt. Sie kommt nur im Schneeberggebiet und im Gebiet des Dürrensteins auf Bergwiesen vor.

II Die Pflanze hat deutlich unterschiedliche Blätter: Auf der Blattunterseite Sporenbehälter tragende Blätter und vegetative („sterile“) Blätter

- Vegetative Blätter überhängend oder fast waagrecht in Bodennähe ausgebreitet; Sporen tragende Blätter aufrecht mit sehr schmalen Blattabschnitten
  → Rippenfarn, *Blechnum spicant* (Fotos 3a–c)
- Vegetative Blätter aufrecht, in der Form einer auffälligen, trichterförmigen Rosette, in deren Zentrum dicht gedrängt die kürzeren, steif aufrechten dunkelbraunen Sporenblätter
  → Straußfarn, *Matteuccia struthiopteris* (S. 143, Fotos 1a–c)

☝ Bei den Sporen tragenden Blättern des Sumpffarns *(Thelypteris palustris)* sind die Blattabschnitte nach hinten umgerollt, sodass sie schmäler und schütterer wirken als die vegetativen Frühlingsblätter; siehe S. 150.

3 Rippenfarn, *Blechnum spicant*

10–90 cm	VII–IX	♃			W1, ZW, G6	mh		

+ mit zweierlei Wedeln: solche, die denen des Engelsüß (Schlüssel IV) ähnlich sind, und solche mit viel schmäleren Abschnitten, die unterseits Sporenbehälter tragen (Foto 3b)

Gebirgspflanze schattiger, luftfeuchter Wälder, auch in Zwergstrauchheiden und auf Weiderasen (Almen).

1 Straußfarn, *Matteuccia struthiopteris*

0,8–1,2 m	VIII–IX	♃			T3, W3	s		gi!

+ die Sporen tragenden Blätter sind bei der Sporenreife dunkelbraun und straußenfederähnlich (Foto 1a)
+ wächst gern in dichten Gruppen (waagrechte Rhizome und Ausläufer)

An Bachufern und in Auwäldern, am leichtesten zu finden am Rand des Zöbernbaches zwischen Zöbern und Krumbach (hier z. T. herrliche Bestände) und im Tal der Kleinen Krems (bei Hartenstein).

III Blätter ganzrandig, ungeteilt, zungenförmig

2 Hirschzunge, *Asplenium scolopendrium (Phyllitis scolopendrium)*

15–60 cm	VII–IX	♃			W4, P4	mh		

+ Blätter ledrig, aufrecht, bis 50 cm lang, vorn verschmälert und zugespitzt
+ Sporenbehälter an der Blattunterseite in quer verlaufenden parallelen Streifen (über den Seitennerven)

In feuchten Schluchtwäldern und an schattigen Felsen und Mauern; kalkliebend.
Beliebte Zierpflanze (Kultursorten).

IV Blätter einfach fiederschnittig oder gefiedert und die Blattzipfel/Abschnitte (fast) ganzrandig

- Blätter mit 30–50 Paaren von Blattzipfeln/Abschnitten, die unteren Zipfel kürzer als die mittleren
  → Rippenfarn, *Blechnum spicant* (siehe II, S. 141)
- Blätter mit 10–20 Paaren von Blattzipfeln/Abschnitten, die unteren Zipfel ca. so lang wie die mittleren
  → Engelsüß, *Polypodium vulgare* (Fotos 3a, b)

3 Engelsüß (Tüpfelfarn), *Polypodium vulgare*

10–30 cm	VIII–IX	♃			P4, W4	mh		gi?

+ Der knorpelige Blattrand berührt in den Blattbuchten den gleichfalls knorpeligen Hauptnerv des Blattes

Kalkmeidend, auf eher trockenen Felsen (oft unter Überhängen) und Mauern, bei hoher Luftfeuchtigkeit auch auf der Borke alter Bäume. Entlang des oberflächlich kriechenden, dicht mit Schuppen bedeckten Rhizoms kann Feuchtigkeit transportiert werden. Die Wurzeln haben eine enge Verbindung mit Pilzmyzelien (Mykorrhiza), damit eine größere Ausdehnung und kommen so leichter an Nährstoffe heran. Das Rhizom schmeckt süß (ehedem Naschwerk für Kinder); einer der vielen inzwischen bekannten Inhaltsstoffe (Osladin) schmeckt 3000 × süßer als Rohrzucker. Der getrocknete Wurzelstock wurde zwar schon im Altertum u. a. als Abführmittel verwendet, wird aber heute nicht mehr gebraucht.

✐ Beim Mittleren Tüpfelfarn *(P. interjectum)* berührt der knorpelige Blattrand in den Blattbuchten den gleichfalls knorpeligen Hauptnerv des Blattes nicht. (Foto 3c) Zwischen den Knorpelstreifen ist also ein 1–2 mm breiter grüner Blattstreifen. Dieser Farn kommt oft auf Kalk, Dolomit und Jurakalk, zumeist an Felsen zwischen Perchtoldsdorf und dem Anninger vor; er ist selten.

1a

1b

1c

2a

2b

3a

3b

3c

V Farne mit weiteren besonders auffälligen Merkmalen

- Großer Farn (bis 2 m hoch); Blätter breit dreieckig mit großen Seitenfiedern (wie aus mehreren Farnwedeln zusammengesetzt), stehen einzeln an lang kriechenden unterirdischen Ausläufern
  → Adlerfarn, *Pteridium aquilinum* (Fotos 1a–d)
- Die Blätter stehen in einer dichten, trichterförmigen Rosette, unterseits immer ohne Sporenbehälter; gesellig an Flussufern
  → Straußfarn, *Matteuccia struthiopteris* (S. 141, Schlüssel II und S. 142)
- Das unterste Fiederpaar größer als die oberen und auffallend zurückgeschlagen
  → Buchenfarn, *Phegopteris connectilis* (Fotos 2a, b)
- Häufige kleine Fels- und Mauerfarne mit unregelmäßig zerteilten Blättern
  - Blätter im Umriss dreieckig, letzte Abschnitte rhombisch; sh auf Kalkfelsen und Mauern
    → Mauer-Streifenfarn, *Asplenium ruta-muraria* (S. 146, Fotos 1a, b)
  - Blätter ungleich gabelteilig oder dreiteilig; auf Silikatfelsen und kalkfreien Mauern
    → Nordischer Streifenfarn, *Asplenium septentrionale* (S. 146–147, Fotos 2a, b)
- Kleine felsbewohnende Farne mit einfach gefiederten Blättern; große Raritäten in NÖ
  - Blattstiel unterhalb der Mitte ringförmig eingeschnürt; das Blatt bricht später mitten durch diese Verdickung ab
    → Alpen-Wimperfarn, *Woodsia alpina* (S. 147, Foto 3)
  - Blätter auffallend zweifarbig, oberseits dunkelgrün, unterseits dicht spreuschuppig, zunächst weißlich, später kupferrot
    → Pelzfarn, *Notholaena marantae* (S. 147, Fotos 4a, b)

1 Adlerfarn, *Pteridium aquilinum*

0,3–2 m	VII–IX	♃			W6, G1, M	h		gi!!

+ unser größter Farn; kräftige, derbe Stängel, oft etwas überhängend
+ stehen einzeln an unterirdischen Ausläufern, häufig bestandsbildend
+ schöne gelbbraune Herbstfärbung (Foto 1a)

Die (allerdings nicht immer vorhandenen) Sporenbehälter sind randständig, vom umgerollten Rand der Fiederchen völlig überdeckt.

Kalkmeidend, in den Kalkalpen nur auf oberflächlich sauren Böden: Waldschläge, Waldränder und -lichtungen, aufgelassene oder wenig beweidete Weiden und Almen. Hier kann er sich rasch ausbreiten, da seine jungen, zarten Frühlingstriebe nicht mehr vom Weidevieh zertrampelt werden (Foto 1d). Dadurch werden die Weiden wertlos, da Adlerfarn ausgesprochen giftig ist. Er vermehrt sich durch zwar langsam wachsende, aber viele Meter weit kriechende unterirdische Rhizome (daher können die einzelnen Pflanzen sehr alt werden). Die Rhizome wurden in Notzeiten zur Stärkegewinnung verwendet. Die aus Japan stammende Praxis, die jungen Wedel als Gemüse zu verzehren, ist auf die Dauer gesundheitsschädlich, es wurden krebserregende Stoffe nachgewiesen.

2 Buchenfarn, *Phegopteris connectilis*

15–40 cm	VI–IX	♃			W2, 5	mh		

+ Die Blätter stehen auf Abstand (Ausläufer)

Modrig humose Bergwälder, Latschenkrummholz (im Wienerwald ss).

1a

1b

1c

1d

2a

Buchenfarn und Eichenfarn

2b

1 Mauer-Streifenfarn (Mauerraute), *Asplenium ruta-muraria*

4–15 cm	VII–VIII	♃			P4	sh		

\+ elegantes, zierliches Blattmuster; Blätter wintergrün, meist kahl

Kalkliebend. Der Name „Streifenfarn" kommt von der Anordnung der Sporenbehälter auf der Blattunterseite, „-raute, Ruta" kommt von der Ähnlichkeit der Blätter mit denen einer Gewürzpflanze, der Weinraute.

☝ Der Zierliche Streifenfarn *(A. lepidum)* hat sommergrüne und drüsenhaarige Blätter. Er kommt s auf Kalkfelsen vom Piestingtal bis zum Adlitzgraben vor. Ähnlich: auch einige seltene kleine Gebirgsfelsen-Farne.

2 Nordischer Streifenfarn, *Asplenium septentrionale*

5–15 cm	VII–X	♃			P4	mh		

\+ Pflanze steif, korallenartig
\+ Blätter kahl, glänzen

Häufig auf sonnigen, trockenen Silikatfelsen; verträgt wie die vorige Art (und andere Streifenfarne) zeitweiliges Austrocknen.

☝ Ähnlich: Dolomit-Streifenfarn *(A. seelosii)* unter Überhängen von Dolomit- und Kalkfelsen, nur im Gebiet des Göller; viel kleiner und behaarte Blätter. Außerdem gibt es Hybride mit anderen Streifenfarnarten.

3 Alpen-Wimperfarn, *Woodsia alpina*

2–10 cm	VII–IX	♃			P4	ss		

\+ Blätter einfach gefiedert, die Fiedern beiderseits mit einem bis vier stumpfen Lappen

Ein äußerst unscheinbares, leicht zu übersehendes, zartes Pflänzchen.

An sich eine arktisch/alpine Art, in NÖ nur an einer Stelle im Waldviertel auf Silikatfelsen.

☝ Ähnelt kleinen Exemplaren des häufigen Zerbrechlichen Blasenfarns *(Cystopteris fragilis)*. Beim Wimperfarn haben die Sporenbehälter (auf der Blattunterseite) eine am Rand fransige („bewimperte") Abdeckung.

4 Pelzfarn, *Notholaena marantae*

5–30 cm	VI–VII	♃			P4	ss		

\+ Blätter ledrig, derb

Nur auf sonnigen Serpentinfelsen im Gurhofgraben bei Aggsbach-Dorf.

1a

1b

2a

2b

3

4a

4b

VI **Blätter einfach gefiedert** (aber die Blattabschnitte nicht ganzrandig wie in IV)

- Blättchen spitz gezähnt
  → Lanzen-Schildfarn, *Polystichum lonchitis* (Fotos 1a, b)
- Blättchen stumpf gekerbt
  - Blattstiel und Mittelrippe bis zur Spitze glänzend dunkelbraun
    → Braunstiel-Streifenfarn, *Asplenium trichomanes* s. l. (Fotos 2a–b)
  - Blattstiel nur am Grund braun, sonst wie die Mittelrippe grün
    → Grünstiel-Streifenfarn, *Asplenium viride* (Fotos 3a–c)

1 Lanzen-Schildfarn, *Polystichum lonchitis*

15–50 cm	VI–IX	♃			A3, 4, P4	h		

+ Blätter ledrig, starr, glänzend

Auf Felsschuttfluren, steinigen Wald- und Gebüschstandorten, Fels- und Mauerfluren, kalkliebend.

2 Braunstiel-Streifenfarn (Braunschwarz-S.), *Asplenium trichomanes* s. l.

2–10 cm	VII–VIII	♃			P4, A3	sh		

Häufiger und verbreiteter kleiner Farn in Fels- und Mauerritzen.
☝ Es gibt fünf schwer unterscheidbare Unterarten, s. FlÖ, S. 247.

3 Grünstiel-Streifenfarn (Grün-S.), *Asplenium viride*

5–15 cm	VII–VIII	♃			A3, P4, A4	h		

Häufig in feucht-schattigen Ritzen von Kalkfelsen und Mauern.
☝ Der Braungrüne Streifenfarn (Grünspitz-S., *A. adulterinum*) gilt als „artgewordene Hybride" zwischen den beiden vorigen Arten. Der Stiel und die Spindel des Blattes sind hier rostbraun, nur das vorderste Spitzchen ist grün (Foto 3d). Er ist ein Spezialist für Serpentingestein. Eine verlässliche Bestimmung ist schwierig. FFH-Art.

1a

1b

2a

2b

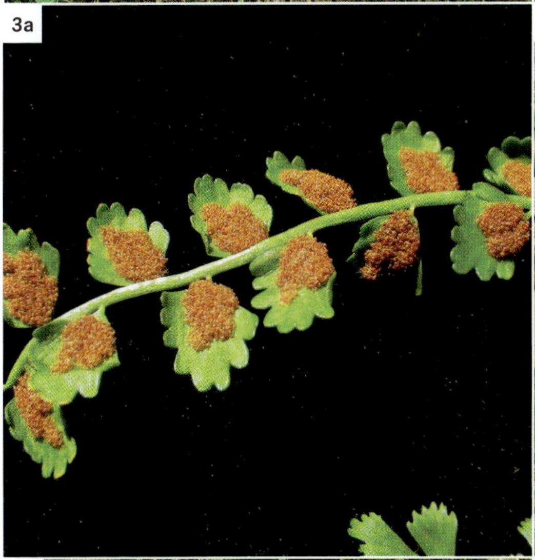
3a

3b

3c

3d

Braungrüner Streifenfarn

VII „Unten schmäler“ – Blätter zwei- bis dreifach gefiedert, werden zum Grund hin schmäler, denn die untersten Fiedern sind kleiner als die darüberliegenden

- Die kleinsten Blattabschnitte (Fiederchen) ganzrandig
  - Blätter im Umriss am Grund wenig verschmälert; unterste Fiedern mindestens halb so lang wie die längsten; in Sümpfen und Mooren
    → Sumpffarn, *Thelypteris palustris* (Fotos 1a, b)
  - Blätter im Umriss am Grund stark verschmälert; unterste Fiedern höchstens $^1/_3$-mal so lang wie die längsten; in bodensauren Wäldern und Weiden
    → Bergfarn, *Thelypteris limbosperma* (Fotos 2a–d)
- Die kleinsten Blattabschnitte (Fiederchen) eingeschnitten oder gezähnt
  - Blätter zart, nie mit Dornspitzchen; Blattstiel zerbrechlich, Blätter hellgrün, schlaff
    → Zerbrechlicher Blasenfarn, *Cystopteris fragilis* (S. 153, Fotos 1a, b)
  - Blätter ledrig, derb, wintergrün, Zähne allmählich in eine kurze Dornspitze verschmälert
    → Dorniger Schildfarn, *Polystichum aculeatum* (S. 153, Fotos 2a, b)
  - Blätter meist länger als 40 cm, nicht zerbrechlich und schlaff, aber auch nicht ledrig, derb und wintergrün, ohne Dornspitzen: also die „ganz normalen“ und häufigen Farnblätter
    - Fiederchen gesägt, wobei die Einschnitte höchstens $^1/_4$ der Gesamtbreite ausmachen
      → Wurmfarn, *Dryopteris filix-mas* (S. 153, Fotos 3a–c)
    - Fiederchen fiederspaltig, Einschnitte meist über mehr als die Hälfte der Gesamtbreite
      → Frauenfarn, *Athyrium filix-femina* (S. 153, Fotos 4a, b)

1 Sumpffarn, *Thelypteris palustris*

30–80 cm	VII–IX	♃			W3, T2	ss		

+ schon am Wuchsort zu erkennen (kein anderer Farn steht so nass)
+ wächst in lockeren Gruppen durch Ausläufer

Sporen tragende Wedel erscheinen (wenn überhaupt) spät, sind aufrechter und höherwüchsiger als die vegetativen; die Ränder ihrer Fiederchen sind nach unten umgebogen und wirken schmal, sichelförmig (Foto 1a). In Sümpfen, Mooren, moorigen Wäldern; im Marchtal, bei Moosbrunn und im Waldviertel (auch in Wien, in der Unteren Lobau).

2 Bergfarn, *Thelypteris limbosperma (Oreopteris l.)*

0,4–1 m	VII–IX	♃			W2, A5, W6	mh		gi?

+ Blätter unterseits dicht goldgelb drüsig, jung duften sie zitronenähnlich aromatisch (sanft reiben)
+ Sporenbehälter säumen den Rand der Blattunterseite (Foto 2a)

Kalkmeidend, in den Kalkalpen nur auf sauren Böden; auf Almweiden (Foto 2c) und in feuchten, bodensauren Wäldern, insbesondere an quelligen Stellen, in NÖ am leichtesten im Wechselgebiet zu finden; im Waldviertel selten (Foto: Waldsaum mit Bergfarn, der durch seine hellgrüne Farbe auffällt, bei Loschberg (Foto 2b).

☝ Von den von Weitem ähnlichen Wurmfarnen durch die nach unten extrem verjüngten Wedel, die randständigen Sporenbehälter, den Zitronenduft und die nicht oder fast nicht gezähnten Fiederchen leicht zu unterscheiden. Die Blatttrichter des Straußfarns sind dichter und steiler, seine (grünen) Blätter tragen auf der Unterseite keine Sporenbehälter.

1a
1b

2a
2b
2d
2c

1 Zerbrechlicher Blasenfarn, *Cystopteris fragilis*

10–30 cm	VI–IX	♃			P4, A3, 4	h		

+ eher kleiner Farn, Wuchs rosettig
+ in lockeren, aus Felsspalten herabhängenden Büscheln
+ Blatt an langem, brüchigem Stiel (dieser etwa so lang wie das Blatt)

Schattig-feuchte Fels- und Mauerspalten; etwas kalkliebend.

Die kleinsten Blattabschnitte (Fiederchen) sind gezähnt, die Nervenäste laufen in deren Spitzen und Zähne aus. Beim selteneren Alpen-Blasenfarn *(C. alpina)* sind die Zähnchen der Fiederchen an der Spitze eingebuchtet und die letzten Nervenäste laufen in die Buchten aus. Er wächst nur in der subalpinen und alpinen Stufe in schattig-feuchten Kalkfelsspalten und auf Kalkschutthalden (nie auf Mauern!).

2 Dorniger Schildfarn, *Polystichum aculeatum*

50–80 cm	VI–IX	♃			W2, 4	h		

+ Blätter oberseits glänzend, ledrig, derb

In schattigen, feuchten Wäldern, besonders in Schluchtwäldern und Buchenwäldern.

Ein besonders dekorativer, widerstandsfähiger, naturgartenwürdiger Farn; es gibt ihn im Handel (Wildformen, aber auch Zuchtsorten).

Der Schuppen-Schildfarn *(Polystichum braunii)* hat Blätter, die beidseitig dicht mit haarförmigen Spreuschuppen besetzt sind. Er kommt in der Buckligen Welt vor.

3 Wurmfarn (Männerfarn), *Dryopteris filix-mas*

0,5–1,3 m	VII–IX	♃			W2, 6, 5	sh		gi!!

+ kräftige Wedel (Prototyp eines Farns); Blätter sterben im Herbst ab
+ Fiederchen vorn abgerundet oder etwas spitz, rundum gezähnt

Schattige Wälder, Hochstaudenfluren. Der Wurzelstock wurde ehedem als (allerdings auch für den Patienten lebensgefährliches) wurmtreibendes Mittel verwendet.

Die Wurmfarn-Gruppe *(D. filix-mas* agg.*)* ist nicht nur für Einsteiger schwierig. In NÖ ist sie im Vergleich zu den westlicheren Bundesländern allerdings relativ wenig formenreich. Der Dichtschuppige Wurmfarn *(D. affinis* subsp. *borreri)* hat nur ganz schwach gezähnte, vorn gestutzte (fast rechteckige) dicht (!) stehende Fiederchen und dicht mit blassbraunen Spreuschuppen besetzte Stängel (Foto 3e); seine Blätter sind wintergrün. Er bevorzugt höhere, kühl-feuchte Lagen.

4 Frauenfarn, *Athyrium filix-femina*

0,5–1 m	VII–IX	♃			W2, A5, P4, W6	sh		gi!

+ Blätter deutlich feiner (und mehrfach) gefiedert als die des Wurmfarns (Männerfarns)
+ Sporenbehälter (jung) komma- oder hakenförmig

Bevorzugt feuchte, schattige Wälder (feuchtigkeitsliebender als Wurmfarn).

Der Gebirgs-Frauenfarn *(A. distentifolium)* hat Fiederchen, die 1,5–2× so lang wie breit sind und sich meist berühren oder etwas überdecken. (Frauenfarn: Fiederchen 2,5–5× so lang wie breit, die meisten berühren einander nicht.) Stiel und Spindel älterer Blätter sind strohgelb, die Sporenhäufchen (an der Blattunterseite) sind kreisrund und am Rand angeordnet.

Er kommt vor allem in der subalpinen Stufe vom Schneeberg bis zum Dürrenstein vor.

1a

1b

3a

2a

2b

3b

3c

3d

4a

3e

4b

VIII „Unten breiter“: Blätter zwei- bis dreifach gefiedert, werden zum Grund hin breiter, denn die untersten Fiedern sind größer oder gleich groß wie die benachbarten

- Unterste Fiedern groß, nur wenig kleiner als der Rest des Blattes
  - Kalkmeidend: in Bergwäldern auf nährstoffreichem, sickerfrischem, lockerem, mäßig saurem Boden (bei entsprechender Bodenauflage auch über Kalkgestein); Blätter hellgrün, dünn, kahl → Eichenfarn, *Gymnocarpium dryopteris* (Fotos 2a–c)
  - Kalkstet: in schattig feuchten Blockwäldern, Steinschutthalden und Felsen der Kalkalpen
    - ◆ Blatt (am Grund) zweifach gefiedert, die kleinsten Abschnitte nur fiederschnittig, graugrün, derb; Fiedern nicht so stark asymmetrisch wie bei der nächsten Art → Ruprechtsfarn, *Gymnocarpium robertianum* (S. 157, Foto 1)
    - ◆ Blätter zarter und feiner zerteilt: zumindest an der Basis dreifach gefiedert, die kleinsten Abschnitte (Fiedern dritter Ordnung) ganzrandig oder gezähnt; untere Fiedern asymmetrisch: die zur Basis weisenden Fiederchen viel größer als die zur Spitze gerichteten → Berg-Blasenfarn, *Cystopteris montana* (S. 155, Foto 1)
- Unterste Fiedern viel kleiner als der Rest des Blattes (s. auch Ruprechtsfarn)
  - Blattstiel mindestens so lang wie das Blatt („langhaxig“), eher zarte, kleine Farne, sehr selten oder Spezialisten für seltene Serpentinstandorte
    - ◆ Blattstiel am Grund nicht verdickt, nur bis 1 mm ∅ → Zerschlitzter Streifenfarn, *Asplenium fissum* (S. 157, Foto 2)
    - ◆ Blattstiel am Grund verdickt, dort 2–4 mm ∅
      - ▪ Blattzähne lang zugespitzt, stachelspitzig, meist einwärts gekrümmt; Blätter stark silbrig glänzend → Immergrüner Streifenfarn, *Asplenium adiantum-nigrum* (S. 157, Fotos 3a, b)
      - ▪ Blattzähne stumpf, nicht stachelspitzig, fast immer gerade; Blätter glanzlos → Serpentin-Streifenfarn, *Asplenium cuneifolium* (S. 157, Fotos 4a, b)
  - Blattstiel kürzer als das Blatt; kräftige, eher große Farne
    - ◆ Seltener Spezialist für Kalkfels und -schutt; Fiedern im Umriss symmetrisch, da Fiederchen beidseits der Fiederspindel ca. gleich groß → Steifer Wurmfarn, *Dryopteris villarii* (S. 159, Foto 1)
    - ◆ Häufige Waldfarne; Fiedern im Umriss asymmetrisch: die zum Blattgrund gerichteten Fiederchen sind länger als die ihnen gegenüberstehenden
      - ▪ Blätter in lockeren, unregelmäßigen Gruppen oder einzeln; Spreuschuppen am Blattstiel spärlich, 0,5–1 cm lang, einfarbig blassbraun, stumpf oder abrupt in eine kurze Spitze zusammengezogen (S. 159, Foto 2d) → Kleiner Dornfarn, *Dryopteris carthusiana* (S. 159, Fotos 2a–d)
      - ▪ Blätter in dichten Büscheln; Spreuschuppen am Blattstiel dicht, 1–2 cm lang, meist zweifarbig (im Zentrum dunkelbraun, am Rand hellbraun) (S. 159, Foto 3e)
        - ❖ Blätter oberseits dunkelgrün, Blätter überwintern → Großer Dornfarn, *Dryopteris dilatata* (S. 159, Fotos 3a–e)
        - ❖ Blätter oberseits hellgrün bis grasgrün, Blätter sterben im Herbst ab → Gebirgs-Dornfarn, *Dryopteris expansa* (S.161, Foto 1)

1 Berg-Blasenfarn, *Cystopteris montana*

20–40 cm	VII–VIII	♃			W2, 4, 5	mh		

+ Blätter entspringen einzeln und voneinander entfernt dem dünnen, weit kriechenden Rhizom
+ die mehrfach fein gefiederten Blätter erinnern an die von Doldenblütlern

Kalkliebend; im Rax-Schneeberg-Gebiet, am Dürrenstein, Hochkar, Göller.

☝ Die auffallend ungleichhälftigen untersten Fiedern ähneln denen des Eichenfarns, mit dem der Berg-Blasenfarn aber schon wegen des Wuchsortes nicht verwechselt werden kann. Die Zähnchen der Fiederchen sind an der Spitze eingebuchtet und die letzten Nervenäste laufen in die Buchten aus, während sie beim Eichenfarn in den nicht eingebuchteten Spitzen und Zähnen enden.

2 Eichenfarn, *Gymnocarpium dryopteris*

10–40 cm	VI–VIII	♃			W1, 6	mh		

+ Blätter ± kahl, hellgrün, zart
+ oft an der Ansatzstelle des Blattes (unterhalb der beiden untersten Fiedern) mit einem deutlichen Knick nach hinten, sodass das Blatt überhängt
+ jede der beiden untersten Fiedern fast so groß wie der Rest des Blattes
+ unterste Fiedern asymmetrisch: die zur Basis weisenden Fiederchen viel größer als die zur Spitze gerichteten

Blätter stehen einzeln aus einem lang kriechenden Wurzelstock mit einem langen, aufrechten Stiel (Stiel 2–3× so lang wie das Blatt). In der Jugend sind die Blätter zu einem dreiteiligen Knäuel eingerollt (i. U. z. Ruprechtsfarn). Kalkmeidend; in bodensauren, schattigen Wäldern, aber auch auf offenen Standorten; um Wien und im Waldviertel selten.

1

2a

2b

2c

1 Ruprechtsfarn (Kalkfarn), *Gymnocarpium robertianum*

15–50 cm	VI–VIII	♃			W1, 5, A4	h		

+ Blätter etwas derber als die des Eichenfarns, dunkler grün
+ vor allem unterseits und oberer Teil des Blattstiels und Mittelrippe drüsenhaarig (auch ohne Lupe an dem grauen „mehligen" Schimmer erkennbar)
+ beim leichten Reiben mit zartem Apfelduft
+ jede der beiden untersten Fiedern deutlich kleiner als der Rest des Blattes
+ Blätter in der Jugend zu einfachen Knäueln eingerollt

Blätter stehen auf Abstand an unterirdisch kriechenden Rhizomen (Schuttkriecher).

Kalkliebend; charakteristisch für feuchte, schattige, talwärts kriechende Schutthalden; vor allem im Kalk-Voralpengebiet, aber auch im Wienerwald und in der Wachau; sowie auf schattigen Mauern.

2 Zerschlitzter Streifenfarn, *Asplenium fissum*

10–25 cm	VII–IX	♃			A3, 4	ss		

+ Blattstiel sehr dünn, steif, aber zerbrechlich
+ Blätter wintergrün

Fiederchen an der Spitze eingedellt oder eingeschnitten (i. U. z. den beiden anderen Arten und auch zum ähnlichen Zerbrechlichen Blasenfarn; dieser hat aber nicht die streifenförmigen Sporenbehälter der *Asplenium*-Arten (Streifenfarne)).

Nur in Kalk- und Dolomit-Felsspalten und auf Felsschutt, im Gebiet von Ötscher und Dürrenstein.

3 Immergrüner Streifenfarn, *Asplenium adiantum-nigrum*

15–45 cm	VI–VIII	♃			W1, P4	ss		

+ Blätter ledrig, derb, dunkelgrün, silbrig glänzend
+ die Blattabschnitte stehen recht dicht, berühren und überlappen einander oft

Kalkmeidend; in bodensauren, mäßig trockenen, steinigen Wäldern; oft an Wegböschungen; im Raum Gloggnitz, Hochneukirchen und Aspang.

4 Serpentin-Streifenfarn, *Asplenium cuneifolium*

15–45 cm	VI–VIII	♃			W1, P4	mh		

+ Blätter weich, frischgrün, nicht glänzend
+ die Blattabschnitte stehen meist locker und berühren einander kaum

Nur auf Serpentin: im Dunkelsteiner Wald (Gurhofgraben), im Yspertal (beim Zusammenfluss von Großer und Kleiner Ysper; hier leicht zu finden), im Tal der Kleinen Krems und im Kamptal.

1

2

3a

4a

3b

4b

1 Steifer Wurmfarn, *Dryopteris villarii*

15–50 cm	VII–VIII	♃			A4, 5	ss		

+ Blätter beidseitig dicht gelbdrüsig, herb riechend

Nur auf Kalk; wächst zwar auf scheinbar pflanzenfeindlichen Flächen in Karrenfeldern und Schutthalden, aber immer geschützt zwischen großen Steinen oder in Rinnen (Foto 1); im Gebiet von Dürrenstein und Rax; besonders leicht zu finden auf dem Hochkar (mit dem Sessellift), auf dem Weg zum Gipfel in den ausgedehnten, eindrucksvollen Karrenfeldern am Abfall zum Salzatal.

DORNFARNE

Der Name ist gut gewählt – obwohl er gefährlicher klingt als er ist, denn diese Farne stechen keineswegs. Doch kann man die ganze Gruppe leicht von den anderen großen Waldfarnen an den zugespitzten bis stachelspitzigen Kerbzähnen der kleinsten Blattelemente (Fiederchen 2. und 3. Ordnung) erkennen. Das Auseinanderhalten der einzelnen Arten ist dann nicht mehr so einfach (hier widersprechen sich auch die Fachleute bzw. -bücher), obwohl es in NÖ nur drei Arten gibt. Daher kann man sich als Hobbybotaniker durchaus mit dem Bestimmungsergebnis „Das ist einer der Dornfarne“ zufriedengeben.

Der „feuchte Farn-Märchenwald“ wird also von Dornfarnen, weiterhin von dem, was das Blattmuster betrifft, einfach gestrickten Wurmfarn (Männerfarn) und dem fein ziselierten Frauenfarn beherrscht. (In trockenen lichten Wäldern übernimmt der derbe Adlerfarn die Vorherrschaft). Ist doch recht einfach (und ein tröstlicher Abschluss eines schwierigen Kapitels über eine Pflanzengruppe ohne farbige Blüten).

2 Kleiner Dornfarn, *Dryopteris carthusiana*

20–70 cm	VII–VIII	♃			W1, 2, HM	mh		gi?

+ Blätter hellgrün, schlank
+ aufrecht (kaum übergebogen)
+ nicht in deutlichen Rosetten (Blätter entspringen einem kurzen waagrechten Rhizom)
+ Spreuschuppen einfarbig (Foto 2d)

In bodensauren, feuchten Wäldern und in Mooren; im Waldviertel verbreitet.

3 Großer Dornfarn, *Dryopteris dilatata*

40–120 cm	VII–VIII	♃			W2	h		gi!

+ Wuchs „federballartig“[49]: Blätter unten in einer Rosette (da sie einem aufrechten Rhizom entspringen), die sich nach oben auseinanderbiegt
+ Blätter dunkelgrün, derb, oft grün überwinternd
+ breiter als bei der vorigen Art (dreieckig) und oft noch mehr zerteilt (drei- bis vierfach gefiedert)
+ die kleinsten Blattabschnitte meist etwas nach innen gebogen
+ zweifarbige Spreuschuppen (wie der Gebirgs-Dornfarn (Foto 3e)).

In schattigen, bodensauren, feuchten Wäldern; kalkmeidend; im Waldviertel sehr häufig.

[49] „shuttlecock“ (Zitat aus J. Merryweather: The Fern Guide. Field Studies Council, Shrewsbury, UK. 1992.)
Der Vergleich mit einem Federball ist anschaulich, da bei diesen Farnen die Wedel unten abrupt „abgeschnitten“ in einen langen Stiel auslaufen. Beim Wurmfarn, Straußfarn (und anderen) sind die Rosetten bis unten beblättert.

1
2a
2b
2c
3a
3b
3c
3d
2d
3e

1 Gebirgs-Dornfarn, *Dryopteris expansa (D. assimilis)*

30–120 cm	VII–IX	♃	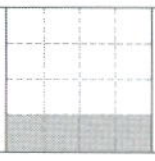		W5, A5	mh		gi?

+ Wuchs und Blattform wie Großer Dornfarn
+ Blätter hellgrün, dünn, verwelken im Herbst
+ die kleinsten Blattabschnitte nicht nach innen gebogen
+ Hauptfiedern meist ± horizontal (treppenartig) aus der Blattebene gedreht (das kommt auch beim Kleinen Dornfarn vor)

Hochstaudenfluren, Latschen- und Grünerlengebüsche, Blockhalden.

SCHLÜSSEL B: GATTUNG: SCHACHTELHALM, *EQUISETUM* (EQUISETACEAE)

Hinweis: Die Arten sind zunächst nach ihrem Vorkommen in Lebensräumen verschlüsselt. Daher kommen solche, die in unterschiedlichen Lebensräumen gedeihen, wie vor allem der Acker-Schachtelhalm, mehrmals vor.

- Pflanzen stehen im Wasser, Stängel ± glatt
  → Teich-Schachtelhalm, *E. fluviatile* (S. 165, Fotos 1a–c)

- Auf nassen Wiesen, in Sümpfen, Niedermooren, aber nicht im Wald

  - Auf sandigen Quell- und Rieselfluren, an sandigen Ufern und sonstigen feuchten, sandigen Stellen; Pflanze nur 5–30 cm hoch; selten
    → Bunter Schachtelhalm, *E. variegatum* (S. 167, Foto 2)

  - Auf feuchten, sumpfigen, aber nicht sandigen Stellen; Pflanze 0,1–1,5 m hoch

    - ◆ Pflanze (im zeitigen Frühling) unverzweigt, bleich hellbraun oder rötlich braun, oben mit kegelförmigem (sporenbildendem) Kolben (Foto A)
      → Acker-Schachtelhalm, *E. arvense* (S. 163, Fotos 1a, b)

    - ◆ Pflanze grün

      - ▪ Erstes, unterstes Stängelglied der oberen und mittleren Äste länger als die Stängelscheide (Foto B)
        → Acker-Schachtelhalm, *E. arvense* (S. 163, Fotos 1a, b)

      - ▪ Erstes, unterstes Stängelglied aller Äste kürzer als die Stängelscheide

        - ❖ Stängel ± glatt (nur ganz leicht gerillt), mit feinen hellen Längsstreifen, am Grund 4–10 mm ∅, leicht zusammendrückbar
          → Teich-Schachtelhalm, *E. fluviatile* (S. 165, Fotos 1a–c)

        - ❖ Stängel gefurcht (Foto C), rau, Stängel am Grund 1–4 mm ∅
          → Sumpf-Schachtelhalm, *E. palustre* (S. 165, Fotos 2a, b)

- Im Auwaldbereich nahe den Ufern auf sandigen Flusssedimenten in den tief eingeschnittenen Mäander-Flusstälern am Ostrand der Böhmischen Masse

  - Stängel immer mit Ästen
    → Hain-Schachtelhalm, *E. pratense* (S. 165, Foto 3)

  - Stängel (fast) nie mit Ästen, sehr rau
    → Winter-Schachtelhalm, *E. hyemale* (S. 167, Fotos 3a–d)

- In feuchten Wäldern

- Stängel im zeitigen Frühling unverzweigt, braun, gelblich oder weißlich, oben mit kegelförmigem (sporenbildendem) Kolben
    - Stängel am Grund 5–15 mm ∅
      → Riesen-Schachtelhalm, *E. telmateia* (S. 166–167, Fotos 1a–e)
    - Stängel am Grund 1–5 mm ∅
        - Stängelscheiden werden gegen die Stängelspitze hin länger
          → Acker-Schachtelhalm, *E. arvense* (S. 163, Fotos 1a, b)
        - Stängelscheiden alle ca. gleich lang oder in der Stängelmitte am längsten
            - Stängelscheidenzähne miteinander bis zur Spitze zu zwei bis vier Lappen verwachsen (Foto D)
              → Wald-Schachtelhalm, *E. sylvaticum* (S. 169, Fotos 1a, b)
            - Stängelscheidenzähne nicht miteinander zu Lappen verwachsen
              → Hain-Schachtelhalm, *E. pratense* (S. 165, Foto 3)

1

A

D

B

C

- Pflanze grün
  - Äste quirlig verzweigt, zierlich, Scheidenzähne zu stumpfen Lappen verwachsen → Wald-Schachtelhalm, *E. sylvaticum* (S. 169, Fotos 1a, b)
  - Äste unverzweigt
    - Äste zierlich, waagrecht abstehend oder überhängend; seltene Art → Hain-Schachtelhalm, *E. pratense* (S.165, Foto 3)
    - Äste kräftiger, meist aufrecht abstehend (außer bei Schattenformen) → Acker-Schachtelhalm, *E. arvense* (S. 163, Fotos 1a, b)
    - Stängel (meist) astlos, derb, rau, mit schwarz-weißen Querbinden (auf den Scheiden) → Winter-Schachtelhalm, *E. hyemale* (S. 167, Fotos 3a–d)

- Auf Pionierstandorten, auch auf ± (oberflächlich) trockenen (!), wie: Äcker, lückige (Halb-)Trockenrasen, Dämme, Straßenböschungen, Bahngelände, Straßenbanketten, Wege (auch Asphaltritzen) ...
  - Pflanze (im zeitigen Frühling) unverzweigt, bleich hellbraun oder rötlich braun, oben mit kegelförmigem (sporenbildendem) Kolben → Acker-Schachtelhalm, *E. arvense* (S. 163, Fotos 1a, b)
  - Pflanze ± grün
    - Erstes, unterstes Stängelglied der oberen und mittleren Äste länger als die Stängelscheide → Acker-Schachtelhalm, *E. arvense* (S. 163, Fotos 1a, b)
    - Erstes, unterstes Stängelglied aller Äste kürzer als die Stängelscheide → Sand-Schachtelhalm, *E. ramosissimum* (Fotos 2a–c)

1 Acker-Schachtelhalm, *Equisetum arvense*

15–50 cm	IV–V	♃			Ä, P5, S3	sh		

Im Frühjahr erscheinen zuerst bleiche, gelbbraune bis rötliche, astlose, am Ende sporenbildende Sprosse, die bald wieder absterben. Erst später kommen die „eigentlichen Schachtelhalme" mit grünen scharfrippigen Stängeln und aufrecht (außer im Schatten) abstehenden, meist unverzweigten Ästen. Der Acker-Schachtelhalm wächst auch auf oberflächlich scheinbar trockenen Wuchsorten, weil er mit seinen bis zu zwei Meter tief reichenden Stängelausläufern Grundwasser oder wasserstauende Horizonte (z. B. Pflugsohlen in Äckern) erreichen kann, in denen er dann waagrecht dahinkriecht und nach oben weitere Triebe treibt. Er wurde früher, wie andere Arten der Gattung (vor allem Riesen-S. und Winter-S.) wegen des hohen Kieselsäuregehalts als Scheuermittel verwendet („Zinnkraut"). Heute ist er noch in Blasentees als „Aquaretikum" zur „Durchspülungstherapie" bei Harnwegsinfekten enthalten: Durch Erhöhung der Wassermenge im Harn können schädliche Bakterien ausgeschwemmt werden.

☝ Verwechslungen mit dem giftigen Sumpf-Schachtelhalm sind nicht möglich, wenn man auf das Merkmal im Schlüssel achtet (S. 161, Foto B). Sehr ähnlich ist die nächste Art.

2 Sand-Schachtelhalm, *Equisetum ramosissimum*

20–60 cm	VI–VII	♃			P1, 5, S3	mh		

+ Pflanze graugrün (seltener blaugrün, jedenfalls nicht grasgrün wie Acker-S. oder Sumpf-S.)
+ Stängel zumindest am Grund stark verzweigt
+ Stängelscheiden nach oben trichterförmig erweitert (Pfeil, Foto 2c)

I. U. z. Acker-Schachtelhalm tragen hier die grünen Pflanzen am Ende die Sporen tragenden Kolben.

Eine sehr unscheinbare Art und die einzige aus der Gattung, die auch trockene Standorte besiedeln kann (auf feuchten kann sie entsprechend hoch wachsen, meist bleibt sie aber ganz in Bodennähe).

1a

2b

2a

2c

1b

Links: Acker-, rechts: Sumpf-Schachtelhalm

1 Teich-Schachtelhalm, *Equisetum fluviatile (E. limosum)*

50–150 cm	VI–VII	♃			T1, 2, G4	mh		

+ Stängel ± glatt (nur leicht gerillt) mit feinen Längsstreifen (Foto 1a)
+ unverzweigt oder unregelmäßig mit kurzen Seitenästen in der Mitte
+ leicht zusammendrückbar (ein „Zentralkanal" nimmt den größten Teil des Durchmessers ein; Luftzuleitung zu den im Schlamm kriechenden Stängelausläufern)

Sterile (vegetative) und Sporenkolben tragende Triebe sehen gleich aus.

Steht oft in großen, dichten Beständen im Wasser oder in der Verlandungszone in Seen und Teichen (Foto 1c); auch in Gräben.

☝ Der Sumpf-Schachtelhalm hat einen rauen, gefurchten Stängel und einen engeren Zentralkanal.

2 Sumpf-Schachtelhalm, *Equisetum palustre*

10–60 cm	V–IX	♃			G4, T2, 3	mh		gi!!

+ Sporenbehälter tragende grüne Triebe erscheinen gleichzeitig mit den sterilen und sehen auch gleich aus (Foto 2b)
+ Stängel fast immer ästig
+ Scheidenzähne mit Hautrand (Acker-S.: praktisch ohne)
+ die Ansatzstellen am Grund der Stängelscheide, von denen die Seitenäste abzweigen, schwarz oder dunkelbraun (Acker-S.: ± grün oder hellbraun)
+ erstes, unterstes Stängelglied der Äste kürzer als die Stängelscheide (Foto 2a) (Acker-S.: länger)

Auf Sumpfwiesen und an anderen quelligen und überschwemmten Stellen, in Gräben. Für Weidevieh und auch im Heu giftig! In NÖ relativ selten und kaum ein Problem im Vergleich zu anderen Gebieten Österreichs und vor allem NW-Europas. Trotzdem genau schauen, vor allem beim Kräutersammeln wegen der oberflächlichen Ähnlichkeit mit dem Acker-Schachtelhalm.

3 Hain-Schachtelhalm (Wiesen-S.), *Equisetum pratense*

15–50 cm	IV–VI	♃			W3, T3	s		

+ Äste unverzweigt, zart, waagrecht abstehend oder leicht bis stärker überhängend
+ Scheidenzähne gelblich
+ Stängel hohl mit weitlumiger Zentralröhre (i. U. z. Sumpf-S.)
+ erstes, unterstes Stängelglied der Äste kürzer als die Stängelscheide

Die grünen, unfruchtbaren Sprosse erscheinen gleichzeitig mit den Sporenkolben tragenden, unverzweigten braunen, die anschließend aber nicht absterben (wie die des Acker-S. und Riesen-S.), sondern ergrünen und sich verzweigen.

Nur im Aubereich nahe den Ufern im Thayatal, im Kamptal und in den Tälern der Großen und Kleinen Krems.

1a

1b

1c

2a
Unterstes Stängelglied der Äste kürzer als
Stängelscheide

2b

3

1 Riesen-Schachtelhalm, *Equisetum telmateia*

40–150 cm	IV–V	♃			W4, 6	mh		

+ unverkennbar: Stängel bis 2 cm dick, unten schwarz, oben elfenbeinweiß
+ fast glatt (undeutlich gerippt), schwer zusammendrückbar
+ Äste unverzweigt

Ein eindrucksvoller Schachtelhalm: „Von allen der schönste und größte" (Zitat Neilreich, Flora von Niederösterreich, 1858–1859). Wächst oft in dichten Gruppen (unterirdische Ausläufer (Foto 1a)); die Sporenkolben tragenden, unverzweigten, hellbraunen Sprosse (Foto 1b) erscheinen im zeitigen Frühjahr und sterben bald wieder ab. Die vegetativen Sprosse (die „eigentlichen Schachtelhalme") kommen später nach.

An feuchten bis nassen Stellen im Wald, am häufigsten im Wienerwald.

2 Bunter Schachtelhalm, *Equisetum variegatum*

5–30 cm	V–VII	♃			G2, T3	s		

+ (meist) unverzweigte, aufrechte oder niederliegende, stark gerippte Stängel (Foto 2b)
+ wintergrün
+ Scheiden nach oben etwas erweitert
+ oben mit schwarzer Querbinde, die mit den weißrandigen Zähnen kontrastiert

Meist in sandigen Quell- und Rieselfluren und an sandigen Ufern; auch auf Flachmooren.

✎ Schmächtiger und dünnstängeliger (und seltener) als der, ebenfalls wintergrüne, Winter-Schachtelhalm.

3 Winter-Schachtelhalm, *Equisetum hyemale*

30–100 cm	VI–VIII	♃			W3, 4	mh		

+ unverkennbar: kräftige, sehr raue, blaugrüne, meist unverzweigte, aufrechte, wintergrüne Stängel
+ mit weißen und schwarzen Querstreifen auf den Blattscheiden an jedem Stängelglied (Foto 3c)
+ Blattscheiden anliegend

Vegetative und Sporenkolben (mit kleinen Spitzchen: Foto 3d) tragende Sprosse sehen gleich aus.

Unteriridische Ausläufer; in dichten Beständen (untermischt mit abgestorbenen Halmen der Vorjahre) an schattig feuchten Stellen in Auwäldern und an Bachufern (Foto 3a); schöne Bestände z. B. an der Kleinen Krems am Fuß des Wotansfelsens.

1a

1b

1c
1d
1e
2a
2b
3a
3b
3c
3d

1 Wald-Schachtelhalm, *Equisetum sylvaticum*

15–50 cm	IV–V	♃			W2, 5, G2	h		

+ unverkennbar: Zierliche, stark verzweigte, schlaffe Äste
+ Pflanzen oft überhängend, wirken filigran, federartig (Foto 1a)

In feuchten, sauren Wäldern, seltener in Flachmooren und nassen Wiesen.
Die grünen, unfruchtbaren Sprosse erscheinen gleichzeitig mit den Sporenkolben tragenden, unverzweigten braunen (S. 161, Foto D), die anschließend aber nicht absterben (wie die des Acker-S. und Riesen-S.), sondern ergrünen und sich verzweigen.

SCHLÜSSEL C: BÄRLAPPGEWÄCHSE, LYCOPODIACEAE

- Pflanze moosähnlich; in Senken (Schlenken) von Hochmooren
  → Moorbärlapp, *Lycopodiella inundata* (S. 138, Foto 1)
- Stängel aufrecht oder aufsteigend, alle Triebe ± gleich lang; Sporenbehälter nicht in deutlich abgesetzten Ähren, sondern in den Achseln von Blättern
  → Teufelsklaue, *Huperzia selago* (Fotos 2a, b)
- Stängel kriechend, Seitenäste kürzer, aufrecht; Sporenbehälter in endständigen Ähren
  - Blätter gegenständig, vierreihig
    - Zweige vierkantig, nicht abgeflacht
      → Alpen-Bärlapp, *Lycopodium alpinum* (Fotos 3a, b)
    - Zweige abgeflacht
      → Fächer-Bärlapp, *Lycopodium complanatum* (S. 170–171, Fotos 1a–c)
  - Blätter wechselständig; Stängel bis 3 m weit kriechend
    - Die Ähre sitzt einzeln und ungestielt unmittelbar auf dem Zweig
      → Schlangen-Bärlapp, *Lycopodium annotinum* (S. 171, Fotos 2a, b)
    - Die Ähren sitzen zu 1–3 auf langen, locker beblätterten Stielen
      → Keulen-Bärlapp, *Lycopodium clavatum* (S. 171, Fotos 3a, b)

2 Teufelsklaue, *Huperzia selago*

5–20 cm	VII–VIII	♃			W1, 6, ZW	mh		gi!

+ in den Achseln der oberen Blätter oft, bei Berührung leicht abbrechende, herzförmige Brutknospen (Pfeil Foto 2b)

☝ Recht ähnlich dem Alpen-Moosfarn (S. 138), dieser aber viel zarter und mit deutlich gezähnten Blättern.
In bodensauren, lichten Wäldern und Zwergstrauchheiden.

3 Alpen-Bärlapp, *Lycopodium alpinum*

2–10 cm	VIII–IX	♃			ZW, A6, 3	s		

Auf bodensauren Magerrasen und in Zwergstrauchheiden, hauptsächlich am Hochwechsel, auch am Göller und am Hochkar.

1a

1b

2a

2b

3a

3b

1 Fächer-Bärlapp, *Lycopodium complanatum (Diphasium c.)*

10–30 cm	VII–VIII	♃			W1, ZW	ss		

+ Ähren auf 2–10 cm langen, locker beblätterten Stielen
+ Pflanze grasgrün

Meist in bodensauren, trockenen Föhrenwäldern und in lückigen Zwergstrauchheiden.

☝ Der Issler-Bärlapp *(L. issleri)* hat meist sitzende Ähren und ist graugrün, nur im Schatten grasgrün. Er kommt ss nur auf dem Wechsel und auf dem Hasenriedel bei Hochstraß (Wienerwald) vor.

2 Schlangen-Bärlapp, *Lycopodium annotinum*

10–30 cm	VII–VIII	♃			W1, 2, 5	mh	FFH	gi!!

+ Weit „schlangenartig" dahinkriechende, hellgrüne, fichtenzweigartige Sprosse
+ Blattspitzen ohne Haar

In frischen bis feuchten, bodensauren, modrig oder torfig humosen Bergwäldern (vor allem Fichtenwäldern).

3 Keulen-Bärlapp, *Lycopodium clavatum*

10–20 cm	VII–VIII	♃			W1, G1	s	FFH	gi!

+ Blattspitzen mit langem weißem Haar (dadurch wirken die Triebe silbrig, graugrün)

Frische bis mäßig trockene, bodensaure Heiden, Waldlichtungen und -schläge; lichtliebender als die vorige Art. Das ölreiche Sporenpulver wurde als „Babypuder", als „Theaterblitz" und bei der Herstellung von Pillen verwendet. Von der Anwendung des Krauts, z. B. bei Blasenleiden, ist wegen der Giftigkeit abzuraten!

1a

1b

1c

2b

3a

2a

3b

Der Froschbiss *(Hydrocharis morsus-ranae)* mit den typisch dreizähligen Blüten der Einkeimblättrigen

Kapitel 5: Wasserpflanzen

Unter diesem Titel haben wir Pflanzen zusammengefasst, die ganz oder größtenteils im oder sogar unter Wasser leben. Die meisten kommen nur zum Blühen an die Oberfläche, denn nur wenige können unter Wasser blühen (siehe z. B. Teichfaden, *Zannichellia* und Hornblatt, *Ceratophyllum*). „Wasserpflanzen" ist zwar keine pflanzensystematische, sondern eine ökologische Kategorie; aber trotzdem gibt es Gemeinsamkeiten: Der größte Teil gehört zu den Einkeimblättrigen Pflanzen, bei den wenigen Zweikeimblättrigen herrschen Vertreter von Familien vor, die weit unten im Stammbaum der Blütenpflanzen stehen – wohl ein Hinweis darauf, dass das Leben im Wasser entstanden ist und die Höheren Pflanzen das Land erst im Laufe ihrer Evolution erobern mussten.

Während wir bisher Wert darauf gelegt haben, nach Pflanzenfamilien vorzugehen, sind wir hier teilweise davon abgekommen. Denn viele Wasserpflanzen haben kleine, unscheinbare Blüten, und auch der Bau der ganzen Pflanze ist, wie ja auch die speziellen Umweltbedingungen, relativ einheitlich, sodass es schwierig wäre, die Familienzugehörigkeit festzustellen, bevor der Artname bekannt ist. (Das war ja auch ein Grund, warum wir die Wasserpflanzen extra behandeln.)

Überschneidungen mit den anderen Bänden, vor allem mit den „Grasartigen" in Bd. 2, waren unvermeidlich, denn bevor man zu den eigentlichen Wasserpflanzen hin watet oder taucht, durchquert man oft eine bewachsene Uferzone. Den Gewässerrand, bzw. je nach Wasserstand mehr oder weniger bereits im Wasser stehend, dominieren oft Arten der Gattung Segge (*Carex*, Bd. 2, S. 116). Dann folgt das Röhricht (Bd. 2, S. 106 ff.) mit Schilf, Rohrglanzgras oder Teichbinse. Obwohl diese Pflanzen bis zwei Meter Wassertiefe „hineinwaten" können, ragt doch ein wesentlicher Teil von ihnen weit über den Wasserspiegel hinaus. Außerdem können viele der Röhrichtbildner auch auf dem Land leben. Die Schwanenblume, ebenfalls ein Bewohner des Röhrichts, haben wir wegen ihrer besonderen Schönheit bereits in Bd. 1, S. 320, vorgestellt.

Erst dann folgt der Bereich der Schwimmblatt-Wasserpflanzen und schließlich der der fast ganz untergetaucht lebenden. Und wenn es für die im tiefer werdenden Wasser schließlich zu düster wird, gibt es am Grund mancher Gewässer dichte Rasen von Armleuchteralgen (siehe S. 186).

An Ufern, die über längere Zeit trocken fallen, siedeln sich ganz spezielle, meist sehr kurzlebige Pflanzen an, die imstande sind, diesen frisch entstandenen Landlebensraum (T4) zu nutzen. Soweit es sich dabei um Grasartige handelt, sind sie im Bd. 2 ab S. 120 zu finden. Charakteristische Zweikeimblättrige Pioniere sind hier z. B. Schlammling (*Limosella*, Bd. 1, S. 204), Sumpfquendel (*Peplis*, Bd. 1, S. 108) und Arten der Gattung Tännel (*Elatine*, S. 202 und Bd. 1, S. 112).

Generalschlüssel

- Pflanze auf dem Wasser frei schwimmend[50] und weniger als 1 cm lang
  → Wasserlinsengewächse, *Lemnaceae*, s. unten
- Pflanze anders
  - Blätter als Ganzes oder deren Abschnitte alle sehr schmal, fädlich oder borstlich, nur 1–3 mm breit, ganzrandig, nicht quirlständig (wenn quirlständig siehe Schlüssel B)
    → Schlüssel A, S. 176
  - Blätter (zumindest einige, insbesonders die Schwimmblätter) breiter als 5 mm
    - Blätter quirlständig
      → Schlüssel B, S. 181
    - Blätter dreikantig, stachelig gesägt, in dichten „Agave-ähnlichen" Rosetten, nur zur Blütezeit an der Wasseroberfläche
      → Krebsschere, *Stratiotes aloides*, S. 190
    - Pflanze mit Schwimmblättern und/oder die obersten Blätter ragen über die Wasseroberfläche und sind pfeilförmig oder breit lanzettlich
      → Schlüssel C, S. 187
    - Ohne Schwimmblätter, Blätter wechselständig
      → Schlüssel D, S. 198
    - Ohne Schwimmblätter, Blätter gegenständig
      → Schlüssel E, S. 200

Familie: Wasserlinsengewächse, Lemnaceae[51]

Die mehr oder weniger flachen, kreisrunden Scheibchen gehören tatsächlich zu den Blütenpflanzen, obwohl man kaum Blüten entdecken wird, denn sie blühen sehr selten. Außerdem sind die Blüten winzig und unscheinbar. Sie bestehen nur entweder aus einem Staubblatt oder einem Fruchtknoten (mit dazugehörigem Stempel), wobei zwei männliche und eine weibliche Blüte aus einem zarten Häutchen (das dem „Blattstanitzel" des Aronstabs entspricht) entspringen. Dafür ist die vegetative Vermehrung sehr effizient: Es sprossen einfach aus dem Rand neue Pflanzen heraus (Foto A), die sich loslösen und ganz rasch zur normalen Größe heranwachsen. Bei günstigen Bedingungen, vor allem bei reichlichem Nährstoffangebot, kann sich so in wenigen Wochen ein ganzes Gewässer grün verfärben (Foto B). Eine Bedingung ist Windschutz: Wasserlinsen sind empfindlich gegen Wellenschlag, da sie dabei umgedreht werden können (Spaltöffnungen befinden sich an der Oberseite). Daher findet man sie oft in windgeschützten Buchten (Foto C). Bei ungünstigen Bedingungen bilden sie Überdauerungs-(Überwinterungs-)Knospen, die zu Boden sinken. (Manche sinken im Herbst als ganze Pflanze ab und steigen im Frühling wieder auf.)

[50] Selten etwas untergetaucht, siehe Untergetauchte Wasserlinse, *Lemna trisulca*, S. 176

[51] Stammesgeschichtlich so nahe verwandt mit den Aronstabgewächsen (Araceae), dass sie neuerdings zu diesen gestellt wird.

- Pflanze wurzellos, nur ein ca. 1 mm langes, elliptisches Körnchen
  → Zwergwasserlinse, *Wolffia arrhiza*

  Früher ss in nährstoffreichen Gewässern in warmen Gebieten NÖs, heute vermutlich ausgestorben, kommt aber im benachbarten Mähren (und in fast ganz Europa, Afrika, Südasien, Australien) vor. Es lohnt sich also, nach diesem Winzling, der kleinsten Blütenpflanze Europas, Ausschau zu halten (der letzte Fundort war in einem Altwasser bei Hohenau/March).

- Pflanze linsenförmig, treibt auf der Wasseroberfläche mit ins Wasser herabhängenden Wurzeln

  – Pflanze mit einem Büschel von Wurzeln
    → Teichlinse, *Spirodela polyrhiza* (S. 177, Fotos 1a, b)

  – Pflanze mit nur je einer Wurzel
    → Wasserlinse, *Lemna minor* (S. 177, Foto 2 unten)

- Pflanze treibt nicht auf, sondern knapp unter der Wasseroberfläche, nicht linsenförmig, sondern lanzettlich und mit Stielchen kreuzweise, meist in Dreiergruppen zusammenhängend
  → Untergetauchte Wasserlinse, *Lemna trisulca* (S. 177, Foto 3)

Altarm der March mit Flatterulme – erkennbar an den Brettwurzeln

1 Teichlinse, *Spirodela polyrhiza*

4–10 mm	VI–VII	♃			T1	mh		

+ unterseits oft rot (Foto 1b)

In nährstoffreichen, stehenden oder langsam fließenden Gewässern, vor allem in Altwässern der Auen, in Teichen (auch in Haus- und Löschteichen).

2 Wasserlinse, *Lemna minor*

2–5 mm	VI–VIII	♃			T1	h		

In stehenden und langsam fließenden Gewässern, weniger nährstoffbedürftig als die vorige Art (Foto 2 unten).
☝ Die Buckel-W., *L. gibba,* ist unterseits meist bauchig aufgetrieben (Foto 2 oben), mit zahlreichen Netzmaschen (Schwimmhilfe). Sie kommt s in sehr nährstoffreichen, verschmutzten Tümpeln und Teichen vor.

3 Untergetauchte Wasserlinse (Kreuz-W.), *Lemna trisulca*

3–10 mm	VI–VII	♃			T1	s		

+ sieht ganz anders aus als die typischen Wasserlinsen und
+ lebt meist leicht untergetaucht, kommt nur zur sehr seltenen (!) Blüte an die Wasseroberfläche

In stehenden, sauberen (sauerstoffreichen) Gewässern.

Schlüssel A: Blätter als Ganzes oder deren Abschnitte sehr schmal, fädlich oder borstlich, nur 1–3 mm breit, stets ganzrandig, nicht quirlständig

- Einzelne, weiße (mit gelbem Zentrum) fünfzählige Blüten (∅ 1–3 cm) ragen über die Wasseroberfläche
  → Wasserhahnenfuß, *Ranunculus (*sect. *Batrachium),* Schlüssel S. 204
- Blätter an den Zipfeln meist mit 1–2 mm langen Bläschen (Fangblasen zum Fang kleiner Wassertiere); die blütentragenden Stängel ragen aus dem Wasser, Blüten auffällig, gelb, 1–5 cm lang (erinnern an Löwenmäulchen)
  - Endzipfel der Blätter nicht borstig bewimpert, zierlicher Hochmoorbewohner
    → Kleiner Wasserschlauch, *Utricularia minor* (S. 178)
  - Endzipfel der Blätter am Rand borstig bewimpert
    → Gewöhnlicher Wasserschlauch, *Utricularia vulgaris* (S. 179, Fotos 2a–c)
- Blätter winzig gezähnt, gegenständig
  → Kleines Nixenkraut, *Najas minor* (S. 200 im Schlüssel E)
- Blüten (und Früchte) einzeln, achselständig, unter der Wasseroberfläche verborgen; der Stängel kriecht auf dem Gewässerboden und wurzelt an den Knoten
  → Teichfaden, *Zannichellia palustris* (S. 179, Fotos 3a, b)
- Blüten (und Früchte) in über die Wasseroberfläche herausragenden Ähren → Laichkraut, *Potamogeton*
  - Blätter gehen vom oberen Ende der grünen, den Stängel eng umhüllenden Blattscheide weg
    → Kamm-Laichkraut, *Potamogeton pectinatus* (S. 180, Fotos 1a–c)

- Blätter gehen vom Grund der Blattscheiden weg:
  weitere schmalblättrige Arten der Gattung Laichkraut, schwer und nur mit guter Lupe (Binokular) bestimmbar, alle (bis auf die Artengruppe: Zwerg-Laichkraut) sehr selten!

  - Blätter stumpf
    → Stumpfblättriges Laichkraut, *Potamogeton obtusifolius* (S. 181)

  - Blätter spitz

    - Blätter mit feinen, längs laufenden Zwischennerven zwischen den drei Hauptnerven, lang zugespitzt
      → Spitzblättriges Laichkraut, *Potamogeton acutifolius* (S. 181)

    - Blätter ohne solche Zwischennerven zwischen den Hauptnerven

      - Blätter mit deutlichem Mittelnerv und zwei kaum sichtbaren Nerven parallel dazu
        → Haarförmiges Laichkraut, *Potamogeton trichoides* (S. 181)

      - Blätter dreinervig
        → Zwerg-Laichkraut, *Potamogeton pusillus* agg. (S. 180, Foto 2)

      - Blätter fünfnervig
        → Stachelspitziges Laichkraut, *Potamogeton friesii* (S. 181)

Familie: Wasserschlauchgewächse, Lentibulariaceae[52]

Achtung: Arten schwer unterscheidbar, zumal sie selten blühen!

Die Fangbläschen (Foto 2c) sind „Schluckfallen". Im Inneren herrscht Unterdruck, berühren Kleintiere wie Wasserflöhe die Borsten am Klappeneingang, so schnellt die Klappe nach innen und die Beute wird blitzartig geschluckt. Nach dem Verdauungsvorgang wird die Blase leer gepumpt und ist wieder fangbereit. Der Wasserschlauch überwintert mit kugeligen Knospen, die im Herbst auf den Gewässergrund sinken.

1 Kleiner Wasserschlauch, *Utricularia minor* (ohne Abb.)

5–15 cm	VI–VIII	♃			HM	ss	§	

+ Pflanze zierlich, meist im Torfschlamm verankert
+ farblose, am Schlamm liegende Sprosse und grüne Wassersprosse
+ Blütenunterlippen mit nach unten gebogenen Seitenrändern

In stehenden, moorigen Gewässern, Sümpfen, Wassergräben; fast nur im Wiener Becken.

☝ Der etwas größere Mittlere Wasserschlauch *(U. intermedia)* hat am Rand borstig bewimperte Blätter und Fangblasen nur an den Schlammsprossen. Er kam ebenfalls in Hochmoortümpeln und Hochmoorschlenken vor und ist in NÖ vermutlich ausgestorben, § (Foto 1).

☝ Der Zierliche Wasserschlauch *(U. bremii)* hat flache Blütenlippen. Er kommt (kam?) ss in Quelltümpeln und Wassergräben vor, §.

2 Gewöhnlicher Wasserschlauch, *Utricularia vulgaris*

10–100 cm	VI–VIII	♃			T1, 2	mh		

+ Pflanze frei im Wasser schwimmend, wurzellos; Blätter reich an Fangblasen (Foto 2c)
+ Blüten dottergelb, mit sattelförmig umgeschlagener Unterlippe (an frischen Blüten prüfen!)

In Altwässern an Donau, March, Leitha, Traisen und Kamp. Auch in Wassergräben im Wiener Becken.

☝ Der sehr ähnliche Südliche Wasserschlauch *(U. australis)* hat Blüten mit flacher Unterlippe (Foto 2d), §.

Familie: Teichfadengewächse, Zannichelliaceae[53]

3 Teichfaden, *Zannichellia palustris*

10–40 cm	VI–IX	♃			T1	mh		

+ Blätter fadenförmig, oft einander paarweise genähert

Kriecht am Gewässergrund (in Fließgewässern in flutenden Teppichen), oft von länger wüchsigen oder schwimmenden Wasserpflanzen überdeckt, dadurch leicht zu übersehen.

In stehenden oder fließenden, nährstoffreichen Gewässern.

☝ Früchtchen fast sitzend (Foto 3b: *Z. p.* subsp. *palustris*); *Z. p.* subsp. *pedicellata* mit 1–2 mm lang gestielten Früchtchen s in stehenden, meist salzhaltigen Gewässern (in NÖ selten, Hauptverbreitung in Küstengewässern).

---

[52] Siehe auch Bd. 1, S. 222.

[53] Wird auch mit den Laichkrautgewächsen, Potamogetonaceae, vereinigt.

1

2a

2b

2c

2d

3a

3b

Familie: Laichkrautgewächse, Potamogetonaceae

1 Kamm-Laichkraut, *Potamogeton pectinatus*

30–300 cm	V–IX	♃			T1	mh		

+ Blattscheiden 3–5 cm lang, durch dieses Merkmal sehr auffallend
+ Pflanze bis in den oberen Teil reich verzweigt
+ Äste und Blätter steif (kammförmig), wenn man die Pflanzen aus dem Wasser holt, bleiben sie (im Gegensatz zu den meisten anderen schmalblättrigen Laichkräutern, bzw. Wasserpflanzen allgemein), gespreizt.

In stehenden und langsam fließenden, nährstoffreichen Gewässern (verträgt auch stärkere Verschmutzung): Altwässer, Tümpel, Gräben. In NÖ am ehesten im Wiener Becken zu finden, aber auch z. B. in Dorfteichen im Weinviertel. (Erträgt auch Brackwasser: massenhaft im Neusiedlersee in ringförmigen Beständen.) Unterirdische Ausläufer mit Knollen.

2 Zwerg-Laichkraut Artengruppe, *Potamogeton pusillus* agg.

10–100 cm	VI–IX	♃			T1	mh		

In stehenden und langsam fließenden Gewässern, Tümpeln, Teichen, Altwässern.

☝ Zwerg-L. *(P. pusillus* s. str.*)* mit Seitennerven, die ca. 2 mm unterhalb der Blattspitze spitzwinkelig in den Mittelnerv einmünden. Beim Berchtold-Laichkraut *(P. berchtoldii)* münden die Seitennerven ca. 1 mm unterhalb der Blattspitze fast rechtwinkelig in den Mittelnerv.

☝ Weitere, aber sehr seltene Laichkraut-Arten mit fadenförmigen Blättern, s. S. 181

1a

1b

1c

2

Stumpfblättriges Laichkraut, *Potamogeton obtusifolius*

30–90 cm	VII–VIII	♃			T1	ss	§	

(Nur?) in Fischteichen bei Gmünd.

Spitzblättriges Laichkraut, *Potamogeton acutifolius*

30–60 cm	VII–VIII	♃			T1	ss	§	

Am ehesten in Sümpfen an der March zu finden.

Haarförmiges Laichkraut, *Potamogeton trichoides*

30–50 cm	VI–IX	♃			T1	ss	§	

Blätter fast haarförmig, weniger als 1 mm breit, Blätter außerhalb des Wassers spreizend, nicht zusammenfallend. In den Waldteichen zwischen Ernstbrunn und Enzersdorf im Thale.

Stachelspitziges Laichkraut, *Potamogeton friesii*

30–120 cm	VI–VIII	♃			T1	ss	§	

Blätter 2–3 mm breit, Stängel etwas zusammengedrückt.
In stehenden, seichten Gewässern; am ehesten in der Feuchten Ebene (Moosbrunn) zu finden.

Schlüssel B: Blätter breiter als 5 mm, quirlständig

- Pflanze zum Teil über der Wasseroberfläche
  - Pflanze schachtelhalmartig
    → Teich-Schachtelhalm, *Equisetum fluviatile* (S. 165, Fotos 1a–c)
  - Pflanze anders
    - Überwasserblätter eiförmig, ca. 2–3× so lang wie breit
      → Quirl-Tännel, *Elatine alsinastrum* (S. 183, Foto 1)
    - Überwasserblätter schmal (linealisch), mehr als 5× so lang wie breit
      → Tannenwedel, *Hippuris vulgaris* (S. 183, Fotos 2a, b)
- Alle Blätter untergetaucht (nur Stängel mit Blüten schauen aus dem Wasser)
  - Blätter gefiedert
    - Nur die obersten Blätter quirlständig, die unteren meist einzeln, Blüten groß (∅ 2 cm), in lockeren, etagenartig angeordneten Quirlen
      → Wasserfeder, *Hottonia palustris* (S. 183, Fotos 3a, b)
    - Alle Blätter quirlständig, Blüten winzig
      → Tausendblatt, *Myriophyllum* (S. 184)

- Blätter nicht gefiedert
  - Blätter flach
    → Wasserpest, *Elodea canadensis* (S. 185, Fotos 3a–c)
  - Blätter nicht flach, sondern rundlich bis kantig
    - Äste gabelig verzweigt, Pflanze treibt frei im Wasser
      → Raues Hornblatt, *Ceratophyllum demersum* (S. 186, Foto 1)
    - Äste unverzweigt oder verzweigt, aber nicht gabelig, Pflanzen aufrecht, im Untergrund verankert
      → Armleuchteralgen (Kasten S. 186)

Familie: Tännelgewächse, Elatinaceae (s. auch S. 202)

1 Quirl-Tännel, *Elatine alsinastrum*

2–50 cm	VII–VIII	① bis ♃			T1, 3, 4, Ä	†		

+ der Überwasserteil erinnert entfernt an ein Kreuzlabkraut (*Cruciata*, Bd. 1, S. 199, Foto 1)

An Rändern stehender Gewässer. In NÖ leider ausgestorben; wurde früher in Lachen bei Angern a. d. March und in Sümpfen bei Staatz gefunden. Vielleicht taucht er wieder auf?

Familie: Tannenwedelgewächse, Hippuridaceae

2 Tannenwedel, *Hippuris vulgaris*

30–80 cm	V–VIII	♃			T1	mh		

In stehenden und träg fließenden Gewässern. Bevorzugt kalkreiche Gewässer.

☝ Der Unterwasserteil des (in NÖ ausgestorbenen) Quirl-Tännels ist ähnlich, jedoch ist der Stängel im Querschnitt radial gekammert (sieht aus wie eine quer durchgeschnittene Orange), während der des Tannenwedels im Querschnitt engröhrig gekammert ist. Bitte dieses Merkmal nur sehr sparsam ausprobieren, wenn überhaupt.

Familie: Primelgewächse, Primulaceae

3 Wasserfeder (Wasserprimel), *Hottonia palustris*

20–60 cm	V–VI	♃			T1	s		

Diese zarte Schönheit unter den Wasserpflanzen findet man am ehesten in Altwässern von großen Flüssen (Donau, March, Leitha, Thaya, Traisen), seltener in Gräben, Tümpeln und unter Wasser stehenden Bruchwäldern; wurzelt im Untergrund, bevorzugt flache Gewässer, verträgt zeitweilige Austrocknung und Halbschatten, überwintert grün.

Familie: Tausendblattgewächse (Seebeerengewächse), Haloragaceae

- Blätter (meist) in Viererquirlen, Blüten rosa, (vier)quirlig in lockeren, (scheinbar) blattlosen, vielblütigen Ähren, die aufrecht aus dem Wasser herausragen
  → Ähren-Tausendblatt, *Myriophyllum spicatum* (S. 185, Fotos 1a–c)
- Blätter (meist) in Fünferquirlen, Blüten grünlich weiß, weiß bis gelblich, in den Blattachseln der aufrecht aus dem Wasser ragenden, dicht beblätterten Blütentriebe
  → Quirl-Tausendblatt, *Myriophyllum verticillatum* (S. 185, Fotos 2a–c)

1 Ähren-Tausendblatt, *Myriophyllum spicatum*

40–200 cm	VI–VIII	♃			T1	sh		

+ durch die in Abständen steif aus dem Wasser ragenden, schütteren Blütentriebe von Weitem erkennbar
+ ältere Pflanzen häufig mit weißlich grauen Kalküberzügen (Ausscheidungen der Pflanze), wirken dadurch „schmutzig"

Die scheinbare Blattlosigkeit der Blütenstände kommt daher, weil die Tragblätter der Blüten kürzer sind als diese. Wurzelt im Schlamm oder treibt losgerissen frei im Wasser. Überwintert mit auf den Gewässergrund sinkenden Knospen, seltener als ganze Pflanze. Die Blüten sind eingeschlechtig, die ♀ stehen hier im selben Blütenstand, aber über den ♂ (also umgekehrt wie bei der folgenden Art).

In stehenden und langsam fließenden Gewässern; verträgt mäßige Wasserverschmutzung, aber keine Austrocknung.

2 Quirl-Tausendblatt, *Myriophyllum verticillatum*

10–300 cm	VI–VIII	♃			T1	mh		

+ Pflanzen nie mit Kalküberzug (bevorzugen kalkarme Gewässer), wirken immer frischgrün

Die Deckblätter (Tragblätter) der Blüten sind zwar schmäler, aber genauso kammförmig gefiedert wie die eigentlichen Blätter und deutlich länger als die Blüten, daher kein so deutlich abgesetzter Blütenstand wie bei der vorigen Art. Die ♀ Blüten stehen unterhalb der ♂, manchmal bereits im Wasser (oft mit verkümmerten Blütenblättern, daher findet die Bestäubung sowohl durch den Wind als auch über das Wasser statt).

In stehenden, mäßig nährstoffreichen Gewässern; empfindlich gegen Wasserverschmutzung, verträgt hingegen vorübergehende Austrocknung.

Familie: Froschbissgewächse, Hydrocharitaceae (s. auch S. 190)

3 Wasserpest, *Elodea canadensis*

30–100 cm	VI–IX	♃			T1	h		

+ Blätter eher dunkelgrün, mit kurzer rundlicher Spitze
+ oft etwas zurückgebogen
+ breiter als 2 mm

Bei uns kommen nur weibliche Pflanzen vor; sehr effektive vegetative Vermehrung durch Bruchstücke (Pflanzen zerbrechen leicht), die wieder zu ganzen Pflanzen auswachsen; Pflanze wintergrün.

In stehenden oder langsam fließenden, mäßig nährstoffarmen bis nährstoffreichen Gewässern. Neubürger seit Mitte des 19. Jahrhunderts, Heimat Nordamerika. Zunächst extrem starke Ausbreitung (durch vegetative Vermehrung, s.o.), sodass die Art in vielen Gewässern zu einer wahren „Pest" (und entsprechend bekämpft) wurde. Heute sind die Bestände aber stark zurückgegangen, die Art hat sich sozusagen eingenischt und ihren Platz in den Gewässerökosystemen gefunden.

☝ Die Nuttal-Wasserpest *(E. nuttallii)* breitet sich erst seit der Mitte des 20. Jahrhunderts bei uns aus. Auch sie stammt aus Nordamerika. Sie verträgt stärker verschmutztes Wasser und liebt eher wärmere Gewässer. Sie unterscheidet sich von obiger durch schmälere (höchstens 2 mm breite), lang zugespitzte, hellgrüne Blätter, die oft in sich gedreht sind (Foto 3c: links Nuttal-Wasserpest, rechts Wasserpest).

1a
Quirl-Tausendblatt oben im Bild,
Ähren-Tausendblatt unten

1c

1b

2a

2b

2c

3a
BOTANISCHES INSTITUT
HOCHSCHULE FÜR BODENKULTUR WIE
FLORA VON ÖSTERREICH

3b

3c
Nuttal-Wasserpest
Wasserpest

Familie: Hornblattgewächse, Ceratophyllaceae

1 Raues Hornblatt, *Ceratophyllum demersum*

50–100 cm	VI–IX	♃			T1	mh		

+ Blätter dunkelgrün, deutlich stachelig gezähnt, 1–2× gabelteilig mit 2–4 Zipfeln
+ ähneln einem Hirschgeweih

In nährstoffreichen, stehenden oder träg fließenden Gewässern: Teiche, Seebuchten, Altwässer.

Wurzellos, lebt immer untergetaucht frei im Wasser schwebend (oder vor allem in fließendem Wasser an anderen Pflanzen festgehakt), daher auch keine Spaltöffnungen[54], blüht unter Wasser (die seltenen Blüten sind winzig und unscheinbar), Klettfrüchte erleichtern die Ausbreitung durch Wasservögel. Vegetative Vermehrung sehr effektiv, da die Pflanzen sehr brüchig sind; abgebrochene Teile wachsen weiter. Teilweise grün überwinternd oder mit zum Boden sinkenden Überwinterungsknospen, Jungpflanzen sind zunächst im Boden verankert, lösen sich aber bald und schwimmen nach oben in bessere Lichtverhältnisse.

☝ Von ähnlichen, feinblättrigen Wasserpflanzen (vor allem Tausendblatt) leicht durch Anfassen (rau, brüchig) zu unterscheiden.

☝ Das Glatte Hornblatt *(C. submersum)* ist hingegen ss. Es kommt in nährstoffreichen, sich stark erwärmenden seichten Gewässern vor. Es ist sehr wärmeliebend und etwas salztolerant. Bei diesem sind die Blätter hellgrün, 3–4× gabelteilig mit 6–8 Zipfeln, weich, undeutlich und spärlich stachelig gezähnt.

Armleuchteralgen (Charales, „Characeen")

Diese höchstentwickelten aller Süßwasseralgen erinnern im Aussehen ein wenig an Blütenpflanzen (vor allem, wenn ihre orangeroten Kügelchen mit den männlichen Organen reif sind) oder an untergetaucht wachsende Schachtelhalme. Sie sind am Untergrund mit wurzelähnlichen Bildungen befestigt und wachsen aufrecht. In manchen klaren, nährstoffarmen Stillgewässern, so z. B. im Erlaufsee, bilden sie ab einer gewissen Tiefe (etwa 3 m) dichte, einen bis mehrere Dezimeter hohe Rasen, die sich „kratzig" anfühlen, weil die Pflanzen in kalkreichem Wasser Kalk einlagern. (Foto A)

A

1

[54] Spaltöffnungen: an den Blättern (meist an der Unterseite) fast aller höheren Pflanzen vorhanden, können aktiv geöffnet oder geschlossen werden, ermöglichen die Aufnahme von CO_2 und die Regulierung der Abgabe von Wasserdampf (Transpiration).

Schlüssel C: Pflanzen mit Schwimmblättern (wenigstens die oberen) Blätter schwimmen auf dem Wasser (oder ragen über den Wasserspiegel hinaus)

- Blätter pfeilförmig, ragen über die Wasseroberfläche hinaus
  → Pfeilkraut, *Sagittaria sagittifolia* (S. 188, Fotos 1a, b)
- Blätter gelappt
  → Wasserhahnenfuß, *Ranunculus (*sect. *Batrachium),* Schlüssel S. 204
- Blätter breit rundlich herzförmig
  - Pflanze frei schwimmend, die Wurzeln hängen herab, Blüten weiß mit gelbem Grund, ∅ 2 cm
    → Froschbiss, *Hydrocharis morsus-ranae* (S. 191, Fotos 1a–c)
  - Pflanze wurzelt im Boden
    - Schwimmblätter fast kreisrund, unterseitig drüsig punktiert; die Blüten entspringen in Büscheln den Achseln der obersten Stängelblätter, goldgelb, ∅ 3 cm, Blütenblätter am Rand gewimpert, gezähnt, gewellt (wirken etwas zerknittert)
      → Seekanne, *Nymphoides peltata* (S. 191, Fotos 3a–c)
    - Schwimmblätter groß, unterseits nicht drüsig punktiert; die Blüten entspringen dem am Boden kriechenden Rhizom
      - Blüten gelb, halbkugelig, ragen über die Wasseroberfläche hinaus
        → Gelbe Teichrose, *Nuphar lutea* (S. 193, Fotos 1a, b)
      - Blüten weiß
        → Weiße Seerose, *Nymphaea alba* (S. 193, Foto 2a)
- Blätter nicht gelappt, nicht pfeilförmig und nicht herzförmig
  - Am Blattgrund umhüllen zarte, häutige Scheiden den Stängel
    → Wasserknöterich, *Polygonum amphibium* (Bd. 3, S. 84)
  - Blätter fleischig, dreikantig, schwertförmig, dornig gezähnt, Rosetten zur Blütezeit halb aus dem Wasser ragend
    → Krebsschere, *Stratiotes aloides* (S. 191, Fotos 2a–c)
  - Blätter ± rhombisch, schwimmen auf der Wasserfläche
    → Wassernuss, *Trapa natans* (S. 193, Fotos 3a–c)
  - Pflanze mit auffälligem, reichblütigem Blütenstand
    - Etwas tiefere Gewässer entlang von March und Donau; ss
      → Grasblättriger Froschlöffel, *Alisma gramineum* (S. 189, Foto 2)
    - Seichte Gewässer, Sümpfe, Röhricht, Gräben, Ufer; häufig
      → Froschlöffel, *Alisma plantago-aquatica* (S. 189, Fotos 3a–d)
  - Obere Schwimmblätter meist sternförmig rosettig gedrängt, sehr zarte Pflanzen
    → Artengruppe Sumpf-Wasserstern, *Callitriche palustris* agg. (S. 195, Fotos 1a–d)
  - Pflanze anders (entspricht keiner der bisher aufgeführten Möglichkeiten)
    → Laichkraut/*Potamogeton*-Arten mit Schwimmblättern (S. 194)

Familie: Froschlöffelgewächse, Alismataceae

1 Pfeilkraut, *Sagittaria sagittifolia*

30–100 cm	VI–VIII	♃			T1	s		

+ Blütenblätter rundlich, 10–15 mm lang, weiß, am Grund mit purpurnem Fleck
+ untergetauchte Blätter schmal, bandförmig, Schwimmblätter elliptisch bis pfeilförmig, nur die aufrecht aus dem Wasser ragenden immer deutlich schmal pfeilförmig

Wächst in Gruppen durch Ausläufer mit kleinen Speicherknollen in seichten Gewässern (Altwässern) entlang der Donau und March.

2 Grasblättriger Froschlöffel, *Alisma gramineum*

10–30 cm	VI–VIII	♃			T1	ss	§	

+ blühende Pflanze entweder nur mit bandförmigen Unterwasserblättern oder mit Schwimm- und Unterwasserblättern
+ blüht schon vor 9 Uhr bis abends (siehe Blütezeiten bei den beiden folgenden Arten!)

3 Froschlöffel, *Alisma plantago-aquatica*

30–100 cm	VI–VIII	♃			T1, 2, 3, P3	mh		gi!

+ Überwasserblätter stets vorhanden, am Grund abgerundet
+ Blüten meist erst nachmittags geöffnet
+ Blüten weiß, maximal ein Hauch von rosa

☝ Der Lanzettblättrige Froschlöffel *(A. lanceolatum)* hat schmale Überwasserblätter, die am Grund verschmälert sind (Foto 3e). Bei ihm sind die Blüten meist schon vormittags geöffnet, ab 13–15 Uhr welken sie stark. Die Blüten sind hellpurpurn. Er kommt s entlang der March, der Donau und der Leitha vor.

1a

1b

2

3a

3b

3c

3d

3e

Familie: Froschbissgewächse, Hydrocharitaceae

1 Froschbiss, *Hydrocharis morsus-ranae*

15–30 cm	VII–VIII	♃	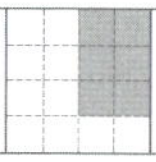		T1	s		

+ auf der Wasseroberfläche schwimmend, die Wurzeln erreichen den Gewässergrund nicht
+ meist in dichten, zusammenhängenden Gruppen (Ausläufer)

Im Herbst werden nährstoffreiche Überwinterungsknospen gebildet, die zu Boden sinken, im Frühling austreiben; die Pflanzen steigen wieder zur Wasseroberfläche auf.

In seichten, windgeschützten Gewässern, vor allem in den Auen von Donau, Thaya, March und Leitha.

2 Krebsschere, *Stratiotes aloides*

15–45 cm	V–VIII	♃	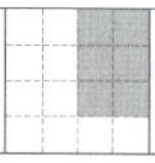		T1	s	§	

+ imposante, an Agaven („Wasser-Aloe") erinnernde Blattrosetten, die mehrere Dezimeter ∅ erreichen können
+ und frei im Wasser schweben
+ lange Ausläufer, können zusammenhängende „Rasen" bilden

Die Rosetten überwintern am Grund des Gewässers, steigen im Frühling auf, bleiben aber unter der Wasseroberfläche und sinken im Herbst wieder ab. Nur zur Blüte ragen sie teilweise über die Wasseroberfläche. Blüten ähnlich denen der vorigen Art (∅ 2 cm), zweihäusig.

In den Altarmen der Donau und March; vom Aussterben bedroht.

Familie: Bitterkleegewächse, Menyanthaceae

3 Seekanne, *Nymphoides peltata*

80–150 cm	VII–IX	♃	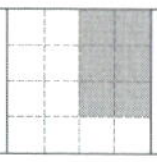		T1	s	§	

+ Schwimmblätter deutlich kleiner als die von Teichrose und Seerose
+ Blüten zu mehreren in (blattachselständigen) Büscheln

Im Schlamm kriechender Wurzelstock und lange Ausläufer ermöglichen dichte Massenbestände.

In nährstoffreichen, sommerwarmen Gewässern, vor allem entlang der March. Außerhalb dieses Verbreitungsgebiets nicht selten in Teichen (wohl verwilderte Zierpflanzen).

1a
1c
1b
3c
2a
2b
2c
3a
3b

Familie: Seerosengewächse, Nymphaeaceae

1 Gelbe Teichrose, *Nuphar lutea*

50–250 cm	VI–IX	♃			T1	mh	§	gi!

+ Blüten 4–6 cm im ∅, halbkugelig, ragen meist an langem Stiel über die Wasseroberfläche hinaus (Foto 1a), duften stark
+ Schwimmblätter denen der Seerose ähnlich, doch eine Spur schmäler, eiförmiger (größte Breite unterhalb der Mitte)
+ die Seitennerven enden am Blattrand und sind nicht miteinander verbunden

Ein auffallendes Merkmal, das man aber leider selten zu sehen bekommt, sind die weichen, salatblattartigen Unterwasserblätter am Gewässergrund (auf unserem Foto 1b undeutlich im Vordergrund zu erkennen).

In stehenden und langsam fließenden Gewässern, besonders in Altwässern und in Teichen. Überdauert den Winter mit den Unterwasserblättern und im Schlamm liegenden Speicherrhizomen.

☝ Die Kleine Teichrose *(N. pumila)* hat kleine Blüten (nur 1,5–3,5 cm ∅) und kleine Blätter (nur 5–12 cm lang). Sie kam früher in Altwässern des Reißbaches bei Schönau im Waldviertel in kühlem, schwach saurem Wasser vor. Sie ist vielleicht schon ausgestorben, §.

2 Weiße Seerose, *Nymphaea alba*

50–250 cm	VI–IX	♃			T1	mh	§	gi!

+ Seitennerven der Schwimmblätter gegen den Blattrand zu miteinander verbunden
+ Blüten ∅ 10–12 cm, an der Basis abgerundet

Im Schlamm wurzelnde, dicke Speicherrhizome.

Vor allem in stehenden Gewässern; wird oft kultiviert und manchmal auch in der Natur ausgesetzt.

☝ Die Kleine Seerose *(N. candida)* hat etwas kleinere Blüten (∅ 7–9 cm), die an der Basis deutlich vierkantig sind. (Foto 2b) Sie kommt nur in nährstoffarmen, kalkfreien Gewässern vor und ist empfindlich gegen Wasserverschmutzung und Kalkdüngung. Sie kam früher in Teichen bei Litschau und in durch abgeschnittene Mäander entstandenen Kleingewässern des Reißbachs vor. Manche dieser Biotope wurden durch Verfüllen mit Bauschutt bereits zerstört. Die Art ist vielleicht inzwischen schon ganz ausgestorben, §.

Familie: Wassernussgewächse, Trapaceae

3 Wassernuss, *Trapa natans*

50–200 cm	VI–IX	⊙			T1	ss	§	

+ Schwimmblattrosette mit eleganten, rautenförmigen Blättern
+ diese ledrig, oft rot getönt (Herbstfärbung)
+ Blattstiel aufgeblasen (Schwimmgewebe)

Die auffälligen großen (∅ 2–3 cm), harten, meist vierhörnigen Früchte (Nüsse: Foto 3b) findet man oft am Ufer angeschwemmt. Sie sinken im Herbst auf den Gewässergrund und verankern sich im Schlamm. Samenkern herzförmig, weiß, genießbar („Seenüsse") von schwach kastanienartigem Geschmack („Wasserkastanie").

In Altwässern der March; in Wasser, das sich im Sommer auf über 25 ° C erwärmt.

1a

1b

2a

2b
Kleine Seerose

3a

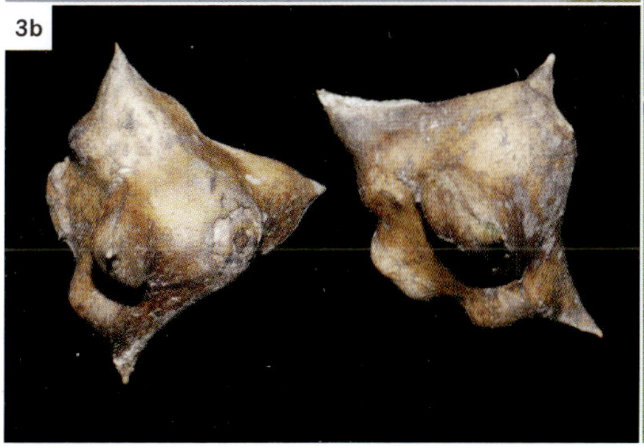
3b

3c

Familie: Wassersterngewächse, Callitrichaceae

1 Sumpf-Wasserstern (Artengruppe), *Callitriche palustris* agg.

5–80 cm	V–IX	① bis ♃			T1, 4	mh		

+ untere Blätter gegenständig, obere sternförmig rosettig

In NÖ kommen fünf schwer zu bestimmende Arten vor. Für eine sichere Bestimmung sind reife Früchte und eine gute Lupe notwendig! Wer es genau wissen will, ziehe die FlÖ, S. 758, zurate.

Alle Arten treten als Wasser- und Landformen auf. Die Wasserformen (Foto 1d) kommen in Gräben, Tümpeln, in Altwässern und in Pfützen, im subalpinen Bereich auf Almen usw. vor. Die obige Größenangabe von 5–80 cm bezieht sich auf diese Wasserformen. Die Landformen kommen in ausgetrockneten Mooren, Tümpeln, auf feuchten Wegen (Foto 1c) und besonders oft in Fahrspuren in feuchten Wäldern vor. Sie sind meist nur 2–5 cm lang und dem Boden angepresst. Sie sind dann mit ihrem „Stern" recht auffällig.

Familie: Laichkrautgewächse, Potamogetonaceae (Teil 2), siehe auch S. 180, S. 198 und S. 202

Schlüssel für Laichkraut-, *Potamogeton*-Arten mit Schwimmblättern

(Achtung: Arten schwierig zu bestimmen, ausgenommen die erste Art!)

- Schwimmblätter mit 1–2 cm langem, andersfarbigem, biegsamen Gelenk an der Spitze des Blattstiels
  → Schwimmendes Laichkraut, *Potamogeton natans* (Foto 2b)
- Schwimmblätter ohne ein solches Gelenk
  Man untersuche jetzt Pflanzen mit entwickelten Unterwasserblättern. Diese sind allerdings oft hinfällig:
  - Blattstiel der Unterwasserblätter länger als 1,5 cm
    - Schwimmblätter durchscheinend, pergamentartig, rötlich gefärbt, erinnern an im Wasser schwimmende, verwelkte Blätter der Rotbuche
      → Gefärbtes Laichkraut, *Potamogeton coloratus* (S. 197, Foto 1)
    - Schwimmblätter anders
      → Knoten-Laichkraut, *Potamogeton nodosus* (S. 196–197, Fotos 2a, b)
  - Unterwasserblätter sitzend
    - Unterwasserblätter ganzrandig und stumpf, Schwimmblätter nicht immer ausgebildet
      → Alpen-Laichkraut, *Potamogeton alpinus* (S. 197, Foto 3)
    - Unterwasserblätter gezähnt und zugespitzt
      → Gras-Laichkraut, *Potamogeton gramineus* (S. 197, Foto 4)

2 Schwimmendes Laichkraut, *Potamogeton natans*

60–150 cm	V–VIII	♃			T1	mh		

+ vorhandene Unterwasserblätter auf den Blattstiel reduziert, ohne Blattspreite; alle vier folgenden Laichkräuter mit Schwimmblättern haben (falls vorhanden) durchscheinende Unterwasserblätter

In stehenden und langsam fließenden Gewässern, auch im Röhricht, in Gräben und in Hochwasserrückhaltebecken. Am häufigsten in den Donausümpfen, im Wiener Becken und in den Teichen des Waldviertels (Foto 2c).

1a
1b
1d
1c
2a
2b
2c

1 Gefärbtes Laichkraut, *Potamogeton coloratus*

30–60 cm	VI–VIII	♃			T1	ss	§	

In langsam fließenden Gewässern mit sauberem, klarem Wasser. Fast nur in der Feuchten Ebene im Wiener Becken, am schönsten in Bächen in feuchten Wäldern südwestlich von Moosbrunn (den sogenannten „Everglades“ von Moosbrunn).

2 Knoten-Laichkraut, *Potamogeton nodosus*

100–200 cm	VI–VIII	♃			T1	ss	§	

+ die Internodien werden gegen den Stängelgrund hin immer kürzer, der Stängel ist daher unten knotig (nur bei dieser Art so!)

In relativ tiefen, langsam fließenden Gewässern. War in NÖ verschollen, wurde aber vor einigen Jahren im Reisenbach im Wiener Becken wiederentdeckt. Man sieht, schöne Funde sind auch jetzt noch möglich!

3 Alpen-Laichkraut, *Potamogeton alpinus*

30–70 cm	VII–VIII	♃			T1	s		

+ Pflanze meist rötlich grün

In stehenden Gewässern von der Bergstufe bis zur subalpinen Stufe (in Seen, Wiesentümpeln und Lachen).

4 Gras-Laichkraut, *Potamogeton gramineus*

30–120 cm	VI–VIII	♃			T1	ss	§	

+ flutende Stängel am Grund mit vielen kürzeren, nicht blühenden Seitenzweigen

In stehenden und langsam fließenden Gewässern. Aktuelle Fundorte: Tullner Donauauen „Gemeindeau“, nordwestliches Waldviertel in Kleinpertholz, Litschau und Gmünd (Neunteich, südöstlich von Gmünd).

☝ Das Schimmernde Laichkraut *(P. × nitens)*, Hybrid zwischen *P. gramineus × P. perfoliatus*, hat halbstängelumfassende Unterwasserblätter (Erbteil von *P. perfoliatus!*).

1

2a

in Wien.
37390
FLORA EXSICCATA AUSTRO-HUNGARICA

3

37324
A-1180 Wien
Potamogeton alpinus

4

Schlüssel D: Blätter wechselständig (Blätter **nicht** fädlich oder borstlich, Pflanze ohne Schwimmblätter), Familie: Laichkrautgewächse, Potamogetonaceae (Teil 3)

- Blätter deutlich gezähnt
  → Krauses Laichkraut, *Potamogeton crispus* (Fotos 1a, b)
- Blätter ganzrandig
  - Blätter zugespitzt oder stachelspitzig; Ährenstiel unter der Ähre meist deutlich dicker als der Stängel
    → Glänzendes Laichkraut, *Potamogeton lucens* (Fotos 2a, b)
  - Blätter stumpf; Ährenstiele nicht dicker als der Stängel
    - Blätter nicht stängelumfassend
      → Alpen-Laichkraut, *Potamogeton alpinus*
      (siehe unter Laichkräuter mit Schwimmblättern, S. 196)
    - Blätter stängelumfassend
      - Blätter rundlich bis elliptisch; in nährstoffreichen oder leicht verschmutzten Gewässern
        → Durchwachsenes Laichkraut, *Potamogeton perfoliatus* (Fotos 3a, b)
      - Blätter länglich; nur in klaren, absolut sauberen Gebirgsgewässern
        → Langblättriges Laichkraut, *Potamogeton praelongus* (S. 200)

1 Krauses Laichkraut, *Potamogeton crispus*

30–200 cm	V–VIII	♃			T1	mh		

+ Stängel vierkantig (die vier anderen Arten haben runde Stängel)
+ Blätter dunkelgrün, manchmal rotbraun
+ Blätter meist, besonders am Rand, wellig kraus

In stehenden und langsam fließenden, nährstoffreichen, oft verschmutzten Gewässern, Altwässern, Dorfteichen und Gräben. Im Wiener Becken, ferner an der March, in der Traisen, Pielach, Erlauf, Krems, im Kamp und in den Nebenbächen dieser Flüsse.

2 Glänzendes Laichkraut, *Potamogeton lucens*

60–300 cm	VI–VIII	♃			T1	mh		

+ Blätter glänzend

In mäßig nährstoffreichen, stehenden oder langsam fließenden Gewässern (nicht in verschmutzten Gewässern). Hauptsächlich im Wiener Becken und an der March, aber auch in Altwässern der Donau und im Erlaufsee.

3 Durchwachsenes Laichkraut, *Potamogeton perfoliatus*

30–100 cm	VI–VIII	♃			T1	h		

+ Blätter schmutzig grün, starr, Rand meist wellig

In stehenden und langsam fließenden, nährstoffreichen Gewässern, Seen und Gräben. Erträgt leichte Wasserverschmutzung.

1a

3a

1b

3b

2a

2b

Langblättriges Laichkraut, *Potamogeton praelongus* (ohne Abb.)

50–200 cm	VII–VIII	♃			T1	ss		

+ Blätter an der Spitze kapuzenförmig

Nur im Unteren und Oberen Lunzer See; Reinwasserzeiger.

Schlüssel E: Blätter gegenständig (Blätter nicht fädlich oder borstlich, Pflanze ohne Schwimmblätter)

- Blätter stachelig gezähnt
  - Blätter (inklusive der Zähne) 1–6 mm breit; Stängel meist bestachelt
    → Großes Nixenkraut, *Najas marina* (Fotos 1a–c)
  - Blätter nur 0,5 mm breit, winzig gezähnt; Stängel stets glatt
    → Kleines Nixenkraut, *Najas minor* (Foto 2)
- Blätter nicht stachelig gezähnt
  - Blätter halbstängelumfassend
    → Fischkraut, *Groenlandia densa* (S. 203, Fotos 1a, b)
  - Blätter kurz gestielt
    - Blüten vierzählig
      → Wasserpfeffer-Tännel, *Elatine hydropiper* (S. 202)
    - Blüten dreizählig
      - Blüten und Früchte 1–5 mm lang gestielt
        → Sechsmänniger Tännel, *Elatine hexandra* (S. 202)
      - Blüten und Früchte sitzend
        → Dreimänniger Tännel, *Elatine triandra* (S. 203, Fotos 2a, b)

Familie: Nixenkrautgewächse, Najadaceae

1 Großes Nixenkraut, *Najas marina*

5–50 cm	VI–VIII	⊙			T1	ss		

+ Blätter deutlich gezähnt

In stehenden und träg fließenden Gewässern; nur in Altwässern an March und Donau.

2 Kleines Nixenkraut, *Najas minor*

5–20 cm	VI–VIII	⊙			T1	s	§	

+ Blätter meist zurückgekrümmt, ähnlich wie oben, aber feiner, weicher, trübgrün und kalkkrustig

In stehenden und träg fließenden Gewässern; besonders in Altwässern an March und Donau.

1a

Naias marina L.
(N. maior All.)
Niederösterreich.
Alte Donau bei Wien: Kaiserwass

1b

1c

2

Familie: Laichkrautgewächse, Potamogetonaceae

1 Fischkraut, *Groenlandia densa*

10–30 cm	VI–VIII	4			T1	s		

+ Stängel auffallend dicht beblättert

In kühlen, langsam fließenden, klaren, unverschmutzten Gewässern; auch in Forellenteichen.

Familie: Tännelgewächse, Elatinaceae

Die eigentliche Wasserpflanze aus der Familie, den Quirl-Tännel *(E. alsinastrum),* finden Sie im Schlüssel B, S. 182. Die folgenden kleinen und unscheinbaren Arten sind Besiedler vorübergehend trockengefallener Sand- oder Schlammufer. Nur hier kommen sie zum Blühen und Fruchten. Steigt der Wasserspiegel, so bilden sie eigene, langgliedrige Wasserformen aus. Schwer zu unterscheiden (gute Lupe!). *„Oft wachsen zwei oder gar alle drei Arten neben- und durcheinander!“*[55]

In seichten, stehenden, nährstoffreichen Gewässern und an deren zeitweise überschwemmten Ufern. Besonders auf dem Boden abgelassener Teiche; kalkmeidend; nur im Waldviertel.

Wasserpfeffer-Tännel, *Elatine hydropiper* (ohne Abb.)

1–12 cm	VIII–X	⊙			T1, 3, 4	s		

+ mit vier Kelchblättern

Sechsmänniger Tännel, *Elatine hexandra* (ohne Abb.)

1–10 cm	VIII–X	⊙ bis ⊙			T1, 3, 4	s		

+ mit drei Kelchblättern
+ der Name hat nichts mit exzessiver Polygamie zu tun, er bezieht sich vielmehr auf die Anzahl der Staubblätter

2 Dreimänniger Tännel, *Elatine triandra*

1–8 cm	VIII–X	⊙			T1, 3, 4	s		

+ mit zwei Kelchblättern

[55] Zitiert aus FlÖ, S. 429.

1a

HERBARIUM MICHAELA MATSCHINGER
Groenlandia densa L.
Fischkraut
AUSTRIA, SALZBURG: Salzburg, Hellbrunner Allee, Hellbruner Bach, submers
"AG Makrophyten mit Prof W. Strobl"
15.10.1999

1b

2a

2b

Familie: Hahnenfußgewächse, Ranunculaceae

Gattung: Hahnenfuß *(Ranunculus* sect. *Batrachium)*

„Wasserhahnenfüße", Blüten weiß, mit gelbem Zentrum (Zum Bestimmen braucht man eine gute Lupe!)

- Pflanze mit auf der Wasseroberfläche schwimmenden Blättern, diese gelappt (zusätzlich fein zerteilte Unterwasserblätter)
  → Gewöhnlicher Wasserhahnenfuß, *Ranunculus aquatilis* (Fotos 1a, b)
- Ohne Schwimmblätter, Blätter fädlich zerteilt
  - Voll entfaltete Blüten klein (mit höchstens 1,5 cm ∅); die Blütenblätter überlappen einander nicht, die Kelchblätter sind daher von oben sichtbar
    - ◆ Früchtchen sehr klein, ca. 1 mm lang, meist mehr als 50 Früchtchen pro Blüte
      → Zarter Wasserhahnenfuß, *Ranunculus rionii* (Foto 2)
    - ◆ Früchtchen etwas größer, mehr als 1,5 mm lang, meist weniger als 35 Früchtchen pro Blüte
      → Haarblättriger Wasserhahnenfuß, *Ranunculus trichophyllus* (Foto 3)
    - ◆ siehe auch
      → Brackwasser-Wasserhahnenfuß, *Ranunculus bandotii*
  - Voll entfaltete Blüten größer (mit 2–3 cm ∅); die Blütenblätter überlappen einander meist, die Kelchblätter sind daher von oben nicht sichtbar
    - ◆ Tauchblätter im Umriss kreisrund, die Abschnitte nahezu in einer Ebene, fallen nicht zusammen, sondern bleiben auseinandergespreizt, wenn man sie aus dem Wasser nimmt
      → Spreizender Wasserhahnenfuß, *Ranunculus circinatus* (S. 206–207, Fotos 1a, b)
    - ◆ Pflanze anders
      - ▪ Tauchblätter voll entwickelter Pflanzen auffallend lang (10–30 cm lang), ihre Abschnitte parallel angeordnet
        → Flutender Wasserhahnenfuß, *Ranunculus fluitans* (S. 207, Foto 2)
      - ▪ Tauchblätter höchstens 10 cm lang, ihre Abschnitte büschelig angeordnet
        → Pinselblättriger Wasserhahnenfuß, *Ranunculus penicillatus* (S. 207, Foto 3)

1 Gewöhnlicher Wasserhahnenfuß, *Ranunculus aquatilis*

50–150 cm	V–VIII	⊙ bis ♃	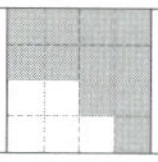		T1	s		gi!

+ Blütenstiel zur Fruchtzeit kürzer als der Stiel des gegenüberliegenden Schwimmblattes
+ Blüten groß (die voll entfalteten Blüten haben einen ∅ von 2–3 cm)

In oberflächenwarmen, stehenden und langsam fließenden Gewässern, in Gräben, Tümpeln und in Hochwasserrückhaltebecken.

☝ Der Schild-Wasserhahnenfuß *(R. peltatus)* hat ebenfalls große Blüten, bei ihm sind aber die Blütenstiele zur Fruchtzeit länger als der Stiel des gegenüberliegenden Schwimmblattes. Er kommt s in karbonatarmen Gewässern, Teichen und Weihern vor; Schwimmblätter meist vorhanden; §.

☝ Der Brackwasser-Wasserhahnenfuß *(R. baudotii)* hat kleine Blüten (die voll entfalteten Blüten haben einen ∅ von höchstens 1–1,5 cm). Schwimmblätter meist fehlend. Er kommt in Gräben, Altwässern und Weihern im Marchtal vor.

2 Zarter Wasserhahnenfuß, *Ranunculus rionii*

5–50 cm	VI–VIII	⊙			T1	ss		gi!

In warmen, stehenden Gewässern: Tümpel und Lachen; auch in sommerlich ganz oder zum Teil austrocknenden Tümpeln. Bildet häufig Landformen.

3 Haarblättriger Wasserhahnenfuß, *Ranunculus trichophyllus*

10–150 cm	V–VIII	♃			T1	h		gi!

+ Pflanze kräftig, meist in dichten Schwaden
+ meist in größerer Menge beisammen
+ überzieht oft ausgedehnte Wasserstrecken mit einem dichten weißen Blütenteppich

In stehenden und fließenden Gewässern, auch in Sümpfen. In NÖ die mit Abstand häufigste Wasserhahnenfuß-Art.

1 Spreizender Wasserhahnenfuß, *Ranunculus circinatus*

10–150 cm	V–VIII	♃			T1	s		gi!

In nährstoffreichen, stehenden oder langsam fließenden Gewässern, in Teichen und Augewässern, entlang der Donau und im Wiener Becken.

2 Flutender Wasserhahnenfuß, *Ranunculus fluitans*

100–600 cm	VI–VIII	♃			T1	s		gi!

+ Blüten-/Fruchtboden kahl (bei allen anderen Wasserhahnenfüßen ± behaart)

In ± schnell fließendem Wasser, bildet mit den zahlreichen Blättern dicke, im Wasser flutende Bündel. Nur im Kamp von Alt-Pölla bis zur Mündung.

3 Pinselblättriger Wasserhahnenfuß, *Ranunculus penicillatus*

50–300 cm	V–VII	♃			T1	s		gi!

+ sehr variabel
+ vermutlich Hybrid *R. peltatus* × *R. fluitans*

Im fließenden Wasser.

1b

2

3

Verzeichnis der deutschen und wissenschaftlichen Pflanzennamen

H

I

J

K

L

Q

R

S

T

U

V

W

Z

Wissenschaftlicher Name Autoren	Deutscher Name	Band	Seite
Gefäßsporenpflanzen			
Familie: Selaginellaceae			
Selaginella helvetica (L.) Spring	Schweizer Moosfarn	Bd. 4	137
Selaginella selaginoides (L.) PB. ex Schrank & Mart.	Alpen-Moosfarn	Bd. 4	137
Familie: Lycopodiaceae			
Huperzia selago (L.) Bernh. ex Schrank & Mart.	Teufelsklaue	Bd. 4	168
Lycopodiella inundata (L.) Holub	Moorbärlapp	Bd. 4	137
Lycopodium alpinum L.	Alpen-Bärlapp	Bd. 4	168
Lycopodium annotinum L.	Schlangen-Bärlapp	Bd. 4	168
Lycopodium clavatum L.	Keulen-Bärlapp	Bd. 4	168
Lycopodium complanatum L.	Fächer-Bärlapp	Bd. 4	168
Lycopodium issleri (Rouy) Lawalrée	Issler-Bärlapp	Bd. 4	170
Familie: Equisetaceae			
Equisetum arvense L.	Acker-Schachtelhalm	Bd. 4	160
Equisetum fluviatile L.	Teich-Schachtelhalm	Bd. 4	160
Equisetum hyemale L.	Teich-Schachtelhalm	Bd. 4	160
(Equisetum limosum L.)	Teich-Schachtelhalm	Bd. 4	160
Equisetum palustre L.	Sumpf-Schachtelhalm	Bd. 4	160
Equisetum pratense Ehrh.	Hain-Schachtelhalm	Bd. 4	160
Equisetum ramosissimum Desf.	Sand-Schachtelhalm	Bd. 4	162
Equisetum sylvaticum L.	Wald-Schachtelhalm	Bd. 4	162
Equisetum telmateia Ehrh.	Riesen-Schachtelhalm	Bd. 4	162
Equisetum variegatum Schleich. ex Web. & Mohr	Bunter Schachtelhalm	Bd. 4	160
Familie: Ophioglossaceae			
Botrychium lunaria (L.) Sw.	Mondraute	Bd. 4	140
Botrychium matricariifolium (Retz.) A. Br.	Ästige Mondraute	Bd. 4	140
Botrychium multifidum (S. G. Gmel.) Rupr.	Vielspaltige Mondraute	Bd. 4	140
Botrychium virginianum (L.) Sw.	Virginische Mondraute	Bd. 4	140
Ophioglossum vulgatum L.	Natternzunge	Bd. 4	140
Familie: Pteridaceae s. l.			
Notholaena marantae (L.) Desv.	Pelzfarn	Bd. 4	144
Familie: Dennstaedtiaceae			
Pteridium aquilinum (L.) Kuhn	Adlerfarn	Bd. 4	144
Familie: Thelypteridaceae			
(Oreopteris limbosperma (All.) Holub)	Bergfarn	Bd. 4	150
Phegopteris connectilis (Michx.) Watt.	Buchenfarn	Bd. 4	144
Thelypteris limbosperma (All.) H. P. Fuchs	Bergfarn	Bd. 4	150
Thelypteris palustris Schott	Sumpffarn	Bd. 4	150

Die Gesamt-Artenliste steht Ihnen auch in PDF zum Download zur Verfügung. Scannen Sie dafür den nebenstehenden QR-Code.

Wissenschaftlicher Name Autoren	Deutscher Name	Band	Seite
Familie: Aspleniaceae			
Asplenium adiantum-nigrum L.	Immergrüner Streifenfarn	Bd. 4	156
Asplenium adulterinum Milde	Braungrüner Streifenfarn	Bd. 4	148
Asplenium cuneifolium Viv.	Serpentin-Streifenfarn	Bd. 4	156
Asplenium fissum Kit. ex Willd.	Zerschlitzter Streifenfarn	Bd. 4	156
Asplenium lepidum K. Presl	Zierlicher Streifenfarn	Bd. 4	146
Asplenium ruta-muraria L.	Mauer-Streifenfarn	Bd. 4	146
Asplenium scolopendrium L.	Hirschzunge	Bd. 4	142
Asplenium seelosii Leyb.	Dolomit-Streifenfarn	Bd. 4	146
Asplenium septentrionale (L.) Hoffm.	Nordischer Streifenfarn	Bd. 4	146
Asplenium trichomanes agg.	Braunstiel-Streifenfarn	Bd. 4	148
Asplenium viride Huds.	Grünstiel-Streifenfarn	Bd. 4	148
(Phyllitis scolopendrium (L.) Newman*)*	Hirschzunge	Bd. 4	142
Familie: Dryopteridaceae			
Athyrium distentifolium Tausch ex Opiz	Gebirgs-Frauenfarn	Bd. 4	152
Athyrium filix-femina (L.) Roth	Frauenfarn	Bd. 4	152
Cystopteris alpina (Wulf.) Desv.	Alpen-Blasenfarn	Bd. 4	152
Cystopteris fragilis (L.) Bernh.	Zerbrechlicher Blasenfarn	Bd. 4	152
Cystopteris montana (Lam.) Desv.	Berg-Blasenfarn	Bd. 4	152
Dryopteris affinis (Lowe) Fraser-Jenk. subsp. *borreri* (Newman) Fraser-Jenk.	Dichtschuppiger Wurmfarn	Bd. 4	152
(Dryopteris assimilis S. Walker*)*	Gebirgs-Dornfarn	Bd. 4	160
Dryopteris carthusiana (Vill.) H. P. Fuchs	Kleiner Dornfarn	Bd. 4	158
Dryopteris dilatata (Hoffm.) A. Gray	Großer Dornfarn	Bd. 4	158
Dryopteris expansa (C. Presl) Fraser-Jenk. & Jermy	Gebirgs-Dornfarn	Bd. 4	160
Dryopteris filix-mas (L.) Schott	Wurmfarn (Männerfarn)	Bd. 4	152
Dryopteris villarii (Bell.) Woynar ex Schinz & Thell.	Steifer Wurmfarn	Bd. 4	158
Gymnocarpium dryopteris (L.) Newm.	Eichenfarn	Bd. 4	155
Gymnocarpium robertianum (Hoffm.) Newm.	Ruprechtsfarn	Bd. 4	156
Matteuccia struthiopteris (L.) Todaro	Straußfarn	Bd. 4	142
Polystichum aculeatum (L.) Roth	Dorniger Schildfarn	Bd. 4	152
Polystichum braunii (Spenn.) Fée	Schuppen-Schildfarn	Bd. 4	152
Polystichum lonchitis (L.) Roth	Lanzen-Schildfarn	Bd. 4	148
Woodsia alpina (Bolton) S. F. Gray	Alpen-Wimpernfarn	Bd. 4	146
Familie: Blechnaceae			
Blechnum spicant (L.) Roth	Rippenfarn	Bd. 4	141
Familie: Polypodiaceae			
Polypodium interjectum Shivas	Mittlerer Tüpfelfarn	Bd. 4	142
Polypodium vulgare L.	Engelsüß	Bd. 4	142
Nacktsamer			
Familie: Pinaceae			
Abies alba Mill.	Tanne	Bd. 4	36
Larix decidua Mill.	Lärche	Bd. 4	31
Picea abies (L.) Karsten	Fichte	Bd. 4	36

Wissenschaftlicher Name Autoren	Deutscher Name	Band	Seite
Familie: Pinaceae			
Pinus cembra L.	Zirbe	Bd. 4	34
Pinus mugo s. str. Turra	Latsche	Bd. 4	34
Pinus nigra Arnold	Schwarzföhre	Bd. 4	32
Pinus sylvestris L.	Rotföhre	Bd. 4	32
Pinus × rotundata Link	Moor-Spirke	Bd. 4	34
Pseudotsuga menziesii (Mirb.) Franco	Douglasie	Bd. 4	36
Familie: Cupressaceae			
Juniperus communis L.	Wacholder	Bd. 4	38
Juniperus communis L. subsp. *nana* Syme	Zwerg-Wacholder	Bd. 4	38
Juniperus sabina L.	Sebenstrauch	Bd. 4	38
Thuja occidentalis L.	Thuje (Lebensbaum)	Bd. 4	20
Familie: Taxaceae			
Taxus baccata L.	Eibe	Bd. 4	38
Bedecktsamer, Zweikeimblättrige			
Familie: Aristolochiaceae			
Aristolochia clematitis L.	Osterluzei	Bd. 1	54
Asarum europaeum L.	Haselwurz	Bd. 1	54
Familie: Ceratophyllaceae			
Ceratophyllum demersum L.	Raues Hornblatt	Bd. 4	186
Ceratophyllum submersum L.	Glattes Hornblatt	Bd. 4	186
Familie: Ranunculaceae			
Aconitum anthora L.	Feinblatt-Eisenhut	Bd. 1	56
Aconitum lycoctonum L.	Wolfs-Eisenhut	Bd. 1	56
Aconitum napellus L. agg.	Blauer Eisenhut	Bd. 1	54
Aconitum variegatum L.	Bunter Eisenhut	Bd. 1	56
Actaea spicata L.	Ähriges Christophskraut	Bd. 1	70
Adonis aestivalis L.	Sommer-Adonis	Bd. 1	66
Adonis flammea Jacq.	Flammen-Adonis	Bd. 1	66
Adonis vernalis L.	Frühlings-Adonis („Teufelsauge“)	Bd. 1	66
Anemone baldensis L.	Baldo-Windröschen	Bd. 3	25
Anemone narcissiflora L.	Narzissen-Windröschen (Berghähnlein)	Bd. 1	68
Anemone nemorosa L.	Busch-Windröschen	Bd. 1	66
Anemone ranunculoides L.	Gelbes Windröschen	Bd. 1	66
Anemone sylvestris L.	Steppen-Windröschen	Bd. 1	66
Anemone trifolia L.	Dreiblatt-Windröschen	Bd. 3	25
Aquilegia nigricans Baumg.	Dunkle Akelei	Bd. 1	70
Aquilegia vulgaris L.	Gewöhnliche Akelei	Bd. 1	70
Callianthemum anemonoides (Zahlbr.) Endl. ex Heynh.	Schmuckblümchen (Windröschen-S.)	Bd. 3	20
Caltha palustris L.	Sumpfdotterblume	Bd. 1	64
Ceratocephala orthoceras DC.	Hornköpfchen (Gerad-H.)	Bd. 3	20
Clematis alpina (L.) Mill.	Alpen-Waldrebe	Bd. 4	41

Wissenschaftlicher Name Autoren	Deutscher Name	Band	Seite
Familie: Ranunculaceae			
Clematis integrifolia L.	Ganzblatt-Waldrebe	Bd. 3	19
Clematis recta L.	Aufrechte Waldrebe	Bd. 3	20
Clematis vitalba L.	Waldrebe	Bd. 4	41
Consolida hispanica (Costa) Greuter & Burdet	Orientalischer Rittersporn	Bd. 1	70
Consolida orientalis (J. Gay) Schröding.	Ackerrittersporn	Bd. 1	70
Ficaria calthifolia Rchb.	Dotterblumenblättriges Scharbockskraut	Bd. 1	64
Ficaria verna Huds.	Scharbockskraut (Knöllchen-Scharbockskraut, Feigwurz)	Bd. 1	64
Helleborus niger L.	Schneerose	Bd. 1	58
Helleborus viridis L.	Grüne Nieswurz	Bd. 1	58
Hepatica nobilis Schreb.	Leberblümchen	Bd. 1	66
Isopyrum thalictroides L.	Muschelblümchen	Bd. 1	70
Myosurus minimus L.	Mäuseschwänzchen	Bd. 3	20
Nigella arvensis L.	Acker-Schwarzkümmel	Bd. 1	68
Pulsatilla alpina (L.) Delarbre	Alpen-Kuhschelle	Bd. 1	68
Pulsatilla grandis Wender.	Große Kuhschelle	Bd. 1	68
Pulsatilla pratensis (L.) Mill.	Schwarze Kuhschelle („Osterglocke“)	Bd. 1	68
Ranunculus aconitifolius L.	Eisenhut-Hahnenfuß	Bd. 1	62
Ranunculus acris L.	Scharfer Hahnenfuß	Bd. 1	58
Ranunculus alpestris L.	Alpen-Hahnenfuß	Bd. 1	64
Ranunculus aquatilis L.	Gewöhnlicher Wasserhahnenfuß	Bd. 4	204
Ranunculus arvensis L.	Acker-Hahnenfuß	Bd. 1	62
Ranunculus auricomus L. agg.	Goldschopf-Hahnenfuß	Bd. 1	60
Ranunculus baudotii Godr.	Brackwasser-Wasserhahnenfuß	Bd. 4	204
Ranunculus bulbosus L.	Knollen-Hahnenfuß	Bd. 1	58
Ranunculus circinatus Sibth.	Spreizender Wasserhahnenfuß	Bd. 4	206
(*Ranunculus ficaria* L.)	Scharbockskraut (Knöllchen-Scharbockskraut, Feigwurz)	Bd. 1	64
Ranunculus flammula L.	Brennender Hahnenfuß	Bd. 1	62
Ranunculus fluitans Lam.	Flutender Wasserhahnenfuß	Bd. 4	206
Ranunculus hybridus Biria	Kamm-Hahnenfuß	Bd. 1	62
Ranunculus illyricus L.	Illyrischer Hahnenfuß	Bd. 3	27
Ranunculus lanuginosus L.	Wolliger Hahnenfuß	Bd. 1	60
Ranunculus lingua L.	Zungen-Hahnenfuß	Bd. 3	27
Ranunculus montanus agg.	Berg-Hahnenfuß	Bd. 1	62
Ranunculus nemorosus DC.	Wald-Hahnenfuß	Bd. 1	60
Ranunculus peltatus Schrank	Schild-Wasserhahnenfuß	Bd. 4	206
Ranunculus penicillatus (Dum.) Bab.	Pinselblättriger Wasserhahnenfuß	Bd. 4	206
Ranunculus platanifolius L.	Platanen-Hahnenfuß	Bd. 1	62
Ranunculus polyanthemos agg.	Vielblütiger Hahnenfuß	Bd. 1	60
Ranunculus repens L.	Kriech-Hahnenfuß	Bd. 1	58

Wissenschaftlicher Name Autoren	Deutscher Name	Band	Seite
Familie: Ranunculaceae			
Ranunculus rionii Lagger	Zarter Wasserhahnenfuß	Bd. 4	205
Ranunculus sardous Cr.	Sardischer Hahnenfuß (Sardinien-H.)	Bd. 3	28
Ranunculus sceleratus L.	Gift-Hahnenfuß (Unheil-H.)	Bd. 3	27
Ranunculus trichophyllus Chaix	Haarblättriger Wasserhahnenfuß	Bd. 4	205
Thalictrum aquilegiifolium L.	Akeleiblättrige Wiesenraute	Bd. 3	56
Thalictrum flavum L. s. l.	Gelbe Wiesenraute	Bd. 3	22
Thalictrum lucidum L.	Glänzende Wiesenraute	Bd. 3	22
Thalictrum minus L. s. l.	Kleine Wiesenraute	Bd. 3	22
Thalictrum minus L. subsp. *majus* (Cr.) Rouy & Fouc.	Pannonische Wiesenraute	Bd. 3	22
Thalictrum minus subsp. *minus* L. s. str.	Hügel-Wiesenraute	Bd. 3	22
Thalictrum minus L. subsp. *saxatile* Gaudin	Fels-Wiesenraute	Bd. 3	22
Thalictrum simplex L. subsp. *galioides* (Nestl.) Borza	Labkraut-Wiesenraute	Bd. 3	22
Trollius europaeus L.	Trollblume	Bd. 1	64
Familie: Berberidaceae			
Berberis vulgaris L.	Berberitze (Sauerdorn)	Bd. 4	42
Familie: Papaveraceae			
Papaver alpinum subsp. *alpinum* L. s. str.	Alpenmohn	Bd. 1	72
Papaver argemone L.	Sandmohn	Bd. 1	72
Papaver dubium L. agg.	Schmalkopf-Mohn	Bd. 1	72
Papaver rhoeas L.	Klatschmohn	Bd. 1	70
Chelidonium majus L.	Schöllkraut	Bd. 1	72
Familie: Fumariaceae			
Corydalis cava (L.) Schweigg. & Koerte	Hohler Lerchensporn	Bd. 1	74
Corydalis intermedia (L.) Mérat	Hain-Lerchensporn	Bd. 1	74
(Corydalis lutea (L.) DC.*)*	Gelber Lerchensporn	Bd. 3	28
Corydalis pumila (Host) Rchb.	Zwerg-Lerchensporn	Bd. 1	76
Corydalis solida (L.) Clairv.	Finger-Lerchensporn	Bd. 1	74
Fumaria officinalis L.	Gewöhnlicher Erdrauch	Bd. 1	72
Fumaria officinalis L. subsp. *officinalis* L. s. str.	Gewöhnlicher Erdrauch	Bd. 3	28
Fumaria officinalis L. subsp. *wirtgenii* (Koch) Arc.	Wenigblütiger Erdrauch	Bd. 3	28
Fumaria rostellata Knaf	Schnabel-Erdrauch	Bd. 3	28
Fumaria schleicheri Soy.-Will.	Dunkler Erdrauch	Bd. 3	29
Fumaria vaillantii Loisel.	Blasser Erdrauch	Bd. 3	28
Pseudofumaria lutea (L.) Borkh.	Gelber Lerchensporn	Bd. 3	28
Familie: Caryophyllaceae			
Agrostemma githago L.	Kornrade	Bd. 1	78
Arenaria ciliata L.	Wimper-Sandkraut	Bd. 3	34
Arenaria grandiflora L.	Großblütiges Sandkraut	Bd. 3	34
Arenaria serpyllifolia L.	Quendel-Sandkraut	Bd. 3	48
Cerastium arvense L.	Acker-Hornkraut	Bd. 1	84
Cerastium arvense subsp. *arvense* L.	Gewöhnliches Acker-Hornkraut	Bd. 3	49

Wissenschaftlicher Name Autoren	Deutscher Name	Band	Seite
Familie: Caryophyllaceae			
Cerastium arvense L. subsp. *strictum* (L.) Gaudin	Steifes Acker-Hornkraut	Bd. 3	49
Cerastium brachypetalum Desp. ex Pers.	Bärtiges Hornkraut (Kleinblüten-H.)	Bd. 3	51
Cerastium cerastoides (L.) Britton	Dreigriffeliges Hornkraut	Bd. 3	32
Cerastium dubium (Bast.) Guépin	Abweichendes Hornkraut	Bd. 3	52
Cerastium fontanum Baumg. agg.	Gewöhnliches Hornkraut	Bd. 3	49
Cerastium fontanum Baumg. s. str.	Quell-Hornkraut	Bd. 3	33
Cerastium glomeratum Thuill.	Knäuel-Hornkraut	Bd. 3	51
Cerastium glutinosum Fries	Kleb-Hornkraut	Bd. 3	50
Cerastium holosteoides Fries em. Hyl.	Wiesen-Hornkraut (Gewöhnlich-H.)	Bd. 3	51
Cerastium lucorum Schur	Hain-Hornkraut	Bd. 3	49
Cerastium pumilum Curt.	Niedriges Hornkraut	Bd. 3	52
Cerastium semidecandrum L.	Sand-Hornkraut	Bd. 3	52
Cerastium sylvaticum W. & K.	Wald-Hornkraut	Bd. 3	49
Cerastium tomentosum L.	Filziges Hornkraut	Bd. 1	84
Cucubalus baccifer L.	Taubenkropf (Hühnerbiss)	Bd. 1	76
Dianthus alpinus L.	Alpennelke	Bd. 1	80
Dianthus armeria L.	Büschelnelke	Bd. 3	42
Dianthus carthusianorum L.	Steinnelke (Kartäusernelke)	Bd. 1	80
Dianthus collinus W. & K.	Hügelnelke	Bd. 3	36
Dianthus deltoides L.	Heidenelke	Bd. 1	80
Dianthus lumnitzeri Wiesb.	Hainburger Federnelke	Bd. 3	38
Dianthus plumarius L. subsp. *neilreichii* (Hayek) Hegi	Mödlinger Federnelke	Bd. 3	38
Dianthus pontederae Kern.	Pannonische Steinnelke	Bd. 1	80
Dianthus serotinus W. & K.	Sandnelke	Bd. 3	38
Dianthus superbus L.	Prachtnelke	Bd. 1	80
Gypsophila fastigiata L.	Sand-Gipskraut	Bd. 3	38
Gypsophila muralis L.	Acker-Gipskraut (Mauer-G.)	Bd. 3	42
Gypsophila paniculata L.	Schleierkraut (Rispen-Gipskraut)	Bd. 1	76
Gypsophila repens L.	Kriechendes Gipskraut	Bd. 3	33
Heliosperma alpestre (Jacq.) Rchb.	Großer Strahlensame	Bd. 1	76
Heliosperma pusillum (Waldst. & Kit.) Rchb.	Kleiner Strahlensame	Bd. 1	76
Herniaria glabra L.	Kahles Bruchkraut	Bd. 3	56
Herniaria hirsuta L.	Behaartes Bruchkraut	Bd. 3	56
Holosteum umbellatum L.	Dolden-Spurre	Bd. 1	82
Illecebrum verticillatum L.	Knorpelblume	Bd. 3	44
Lychnis flos-cuculi L.	Kuckucks-Lichtnelke	Bd. 1	80
(Lychnis viscaria L.*)*	Pechnelke	Bd. 1	82
Minuartia austriaca (Jacq.) Hayek	Österreichische Miere	Bd. 3	34
Minuartia gerardii (Willd.) Hayek	Alpenmiere (Alpen-Frühlingsmiere)	Bd. 3	34
Minuartia glaucina Dvoráková	Hügel-Frühlingsmiere	Bd. 3	46
Minuartia langii (Reuss) Holub	Karpaten-Miere	Bd. 3	34

Wissenschaftlicher Name Autoren	Deutscher Name	Band	Seite
Familie: Caryophyllaceae			
Minuartia rubra (Scop.) McNeill	Büschelmiere	Bd. 3	46
Minuartia sedoides (L.) Hiern	Polstermiere	Bd. 1	82
Minuartia setacea (Thuill.) Hayek	Borstenmiere	Bd. 3	46
Minuartia viscosa (Schreb.) Schinz & Thell.	Klebmiere	Bd. 3	46
Moehringia ciliata (Scop.) DT.	Wimper-Nabelmiere	Bd. 3	34
Moehringia muscosa L.	Moosmiere (Moos-Nabelmiere)	Bd. 1	78
Moehringia trinervia (L.) Clairv.	Dreinervige Nabelmiere	Bd. 3	47
Petrorhagia prolifera (L.) Ball & Heyw.	Kopfnelke	Bd. 3	38
Petrorhagia saxifraga (L.) Lk.	Felsennelke	Bd. 1	78
Sagina procumbens L.	Niederliegendes Mastkraut	Bd. 1	78
Sagina saginoides (L.) Karsten	Alpen-Mastkraut (Alpen-Sternmoos)	Bd. 3	33
Saponaria officinalis L.	Gemeines Seifenkraut	Bd. 1	86
Scleranthus annuus L.	Einjähriger Knäuel	Bd. 3	55
Scleranthus perennis L.	Ausdauernder Knäuel	Bd. 3	56
Scleranthus polycarpos L.	Triften-Knäuel	Bd. 3	55
Scleranthus verticillatus Tausch	Hügel-Knäuel	Bd. 3	55
Silene acaulis (L.) Jacq.	Polsternelke (Stängelloses Leimkraut)	Bd. 1	86
Silene conica L.	Kegel-Leimkraut	Bd. 3	36
Silene dioica (L.) Clairv.	Rote Lichtnelke (Marienröschen)	Bd. 1	86
Silene latifolia Poir.	Weiße Lichtnelke	Bd. 1	86
Silene multiflora (W. & K.) Pers.	Vielblütiges Leimkraut	Bd. 3	42
Silene nemoralis W. & K.	Hain-Leimkraut	Bd. 3	42
Silene noctiflora L.	Acker-Nachtnelke	Bd. 3	42
Silene nutans L.	Nickendes Leimkraut	Bd. 1	86
Silene otites (L.) Wibel	Ohrlöffel-Leimkraut	Bd. 3	42
Silene viscosa (L.) Pers.	Kleb-Leimkraut	Bd. 3	40
Silene vulgaris (Moench) Garcke	Klatschnelke	Bd. 1	86
Silene vulgaris (Moench) Garcke subsp. *glareosa* (Jord.) Marsden-Jones & Turrill	Alpen-Leimkraut	Bd. 1	86
Spergula arvensis L.	Ackerspörgel	Bd. 3	46
Spergula morisonii Boreau	Frühlings-Spörgel	Bd. 3	46
Spergula pentandra L.	Fünfmänniger Spörgel	Bd. 3	46
Spergularia echinosperma Čêlak.	Igelsamen-Schuppenmiere	Bd. 3	45
Spergularia maritima (All.) Chiov.	Flügel-Schuppenmiere	Bd. 3	45
Spergularia rubra (L.) J. & K. Presl	Acker-Schuppenmiere	Bd. 1	84
Stellaria alsine Grimm	Bach-Sternmiere	Bd. 3	53
Stellaria aquatica (L.) Scop.	Wassermiere	Bd. 1	84
Stellaria graminea L.	Gras-Sternmiere	Bd. 3	54
Stellaria holostea L.	Große Sternmiere	Bd. 1	84
Stellaria media (L.) Vill.	Vogelmiere (Hühnerdarm, Gewöhnliche Vogel-Sternmiere)	Bd. 1	82
Stellaria neglecta Weihe	Großblütige Vogelmiere	Bd. 1	83

Wissenschaftlicher Name Autoren	Deutscher Name	Band	Seite
Familie: Caryophyllaceae			
Stellaria nemorum L. s. str.	Wald-Sternmiere	Bd. 3	54
Stellaria pallida (Dum.) Piré	Bleiche Vogelmiere	Bd. 1	83
Stellaria palustris (Roth.) Hoffm.	Sumpf-Sternmiere	Bd. 3	54
Viscaria vulgaris Bernh.	Pechnelke	Bd. 1	82
Familie: Chenopodiaceae			
Atriplex hortensis L.	Gartenmelde	Bd. 3	70
Atriplex micrantha Ledeb.	Verschiedensamige Melde	Bd. 3	70
Atriplex oblongifolia W. & K.	Langblattmelde	Bd. 3	70
Atriplex patula L.	Spreizmelde	Bd. 3	69
Atriplex prostrata Bouch.	Spießblättrige Melde	Bd. 3	70
Atriplex rosea L.	Rosenmelde	Bd. 3	69
Atriplex sagittata Borkh.	Glanzmelde	Bd. 3	70
Atriplex tatarica L.	Tatarenmelde	Bd. 3	69
Bassia laniflora (S. G. Gmel.) A. J. Scott	Sand-Radmelde	Bd. 3	72
Bassia prostrata (L.) Beck	Halbstrauch-Radmelde	Bd. 3	72
Bassia scoparia (L.) Voss	Besenmelde (Besen-Radmelde)	Bd. 3	72
Chenopodium album L. agg.	Weißer Gänsefuß	Bd. 3	66
(Chenopodium album L. var. *microphyllum* Boenn.*)*	Kleinblättriger Gänsefuß	Bd. 3	64
Chenopodium bonus-henricus L.	Guter Heinrich	Bd. 3, Bd. 1	60, 88
(Chenopodium botrys L.*)*	Drüsiger Gänsefuß (Kleb-Drüsengänsefuß)	Bd. 3	68
Chenopodium chenopodioides (L.) Aell.	Dickblatt-Gänsefuß	Bd. 3	62
Chenopodium ficifolium Sm.	Feigenblättriger Gänsefuß	Bd. 3	62
Chenopodium glaucum L.	Graugrüner Gänsefuß	Bd. 3	66
Chenopodium hybridum L.	Bastard-Gänsefuß (Sautod-G., Stechapfelblättriger G.)	Bd. 3	60
Chenopodium murale L.	Mauer-Gänsefuß	Bd. 3	62
Chenopodium opulifolium Schrad. ex Koch & Ziz	Schneeballblättriger Gänsefuß	Bd. 3	64
Chenopodium polyspermum L.	Vielsamiger Gänsefuß	Bd. 3	60
Chenopodium probstii Aell.	Probst-Gänsefuß	Bd. 3	66
Chenopodium rubrum L.	Roter Gänsefuß	Bd. 3	62
Chenopodium striatiforme J. Murr	Kleinblättriger Gänsefuß	Bd. 3	64
Chenopodium strictum Roth	Gestreifter Gänsefuß	Bd. 3	64
Chenopodium suecicum J. Murr	Schwedischer Gänsefuß (Grüner G.)	Bd. 3	64
Chenopodium urbicum L.	Dorf-Gänsefuß	Bd. 3	62
Chenopodium vulvaria L.	Stinkender Gänsefuß	Bd. 3	66
Corispermum nitidum Kit. ex Schult.	Glanz-Wanzensame	Bd. 3	72
Corispermum pallasii Steven	Schmalflügeliger Wanzensame	Bd. 3	72
Dysphania botrys (L.) Mosyakin & Clemants	Drüsiger Gänsefuß (Kleb-Drüsengänsefuß)	Bd. 3	68
Dysphania pumilio (R. Br.) Mosyakin & Clemants	Australischer Gänsefuß	Bd. 3	68
Krascheninnikovia ceratoides (L.) Gueldenst.	Hornmelde	Bd. 1	88

Wissenschaftlicher Name Autoren	Deutscher Name	Band	Seite
Familie: Chenopodiaceae			
Salsola tragus L.	Kali-Salzkraut	Bd. 3	72
Familie: Amaranthaceae			
Amaranthus albus L.	Weißer Amarant	Bd. 3	76
Amaranthus blitoides S. Watson	Westamerikanischer Amarant	Bd. 3	76
Amaranthus blitum L.	Stutzblatt-Amarant	Bd. 3	75
Amaranthus blitum L. subsp. *emarginatus* Uline & W. L. Bray	Ausgerandeter Amarant	Bd. 3	75
(*Amaranthus emarginatus* Uline & W. L. Bray)	Ausgerandeter Amarant	Bd. 3	75
Amaranthus graecizans L.	Griechischer Amarant	Bd. 3	76
Amaranthus powellii S. Watson	Schlanker Amarant (Grünähriger A.)	Bd. 3	75
Amaranthus retroflexus L.	Rauer Amarant	Bd. 1	88
Polycnemum ssp.	Knorpelkraut	Bd. 3	77
Familie: Phytolaccaceae			
Phytolacca acinosa Roxb.	Asiatische Kermesbeere	Bd. 1	89
Familie: Portulacaceae			
Montia fontana L.	Quellkraut	Bd. 1	90
Portulaca oleracea L.	Gemüse-Portulak	Bd. 1	90
Familie: Polygonaceae			
Fallopia baldschuanica (Regel) Holub	Silberregen	Bd. 4	27
Fallopia convolvulus (L.) Å. Löve	Acker-Windenknöterich	Bd. 1	93
Fallopia dumetorum (L.) Holub	Hecken-Windenknöterich	Bd. 1	92
Fallopia japonica (Houtt.) Ronse Decr.	Japanischer Knöterich (Japan-Flügelknöterich)	Bd. 1	94
Fallopia sachalinensis (Schmidt petr. ex Maxim.) Ronse	Sachalin-Knöterich	Bd. 1	94
(*Persicaria amphibia* (L.) S. F. Gray)	Wasserknöterich	Bd. 3	84
(*Persicaria bistorta* (L.) Samp.)	Schlangenknöterich (Wiesen-Kn.)	Bd. 1	92
(*Persicaria hydropiper* (L.) Spach)	Wasserpfeffer	Bd. 3	86
(*Persicaria lapathifolia* (L.) Delarbre)	Ampferknöterich	Bd. 1, Bd. 3	92, 84
(*Persicaria lapathifolia* (L.) S. F. Gray subsp. *brittingeri* (Opiz) Soják)	Flussknöterich	Bd. 3	84
(Syn. *Persicaria maculosa* S. F. Gray)	Flohknöterich	Bd. 3	84
(*Persicaria minor* (Huds.) Opiz)	Kleiner Knöterich	Bd. 3	86
(*Persicaria mitis* (Schrank) Assenov)	Milder Knöterich	Bd. 3	86
(*Persicaria vivipara* (L.) Ronse Decr.)	Knöllchenknöterich (Lebendgebärender K.)	Bd. 3	84
Polygonum amphibium	Wasserknöterich	Bd. 3	84
Polygonum aviculare L. agg.	Vogelknöterich	Bd. 1	92
(*Polygonum baldschuanicum* Regel)	Silberregen	Bd. 4	27
Polygonum bellardii All.	Ungarischer Vogelknöterich	Bd. 3	83
Polygonum bistorta L.	Schlangenknöterich (Wiesen-Kn.)	Bd. 1	92
Polygonum hydropiper L.	Wasserpfeffer	Bd. 3	86
Polygonum lapathifolium L.	Ampferknöterich	Bd. 1, Bd. 3	92, 84
Polygonum lapathifolium L. subsp. *brittingeri* (Opiz) Soó	Flussknöterich	Bd. 3	84

Wissenschaftlicher Name Autoren	Deutscher Name	Band	Seite
Familie: Polygonaceae			
Polygonum minus Huds.	Kleiner Knöterich	Bd. 3	86
Polygonum mite Schrank	Milder Knöterich	Bd. 3	86
Polygonum persicaria L.	Flohknöterich	Bd. 3	84
Polygonum viviparum L.	Knöllchenknöterich (Lebendgebärender K.)	Bd. 3	84
Rumex acetosa L.	Wiesen-Sauerampfer	Bd. 1	90
Rumex acetosella L.	Zwerg-Sauerampfer	Bd. 3	87
Rumex alpestris Jacq.	Berg-Sauerampfer	Bd. 3	91
Rumex alpinus L.	Alpenampfer	Bd. 1	90
Rumex aquaticus L.	Wasser-Ampfer	Bd. 3	82
Rumex conglomeratus Murray	Knäuel-Ampfer	Bd. 3	88
Rumex crispus L.	Krauser Ampfer	Bd. 3	90
Rumex hydrolapathum Huds.	Teich-Ampfer (Hoher A.)	Bd. 3	88
Rumex maritimus L.	Goldampfer (Strand-Ampfer)	Bd. 1	92
Rumex obtusifolius L.	Stumpfblatt-Ampfer	Bd. 3	90
Rumex obtusifolius subsp. *obtusifolius* L. s. str.	Westlicher Stumpfblatt-Ampfer	Bd. 3	91
Rumex obtusifolius L. subsp. *sylvestris* (Wallr.) Cêlak.	Östlicher Stumpfblatt-Ampfer	Bd. 3	91
Rumex obtusifolius L. subsp. *transiens* (Simk.) Rech.f.	Mittlerer Stumpfblatt-Ampfer	Bd. 3	91
Rumex palustris Sm.	Sumpfampfer	Bd. 1	92
Rumex patientia L.	Garten-Ampfer (Gemüse-A.)	Bd. 3	88
Rumex pseudonatronatus Borb.	Finnland-Ampfer	Bd. 3	88
Rumex sanguineus L.	Blut-Ampfer (Hain-Ampfer)	Bd. 3	88
Rumex scutatus L.	Schild-Sauerampfer (Schildblatt-A.)	Bd. 3	88
Rumex stenophyllus Ledeb.	Schmalblatt-Ampfer	Bd. 3	90
Rumex thyrsiflorus Fingerh.	Rispen-Sauerampfer	Bd. 3	91
Familie: Plumbaginaceae			
Armeria alpina Willd.	Alpen-Grasnelke	Bd. 1	94
Armeria elongata (Hoffm.) Koch	Sand-Grasnelke	Bd. 1	94
Familie: Fagaceae			
Castanea sativa Mill.	Edelkastanie	Bd. 4	64
Fagus sylvatica L.	Rotbuche	Bd. 4	64
Quercus cerris L.	Zerr-Eiche	Bd. 4	66
Quercus petraea (Matt.) Liebl.	Trauben-Eiche	Bd. 4	66
Quercus pubescens Willd.	Flaum-Eiche	Bd. 4	66
Quercus robur L.	Stiel-Eiche	Bd. 4	66
Familie: Betulaceae			
Alnus alnobetula (Ehrh.) K. Koch	Grün-Erle	Bd. 4	70
Alnus glutinosa (L.) Gaertn.	Schwarz-Erle	Bd. 4	70
Alnus incana (L.) Moench	Grau-Erle	Bd. 4	70
Betula nana L.	Zwergbirke (Polarbirke)	Bd. 4	70
Betula pendula Roth	Hängebirke (Gewöhnliche Birke)	Bd. 4	68
Betula pubescens Ehrh.	Moorbirke	Bd. 4	68

Wissenschaftlicher Name Autoren	Deutscher Name	Band	Seite
Familie: Betulaceae			
Carpinus betulus L.	Hainbuche	Bd. 4	68
Corylus avellana L.	Haselnuß	Bd. 4	72
Familie: Salicaceae			
Populus alba L.	Silber-Pappel	Bd. 4	50
Populus nigra L.	Schwarzpappel	Bd. 4	50
Populus tremula L.	Zitterpappel (Aspe, Espe)	Bd. 4	50
Populus × canadensis Moench	„Hybridpappel", Kanadapappel	Bd. 4	50
Populus × canescens (Ait.) Sm.	Graupappel	Bd. 4	50
Salix alba L.	Silberweide	Bd. 4	58
Salix alpina Scop.	Alpenweide (Ostalpen-W.)	Bd. 4	54
Salix appendiculata Vill.	Großblattweide	Bd. 4	62
Salix aurita L.	Ohrweide	Bd. 4	62
Salix caprea L.	Salweide	Bd. 4	61
Salix cinerea L.	Aschweide	Bd. 4	62
Salix daphnoides Vill.	Reifweide	Bd. 4	56
Salix eleagnos Scop.	Lavendelweide (Filzweide)	Bd. 4	56
Salix fragilis L.	Bruchweide	Bd. 4	58
Salix glabra Scop.	Glanzweide	Bd. 4	58
Salix herbacea L.	Krautweide	Bd. 4	54
Salix myrsinifolia Salisb.	Schwarz-Weide	Bd. 4	58
(Salix nigricans Sm.*)*	Schwarz-Weide	Bd. 4	58
Salix pentandra L.	Lorbeerweide	Bd. 4	60
Salix purpurea L.	Purpurweide	Bd. 4	56
Salix repens L. subsp. *rosmarinifolia* (L.) Hartman f.	Rosmarin-Kriechweide	Bd. 4	54
Salix reticulata L.	Netzweide	Bd. 4	54
Salix retusa L.	Teppichweide (Stumpfblatt-Weide)	Bd. 4	54
Salix triandra L.	Mandelweide	Bd. 4	61
Salix viminalis L.	Korbweide	Bd. 4	56
Salix waldsteiniana Willd.	Bäumchenweide (Braun-W., Ost-Bäumchen-W.)	Bd. 4	62
Familie: Tamaricaceae			
Myricaria germanica (L.) Desv.	Deutsche Tamariske	Bd. 4	22
Familie: Droseraceae			
Drosera anglica Huds.	Langblatt-Sonnentau	Bd. 1	94
Drosera rotundifolia L.	Rundblatt-Sonnentau	Bd. 1	94
Familie: Santalaceae			
Thesium alpinum L.	Alpen-Bergflachs (Alpen-Leinblatt)	Bd. 3	93
Thesium bavarum Schrank	Großer Bergflachs (Groß-Leinblatt, Bayerischer B.)	Bd. 3	94
Thesium dollineri Murb.	Niedriger Bergflachs	Bd. 3	94
Thesium ebracteatum Hayne	Vorblattloser Bergflachs	Bd. 3	94
Thesium linophyllon L.	Mittlerer Bergflachs (Mittel-Leinblatt)	Bd. 3	94

Wissenschaftlicher Name Autoren	Deutscher Name	Band	Seite
Familie: Santalaceae			
Thesium pyrenaicum Pourr.	Wiesen-Bergflachs (Wiesen-Leinblatt)	Bd. 3	93
Thesium ramosum Hayne	Ästiger Bergflachs	Bd. 3	94
Familie: Loranthaceae			
Loranthus europaeus Jacq.	Eichenmistel	Bd. 4	44
Viscum album L. agg.	Laubholz-Mistel	Bd. 4	44
(Viscum album L. subsp. *laxum* (Boiss. & Reut.) Gremli*)*	Nadelholz-Mistel	Bd. 4	42
Viscum laxum Boiss. & Reut.	Nadelholz-Mistel	Bd. 4	42
Familie: Grossulariceae			
Ribes alpinum L.	Alpen-Johannisbeere (Alpen-Ribisel)	Bd. 4	46
Ribes petraeum Wulf.	Felsen-Johannisbeere (Felsen-Ribisel)	Bd. 4	46
Ribes rubrum L.	Rote Johannisbeere	Bd. 4	46
Ribes uva-crispa L.	Stachelbeere	Bd. 4	45
Familie: Saxifragaceae			
Chrysosplenium alternifolium L.	Milzkraut	Bd. 1	96
Saxifraga adscendens L.	Aufsteigender Steinbrech	Bd. 3	96
Saxifraga aizoides L.	Bach-Steinbrech	Bd. 3	98
Saxifraga androsacea L.	Mannsschild-Steinbrech	Bd. 3	98
Saxifraga aphylla Sternb.	Blattloser Steinbrech	Bd. 3	98
Saxifraga bulbifera L.	Zwiebeltragender Steinbrech	Bd. 1	96
Saxifraga burseriana L.	Bursers Steinbrech (Stachelblatt-S.)	Bd. 3	99
Saxifraga caesia L.	Blaugrüner Steinbrech	Bd. 1	96
Saxifraga granulata L.	Knöllchen-Steinbrech	Bd. 3	97
Saxifraga moschata Wulf.	Moschus-Steinbrech	Bd. 3	98
Saxifraga mutata L.	Kies-Steinbrech	Bd. 3	98
Saxifraga paniculata Mill.	Rispen-Steinbrech	Bd. 1	96
Saxifraga rotundifolia	Rundblatt-Steinbrech	Bd. 1	96
Saxifraga sedoides L.	Fettkraut-Steinbrech (Mauerpfeffer-S.)	Bd. 3	98
Saxifraga stellaris L.	Stern-Steinbrech	Bd. 1	98
Saxifraga tridactylites L.	Dreifinger-Steinbrech	Bd. 1	98
Familie: Crassulaceae			
Crassula aquatica (L.) Schönl.	Teichkraut	Bd. 1	98
(Hylotelephium maximum (L.) Holub*)*	Große Fetthenne (Waldfetthenne)	Bd. 1	100
(Hylotelephium telephium (L.) Holub*)*	Große Fetthenne (Waldfetthenne)	Bd. 1	100
Jovibarba hirta (L.) Opiz agg.	Kugel-Hauswurz	Bd. 1	100
Rhodiola rosea L.	Rosenwurz	Bd. 3	101
Sedum acre L.	Scharfer Mauerpfeffer	Bd. 1	98
Sedum album L.	Weiße Fetthenne	Bd. 1	98
Sedum atratum L.	Dunkle Fetthenne (Dunkler Mauerpfeffer)	Bd. 3	101
Sedum hispanicum L.	Spanischer Mauerpfeffer	Bd. 3	102

Wissenschaftlicher Name Autoren	Deutscher Name	Band	Seite
Familie: Crassulaceae			
Sedum rupestre L. agg.	Felsen-Fetthenne (Felsen-Mauerpfeffer, Tripmadam)	Bd. 3	102
Sedum sexangulare L.	Milder Mauerpfeffer	Bd. 1	100
Sedum spurium MB.	Kaukasus-Fetthenne	Bd. 1	100
Sedum telephium L. agg.	Große Fetthenne (Waldfetthenne)	Bd. 1	100
Sedum villosum L.	Moor-Fetthenne (Quellen-F.)	Bd. 1	100
Sempervivum stiriacum Wettst. ex Hayek	Steirische Hauswurz (Steirische Berg-H.)	Bd. 3	102
Familie: Haloragaceae			
Myriophyllum spicatum L.	Ähren-Tausendblatt	Bd. 4	184
Myriophyllum verticillatum L.	Quirl-Tausendblatt	Bd. 4	184
Familie: Vitaceae			
Vitis vinifera L. subsp. *sylvestris* (C. C. Gmel.) Hegi	Wilde Weinrebe	Bd. 4	46
Parthenocissus inserta (Kern.) Fritsch	Jungfernrebe	Bd. 4	46
Familie: Simaroubaceae			
Ailanthus altissima (Mill.) Swingle	Götterbaum (Hoch-G.)	Bd. 4	118
Familie: Anacardiaceae			
Cotinus coggygria Scop.	Perückenstrauch (Europa-P.)	Bd. 4	118
Familie: Aceraceae			
Acer campestre L.	Feld-Ahorn	Bd. 4	121
Acer negundo L.	Eschen-Ahorn	Bd. 4	120
Acer platanoides L.	Spitz-Ahorn	Bd. 4	120
Acer pseudoplatanus L.	Berg-Ahorn	Bd. 4	120
Acer tataricum L.	Tataren-Ahorn	Bd. 4	119
Familie: Staphyleaceae			
Staphylea pinnata L.	Pimpernuss	Bd. 4	46
Familie: Hippocastanaceae			
Aesculus hippocastanum L.	Rosskastanie	Bd. 4	23
Familie: Geraniaceae			
Erodium cicutarium (L.) L'Hér.	Reiherschnabel	Bd. 1	102
Geranium columbinum L.	Tauben-Storchschnabel	Bd. 3	106
Geranium dissectum L.	Schlitzblatt-Storchschnabel	Bd. 3	106
Geranium divaricatum Ehrh.	Spreizender Storchschnabel	Bd. 3	105
Geranium lucidum L.	Glänzender Storchschnabel	Bd. 3	106
Geranium molle L.	Weicher Storchschnabel	Bd. 3	106
Geranium palustre L.	Sumpf-Storchschnabel	Bd. 1	104
Geranium phaeum L.	Brauner Storchschnabel	Bd. 1	104
Geranium pratense L.	Wiesen-Storchschnabel	Bd. 1	104
Geranium purpureum Vill.	Purpur-Storchschnabel	Bd. 1, Bd. 3	102, 103
Geranium pusillum Burm. f.	Zwerg-Storchschnabel (Kleiner S.)	Bd. 1	102
Geranium pyrenaicum Burm. f.	Pyrenäen-Storchschnabel	Bd. 1	102
Geranium robertianum L.	Ruprechtskraut	Bd. 1	102

Wissenschaftlicher Name Autoren	Deutscher Name	Band	Seite
Familie: Geraniaceae			
Geranium rotundifolium L.	Rundblatt-Storchschnabel	Bd. 3	106
Geranium sanguineum L.	Blutroter Storchschnabel (Blut-S.)	Bd. 1	106
Geranium sibiricum L.	Sibirischer Storchschnabel	Bd. 3	105
Geranium sylvaticum L.	Wald-Storchschnabel	Bd. 1	104
Familie: Onagraceae			
Circaea alpina L.	Gebirgs-Hexenkraut	Bd. 3	108
Circaea lutetiana L.	Großes Hexenkraut (Wald-H.)	Bd. 1	106
Circaea × intermedia Ehrh.	Mittleres Hexenkraut	Bd. 3	108
(Chamaenerion angustifolium (L.) Scop.*)*	Schmalblatt-Weidenröschen (Waldschlag-W.)	Bd. 1, Bd. 3	106, 118
(Chamerion angustifolium (L.) Holub*)*	Schmalblatt-Weidenröschen (Waldschlag-W.)	Bd. 1, Bd. 3	106, 118
Epilobium alpestre (Jacq.) Krock.	Quirl-Weidenröschen (Voralpen-W.)	Bd.1	108
Epilobium alsinifolium Vill.	Mieren-Weidenröschen	Bd. 3	114
Epilobium anagallidifolium Lam.	Alpen-Weidenröschen	Bd. 3	114
Epilobium angustifolium L.	Schmalblatt-Weidenröschen (Waldschlag-W.)	Bd. 1, Bd. 3	106; 118
Epilobium ciliatum Rafin.	Amerikanisches Weidenröschen (Drüsiges W.)	Bd. 3	116
Epilobium collinum C. G. Gmel.	Hügel-Weidenröschen	Bd. 3	114
Epilobium dodonaei Vill.	Rosmarin-Weidenröschen	Bd. 1	106
Epilobium hirsutum L.	Zottiges Weidenröschen	Bd. 1	106
Epilobium lamyi F. W. Schultz	Graugrünes Weidenröschen	Bd. 3	116
Epilobium lanceolatum Seb. & Mauri	Lanzett-Weidenröschen	Bd. 3	114
Epilobium montanum L.	Wald-Weidenröschen (Berg-W.)	Bd. 1	108
Epilobium nutans F. W. Schmidt	Nickendes Weidenröschen	Bd. 3	114
Epilobium obscurum Schreb.	Dunkelgrünes Weidenröschen	Bd. 3	116
Epilobium palustre L.	Sumpf-Weidenröschen	Bd. 3	114
Epilobium parviflorum Schreb.	Kleinblütiges Weidenröschen	Bd. 3	113
Epilobium roseum Schreb.	Rosenrotes Weidenröschen (Blasses W.)	Bd. 3	116
Epilobium tetragonum L.	Vierkantiges Weidenröschen	Bd. 3	116
(Epilobium tetragonum L. subsp. *lamyi* (F. W. Schultz) Nyman*)*	Graugrünes Weidenröschen	Bd. 3	116
Oenothera biennis L.	Gewöhnliche Nachtkerze (Zweijährige N.)	Bd. 3	110
Oenothera glazioviana Micheli	Rotkelch-Nachtkerze	Bd. 3	110
Oenothera parviflora L.	Kleinblütige Nachtkerze	Bd. 3	109
Familie: Lythraceae			
Lythrum hyssopifolia L.	Ysop-Blutweiderich	Bd. 1	108
Lythrum salicaria L.	Blutweiderich	Bd. 1	108
Lythrum virgatum L.	Ruten-Blutweiderich	Bd. 1	108
Peplis portula L.	Sumpfquendel	Bd. 1	108
Familie: Trapaceae			
Trapa natans L.	Wassernuss	Bd. 4	192

Wissenschaftlicher Name Autoren	Deutscher Name	Band	Seite
Familie: Callitrichaceae			
Callitriche palustris L. agg.	Sumpf-Wasserstern	Bd. 4	194
Familie: Oxalidaceae			
Oxalis acetosella L.	Wald-Sauerklee	Bd. 1	110
Oxalis corniculata L.	Gehörnter Sauerklee	Bd. 1	110
Oxalis dillenii Jacq.	Dillenius' Sauerklee	Bd. 1	110
Oxalis stricta L.	Steifer Sauerklee	Bd. 1	110
Familie: Celastraceae			
Euonymus europaeus L.	Pfaffenhütchen (Gewöhnlich-Spindelstrauch, Europäischer S., „Pfarrerkapperl")	Bd. 4	48
Euonymus latifolius (L.) Mill.	Breitblättriger Spindelstrauch (Voralpen-Sp.)	Bd. 4	48
Euonymus verrucosus Scop.	Warziger Spindelstrauch	Bd. 4	48
Familie: Rhamnaceae			
Frangula alnus Mill.	Faulbaum	Bd. 4	113
Rhamnus cathartica L.	Kreuzdorn (Purgier-K., Gewöhnlich-K.)	Bd. 4	114
(*Rhamnus frangula* L.)	Faulbaum	Bd. 4	113
Rhamnus saxatilis Jacq.	Felsen-Kreuzdorn	Bd. 4	114
Familie: Parnassiaceae			
Parnassia palustris L.	Herzblatt	Bd. 1	110
Familie: Hypericaceae			
Hypericum dubium Leers	Steirisches Johanniskraut (Stumpf-J.)	Bd. 3	120
Hypericum elegans Steph. ex Willd.	Zierliches Johanniskraut (Schmuck-J.)	Bd. 3	120
Hypericum hirsutum L.	Flaumiges Johanniskraut	Bd. 1	112
Hypericum humifusum L.	Liegendes Johanniskraut	Bd. 3	120
Hypericum maculatum Cr.	Geflecktes Johanniskraut	Bd. 1	112
Hypericum montanum L.	Berg-Johanniskraut	Bd. 3	120
Hypericum perforatum L.	Tüpfel-Johanniskraut (Echtes J.)	Bd. 1, Bd. 3	110, 122
Hypericum tetrapterum Fries	Flügel-Johanniskraut	Bd. 3	120
Familie: Elatinaceae			
Elatine spp.	Tännel	Bd. 1	112
Elatine alsinastrum L.	Quirl-Tännel	Bd. 4	182
Elatine hexandra (Lapierre) DC.	Sechsmänniger Tännel	Bd. 4	202
Elatine hydropiper L.	Wasserpfeffer-Tännel	Bd. 4	202
Elatine triandra Schkuhr	Dreimänniger Tännel	Bd. 4	202
Familie: Hippuridace			
Hippuris vulgaris L.	Tannenwedel	Bd. 4	182
Familie: Violaceae			
Viola alba Bess.	Weißes Veilchen	Bd. 1	116
Viola alba subsp. *alba* Bess.	Weißsporn-Weißveilchen	Bd. 3	124
Viola alba Bess. subsp. *scotophylla* (Jord.) Gremli	Lilasporn-Weißveilchen	Bd. 1, Bd. 3	117, 124

Wissenschaftlicher Name Autoren	Deutscher Name	Band	Seite
Familie: Violaceae			
Viola alpina Jacq.	Alpenveilchen	Bd. 1	114
Viola ambigua W. & K.	Steppenveilchen	Bd. 1	120
Viola arvensis Murray	Acker-Stiefmütterchen	Bd. 1, Bd. 3	112, 126
Viola arvensis Murray subsp. *megalantha* Nanenb.	Großblütiges Acker-Stiefmütterchen	Bd. 3	126
Viola biflora L.	Zweiblütiges Veilchen	Bd. 1	114
Viola canina L.	Hundsveilchen	Bd. 1	118
Viola collina Bess.	Hügelveilchen	Bd. 3	126
Viola elatior Fries	Hohes Veilchen	Bd. 1	118
Viola hirta L.	Wiesenveilchen (Behaartes V.)	Bd. 1	114
Viola kitaibeliana Schult.	Steppen-Stiefmütterchen	Bd. 3	126
Viola mirabilis L.	Wunderveilchen	Bd. 1	118
Viola odorata L.	Märzveilchen (Duftendes V.)	Bd. 1	116
Viola palustris L.	Sumpfveilchen	Bd. 1	120
Viola pumila Chaix	Niedriges Veilchen	Bd. 3	123
Viola reichenbachiana Jord. ex Boreau	Waldveilchen	Bd. 1	116
Viola riviniana Rchb.	Hainveilchen	Bd. 1	117
Viola rupestris F. W. Schmidt	Sandveilchen	Bd. 1	118
Viola stagnina Kit. ex Schult.	Grabenveilchen	Bd. 3	123
Viola suavis MB.	Heckenveilchen	Bd. 1	116
Viola tricolor L. agg.	Wilde Stiefmütterchen	Bd. 1	112
Viola tricolor L. subsp. *saxatilis* (F. W. Schmidt) Arc.	Felsen-Stiefmütterchen	Bd. 3	126
Viola tricolor L. subsp. *subalpina* (Latourr.) Gaudin	Felsen-Stiefmütterchen	Bd. 1	114
Viola tricolor subsp. *tricolor* L.	Wiesen-Stiefmütterchen	Bd. 3	126
Familie: Linaceae			
Linum alpinum Jacq.	Alpen-Lein	Bd. 1	120
Linum austriacum L.	Österreichischer Lein	Bd. 1	120
Linum catharticum L.	Purgier-Lein	Bd. 1	122
Linum flavum L.	Gelber Lein	Bd. 1	120
Linum hirsutum L.	Zottel-Lein	Bd. 1	122
Linum perenne L.	Ausdauernder Lein	Bd. 1	120
Linum tenuifolium L.	Steppen-Lein	Bd. 1	120
Linum viscosum L.	Klebriger Lein	Bd. 1	122
Familie: Euphorbiaceae			
Euphorbia acuminata Lam.	Dunkle Sichel-Wolfsmilch	Bd. 3	130
Euphorbia amygdaloides L.	Wald-Wolfsmilch (Mandel-W.)	Bd. 1	124
Euphorbia angulata Jacq.	Kantige Wolfsmilch	Bd. 3	136
Euphorbia austriaca Kern.	Österreichische Wolfsmilch	Bd. 3	137
Euphorbia cyparissias L.	Zypressen-Wolfsmilch	Bd. 1	124
Euphorbia dulcis L.	Süße Wolfsmilch	Bd. 3	136
Euphorbia esula L.	Esels-Wolfsmilch	Bd. 3	137
Euphorbia exigua L.	Kleine Wolfsmilch	Bd. 3	130

Wissenschaftlicher Name **Autoren**	**Deutscher Name**	**Band**	**Seite**
Familie: Euphorbiaceae			
Euphorbia falcata L.	Sichel-Wolfsmilch	Bd. 3	130
Euphorbia glareosa Pall. ex MB.	Pannonische Wolfsmilch	Bd. 3	133
Euphorbia helioscopia L.	Sonnenwend-Wolfsmilch (Sonnen-Wolfsmilch)	Bd. 3	132
Euphorbia humifusa Willd.	Niederliegende Wolfsmilch (Boden-W.)	Bd. 3	130
Euphorbia lucida W. & K.	Glänzende Wolfsmilch	Bd. 3	134
Euphorbia maculata L.	Gefleckte Wolfsmilch	Bd. 3	130
Euphorbia palustris L.	Sumpf-Wolfsmilch	Bd. 3	134
Euphorbia peplus L.	Garten-Wolfsmilch	Bd. 3	130
Euphorbia platyphyllos L.	Breitblatt-Wolfsmilch	Bd. 3	132
Euphorbia polychroma Kern.	Bunte Wolfsmilch	Bd. 3	135
Euphorbia salicifolia Host	Weidenblatt-Wolfsmilch	Bd. 3	133
Euphorbia saxatilis Jacq.	Felsen-Wolfsmilch	Bd. 3	136
Euphorbia seguieriana Neck.	Steppen-Wolfsmilch	Bd. 3	133
Euphorbia stricta L.	Steife Wolfsmilch	Bd. 3	132
Euphorbia taurinensis All.	Turiner Wolfsmilch	Bd. 3	130
Euphorbia verrucosa L.em.L.	Warzen-Wolfsmilch	Bd. 3	135
Euphorbia villosa W. & K. ex Willd.	Flaum-Wolfsmilch	Bd. 3	134
Euphorbia virgata W. & K.	Ruten-Wolfsmilch	Bd. 3	137
Mercurialis annua L.	Acker-Bingelkraut	Bd. 1	122
Mercurialis ovata Sternb. & Hoppe	Eiblatt-Bingelkraut	Bd. 1	122
Mercurialis perennis L.	Wald-Bingelkraut	Bd. 1	122
Familie: Cucurbitaceae			
Bryonia alba L.	Schwarzbeerige Zaunrübe	Bd. 1	124
Bryonia dioica Jacq.	Rotbeerige Zaunrübe	Bd. 1	124
Echinocystis lobata (Michx.) Torr. & Gray	Igelgurke	Bd. 1	124
Familie: Ulmaceae			
(*Ulmus effusa* Willd.)	Flatterulme	Bd. 4	112
Ulmus glabra Huds.	Bergulme	Bd. 4	111
Ulmus laevis Pall.	Flatterulme	Bd. 4	112
Ulmus minor Mill.	Feldulme	Bd. 4	111
Familie: Juglandaceae			
Juglans nigra L.	Amerikanische Schwarznuss	Bd. 4	72
Juglans regia L.	Walnuss (Echt-W., Nussbaum)	Bd. 4	72
Familie: Rosaceae			
Agrimonia eupatoria L.	Echter Odermennig	Bd. 1	128
Agrimonia procera Wallr.	Großer Odermennig (Duftender O.)	Bd. 1	128
Alchemilla anisiaca Wettst.	Ennstal-Silbermantel	Bd. 3	142
Alchemilla nitida Buser	Glanz-Silbermantel	Bd. 3	142
Alchemilla vulgaris L. agg.	Frauenmantel	Bd. 1	126
Alchemilla vulgaris L. sect. *Glaciales*	Silbermantel	Bd. 3	142
Amelanchier ovalis Med.	Felsenbirne (Echt-Felsenbirne)	Bd. 4	80

Wissenschaftlicher Name Autoren	Deutscher Name	Band	Seite
Familie: Rosaceae			
Aphanes arvensis L.	Ackerfrauenmantel (Gewöhnlich-Ohmkraut)	Bd. 3	142
Aphanes australis Rydb.	Kleinfrüchtiger Ackerfrauenmantel, Südlicher A.	Bd. 3	142
Aruncus dioicus (Walter) Fernald	Geißbart (Waldgeißbart)	Bd. 3	144
Comarum palustre L.	Blutauge	Bd. 1	132
Cotoneaster integerrimus Med.	Steinmispel	Bd. 4	86
Cotoneaster tomentosus Lindl.	Filz-Steinmispel	Bd. 4	86
(Crataegus curvisepala Lindman*)*	Krummkelch-Weißdorn	Bd. 4	80
Crataegus laevigata (Poir.) DC.	Zweikern-Weißdorn	Bd. 4	80
Crataegus monogyna Jacq.	Einkern-Weißdorn (Eingriffeliger W.)	Bd. 4	80
(Crataegus oxyacantha L.*)*	Zweikern-Weißdorn	Bd. 4	80
Crataegus rhipidophylla Gand.	Krummkelch-Weißdorn	Bd. 4	80
Crataegus × heterodonta Pojark.	Verschiedenzahn-Weißdorn	Bd. 4	80
Crataegus × macrocarpa Hegetschw.	Großfrucht-Weißdorn	Bd. 4	80
Crataegus × media Bechst.	Mittlerer Weißdorn	Bd. 4	79
Dryas octopetala L.	Silberwurz	Bd. 1	130
(Drymocallis rupestris (L.) Soják.*)*	Stein-Fingerkraut	Bd. 3	148
Duchesnea indica (Andrews) Focke	Schein-Erdbeere	Bd. 1	132
Filipendula ulmaria (L.) Maxim.	Großes Mädesüß	Bd. 1	130
Filipendula vulgaris Moench	Kleines Mädesüß	Bd. 1	130
(Fragaria indica Andrews*)*	Schein-Erdbeere	Bd. 1	132
Fragaria moschata Duchesne	Große Erdbeere (Zimt-E.)	Bd. 3	143
Fragaria vesca L.	Wald-Erdbeere	Bd. 3	143
Fragaria viridis Duchesne	Knack-Erdbeere (Hügel-E.)	Bd. 1	130
Geum montanum L.	Berg-Nelkenwurz	Bd. 3	144
Geum rivale L.	Bach-Nelkenwurz	Bd. 3	144
Geum urbanum L.	Stadt-Nelkenwurz	Bd. 1	130
Malus sylvestris (L.) Mill. agg.	Holzapfel (Wild-Apfel)	Bd. 4	82
Potentilla alba L.	Weißes Fingerkraut	Bd. 3	150
Potentilla anserina L.	Gänse-Fingerkraut	Bd. 1	126
(Potentilla arenaria Borkh.*)*	Sand-Fingerkraut	Bd. 3	151
Potentilla argentea L.	Silber-Fingerkraut	Bd. 3	152
Potentilla aurea L.	Gold-Fingerkraut	Bd. 3	148
Potentilla brauneana Hoppe	Zwerg-Fingerkraut	Bd. 3	148
Potentilla caulescens L.	Kalkfels-Fingerkraut	Bd. 1	128
Potentilla clusiana Jacq.	Clusius-Fingerkraut (Ostalpen-F.)	Bd. 1	128
Potentilla crantzii (Cr.) Beck ex Fritsch	Zottiges Fingerkraut	Bd. 3	148
Potentilla erecta (L.) Räuschel	Blutwurz (Tormentill)	Bd. 1	128
Potentilla heptaphylla L.	Siebenblatt-Fingerkraut	Bd. 3	152
Potentilla incana Gaertn., B. Mey. & Scherb.	Sand-Fingerkraut	Bd. 3	151
Potentilla inclinata Vill.	Graues Fingerkraut	Bd. 3	152
Potentilla micrantha Ramond ex DC.	Kleinblütiges Fingerkraut	Bd. 3	150

Wissenschaftlicher Name Autoren	Deutscher Name	Band	Seite
Familie: Rosaceae			
Potentilla neumanniana Rchb.	Frühlings-Fingerkraut („Eigentliches F.-F.")	Bd. 3	151
Potentilla norvegica L.	Norwegisches Fingerkraut	Bd. 3	148
Potentilla pusilla Host	Flaumiges Frühlings-Fingerkraut	Bd. 3	151
Potentilla recta L.	Aufrechtes Fingerkraut (Hohes F.)	Bd. 3	152
Potentilla reptans L.	Kriech-Fingerkraut (Kriechendes F.)	Bd. 3	150
Potentilla rupestris L.	Stein-Fingerkraut	Bd. 3	148
Potentilla sterilis (L.) Garcke	Erdbeer-Fingerkraut	Bd. 3	150
Potentilla supina L.	Niedriges Fingerkraut	Bd. 3	148
(*Potentilla tabernaemontani* Asch.)	Frühlings-Fingerkraut („Eigentliches F.-F.")	Bd. 3	151
Potentilla verna L. agg.	Frühlings-Fingerkräuter	Bd. 1, Bd. 3	128, 151
Prunus avium L.	Vogelkirsche (Wild-Kirsche)	Bd. 4	76
Prunus fruticosa Pall.	Zwergweichsel	Bd. 4	76
Prunus mahaleb L.	Steinweichsel	Bd. 4	76
Prunus padus L.	Traubenkirsche	Bd. 4	75
Prunus spinosa L.	Schlehdorn (Schlehe, Schwarzdorn)	Bd. 4	78
Prunus tenella Batsch	Zwergmandel (Strauch-M.)	Bd. 4	74
Prunus × eminens Beck	Hybrid-Weichsel	Bd. 4	76
Pyrus pyraster Burgsd.	Holzbirne (Wild-B.)	Bd. 4	82
Rosa agrestis Savi	Feldrose	Bd. 4	100
Rosa arvensis Huds.	Waldrose (Kriechrose, Liege-R.)	Bd. 4	90
Rosa caesia Sm.	Lederblattrose	Bd. 4	100
Rosa canina L.	Heckenrose (Hundsrose)	Bd. 4	103
Rosa columnifera Fr.	Säulenrose	Bd. 4	100
(*Rosa coriifolia* auct. non Fr.)	Lederblattrose	Bd. 4	100
Rosa corymbifera Borkh.	Behaarte Heckenrose (Eigentliche H.)	Bd. 4	102
Rosa dumalis Bechst.	Vogesenrose	Bd. 4	102
(*Rosa dumetorum* Thuill.)	Behaarte Heckenrose (Eigentliche H.)	Bd. 4	102
Rosa elliptica Tausch	Keilblattrose	Bd. 4	100
Rosa gallica L.	Essigrose	Bd. 4	92
Rosa glauca Pourr.	Rotblattrose	Bd. 4	94
Rosa gutensteinensis J-Jacq.	Gutenstein-Rose	Bd. 4	95
Rosa jundzillii Bess.	Raublattrose	Bd. 4	94
Rosa majalis J. Herrm.	Zimtrose	Bd. 4	94
Rosa micrantha Borr. ex Sm.	Kleinblütige Weinrose	Bd. 4	100
Rosa multiflora Murray	Vielblütige Rose	Bd. 4	90
Rosa pendulina L.	Hängefruchtrose (Gebirgrose)	Bd. 4	92
(*Rosa pimpinellifolia* L.)	Bibernellrose	Bd. 4	90
Rosa pseudoscabriuscula (Keller) Henker & G. Schulze	Kratzrose	Bd. 4	98
Rosa rubiginosa L.	Weinrose (Großbl. A.)	Bd. 4	100

Wissenschaftlicher Name Autoren	Deutscher Name	Band	Seite
Familie: Rosaceae			
Rosa spinosissima L.	Bibernellrose	Bd. 4	90
Rosa subcanina Dalla Torre & Sarnth.	Mittelgebirgs-Hundsrose	Bd. 4	103
Rosa subcolleria (H. Christ) Vuk.	Falsche Heckenrose	Bd. 4	103
Rosa tomentosa Sm.	Filzrose	Bd. 4	98
Rosa villosa L.	Apfelrose	Bd. 4	98
(Rosa vosagiaca Desp.*)*	Vogesenrose	Bd. 4	102
Rubus spp.	Drüsige Brombeeren	Bd. 4	109
Rubus spp.	Bleiche Brombeeren	Bd. 4	109
Rubus spp.	Grünfilz-Brombeeren	Bd. 4	107
Rubus spp.	Aufrechte Brombeeren	Bd. 4	106
Rubus armeniacus Focke	Armenische Brombeere	Bd. 4	108
Rubus bifrons Vest.	Zweifarben-Brombeere	Bd. 4	108
Rubus caesius L.	Auen-Brombeere (Kratzb.)	Bd. 4	104
Rubus canescens DC.	Filz-Brombeere	Bd. 4	108
Rubus idaeus L.	Himbeere	Bd. 4	104
Rubus saxatilis L.	Felsen-Himbeere (Steinbeere)	Bd. 1	132
Rubus sect. *corylifolii*	Haselblatt-Brombeeren	Bd. 4	104
Rubus Ser. *Discolores* P. J. Müll.	Zweifarben-Brombeeren	Bd. 4	108
Rubus Ser. *Hystrix* Focke	Stachelschwein-Brombeeren	Bd. 4	108
Rubus Ser. *Radula* Focke	Raspel-Brombeeren	Bd. 4	108
Rubus Ser. *Sylvatici* (P. J. Müll.) Focke	Wald-Brombeeren	Bd. 4	106
Rubus vestitus Weihe & Nees	Samt-Brombeere	Bd. 4	108
Rubus × pseudidaeus (Weihe) Lej.	Bastard-Himbeere	Bd. 4	104
Sanguisorba minor Scop.	Kleiner Wiesenknopf	Bd. 1	126
Sanguisorba officinalis L.	Großer Wiesenknopf	Bd. 1	126
Sibbaldia procumbens L.	Gelbling (Liege-G.)	Bd. 3	142
Sorbus aria (L.) Cr.	Mehlbeere (Echt-M.)	Bd. 4	86
Sorbus aucuparia L.	Eberesche (Vogelbeere)	Bd. 4	84
Sorbus aucuparia L. subsp. *glabrata* (Wimm. & Grab.) Cajander	Gebirgs-Eberesche	Bd. 4	84
Sorbus chamaemespilus (L.) Cr.	Zwergmehlbeere	Bd. 4	85
Sorbus danubialis (Jáv.) Kárpáti	Donau-Mehlbeere	Bd. 4	86
Sorbus domestica L.	Speierling	Bd. 4	84
Sorbus graeca (Spach) Kotschy	Griechische Mehlbeere	Bd. 4	86
Sorbus torminalis (L.) Cr.	Elsbeere	Bd. 4	84
Spiraea media Franz Schmidt	Karpaten-Spierstrauch	Bd. 4	86
Spiraea salicifolia L.	Weiden-Spiere	Bd. 4	86
Familie: Cannabaceae			
Cannabis sativa L. var. *spontanea*	Wilder Hanf	Bd. 1	132
Humulus lupulus L.	Hopfen	Bd. 1	132
Familie: Urticaceae			
Parietaria officinalis L.	Glaskraut	Bd. 1	134
Urtica dioica L.	Große Brennnessel	Bd. 3	153

Wissenschaftlicher Name Autoren	Deutscher Name	Band	Seite
Familie: Urticaceae			
Urtica kioviensis Rogow.	Röhricht-Brennnessel (Kiew-B., Ukrainische B.)	Bd. 3	154
Urtica urens L.	Kleine Brennnessel	Bd. 1	134
Familie: Fabaceae			
Anthyllis montana L. subsp. *jacquinii* (Kern.) Hayek	Dinarischer Bergwundklee	Bd. 3	166
Anthyllis vulneraria L.	Wundklee	Bd. 1	140
Anthyllis vulneraria L. subsp. *alpicola* (Brügg.) Guterm.	Alpen-Wundklee	Bd. 3	166
Anthyllis vulneraria L. subsp. *carpatica* (Pant.) Nyman	Karpaten-Wundklee	Bd. 3	168
Anthyllis vulneraria L. subsp. *polyphylla* (DC.) Nyman	Steppen-Wundklee	Bd. 3	167
Astragalus asper Jacq.	Rauer Tragant	Bd. 3	190
Astragalus austriacus Jacq.	Österreichischer Tragant	Bd. 3	188
Astragalus cicer L.	Kicher-Tragant	Bd. 1	146
Astragalus danicus Retz.	Dänischer Tragant	Bd. 3	168
Astragalus exscapus L.	Stängelloser Tragant	Bd. 3	156
Astragalus frigidus (L.) A. Gray	Gletscher-Tragant	Bd. 3	189
Astragalus glycyphyllos L.	Süßblatt-Tragant	Bd. 3	190
Astragalus onobrychis L.	Esparsetten-Tragant (Lang-Fahnen-T.)	Bd. 1	146
Astragalus sulcatus L.	Furchen-Tragant	Bd. 3	188
Astragalus vesicarius L.	Blasen-Tragant	Bd. 3	168
Chamaecytisus austriacus (L.) Lk.	Österreichischer Geißklee	Bd. 3	158
Chamaecytisus hirsutus (L.) Lk.	Rauhaariger Geißklee	Bd. 3	157
Chamaecytisus ratisbonensis (Schaeff.) Rothm.	Regensburger Geißklee	Bd. 1	136
Chamaecytisus supinus (L.) Lk.	Kopf-Geißklee	Bd. 3	158
Coronilla coronata L.	Berg-Kronwicke	Bd. 3	170
Coronilla emerus L.	Strauch-Kronwicke	Bd. 3	162
Coronilla vaginalis Lam.	Scheiden-Kronwicke	Bd. 3	170
(Coronilla varia L.)	Bunte Kronwicke	Bd. 1	142
Cytisus nigricans L.	Schwarz-Geißklee (Trauben-G.)	Bd. 1	136
Cytisus procumbens (W. & K. ex Willd.) Spreng.	Niederliegender Geißklee	Bd. 3	160
Cytisus scoparius (L.) Link	Besenginster	Bd. 4	116
Dorycnium germanicum (Gremli) Rikli	Seidiger Backenklee	Bd. 1	144
Dorycnium herbaceum Vill.	Vielblütiger Backenklee	Bd. 1	144
Galega officinalis L.	Echte Geißraute	Bd. 3	176
Genista germanica L.	Deutscher Ginster	Bd. 3	173
Genista pilosa L.	Heide-Ginster (Seidenhaar-G.)	Bd. 1	134
Genista sagittalis L.	Flügel-Ginster	Bd. 3	173
Genista tinctoria L.	Färber-Ginster	Bd. 1	134
Hedysarum hedysaroides (L.) Schinz & Thell.	Alpen-Süßklee	Bd. 1	146
Hippocrepis comosa L.	Hufeisenklee	Bd. 3	170
(Hippocrepis emerus (L.) Lassen*)*	Strauch-Kronwicke	Bd. 3	162
Laburnum anagyroides Med.	Goldregen (Gewöhnlicher G.)	Bd. 4	117
Lathyrus aphaca L.	Ranken-Platterbse	Bd. 3	162

Wissenschaftlicher Name Autoren	Deutscher Name	Band	Seite
Familie: Fabaceae			
Lathyrus hirsutus L.	Rauhaarige Platterbse	Bd. 3	162
Lathyrus latifolius L.	Breitblatt-Platterbse	Bd. 3	174
Lathyrus linifolius (Reichard) Bässl.	Berg-Platterbse	Bd. 3	176
(*Lathyrus montanus* Bernh.)	Berg-Platterbse	Bd. 3	176
Lathyrus niger (L.) Bernh.	Schwarzwerdende Platterbse	Bd. 3	186
Lathyrus nissolia L.	Gras-Platterbse	Bd. 3	162
Lathyrus palustris L.	Sumpf-Platterbse	Bd. 3	176
Lathyrus pannonicus Garcke subsp. *collinus* (Ortm.) Soó	Pannonische Platterbse	Bd. 3	174
Lathyrus pannonicus subsp. *pannonicus* (Jacq.) Garcke s. str.	Pannonische Platterbse	Bd. 3	174
Lathyrus pratensis L.	Wiesen-Platterbse	Bd. 1	142
Lathyrus sylvestris L.	Wald-Platterbse	Bd. 3	174
Lathyrus tuberosus L.	Knollen-Platterbse	Bd. 1	144
Lathyrus venetus (Mill.) Wohlf.	Bunt-Platterbse	Bd. 3	176
Lathyrus vernus (L.) Bernh.	Frühlings-Platterbse	Bd. 1	144
Lotus corniculatus L. agg.	(Wiesen-)Hornklee	Bd. 1	144
(*Lotus glaber* Mill.)	Schmalblatt-Hornklee	Bd. 3	169
(*Lotus maritimus* L.)	Gelbe Spargelerbse	Bd. 3	164
(*Lotus pedunculatus* Cav.)	Sumpf-Hornklee	Bd. 1	144
Lotus tenuis Willd.	Schmalblatt-Hornklee	Bd. 3	169
Lotus uliginosus Schkuhr	Sumpf-Hornklee	Bd. 1	144
Medicago falcata L.	Sichel-Luzerne	Bd. 1	140
Medicago lupulina L.	Hopfenluzerne („Gelbklee“)	Bd. 1	140
Medicago minima (L.) Bartal.	Zwerg-Schneckenklee, Zwerg-Luzerne	Bd. 3	182
Medicago monspeliaca (L.) Trautv.	Französischer Schneckenklee	Bd. 3	181
Medicago prostrata Jacq.	Niederliegender Schneckenklee	Bd. 3	182
Medicago sativa L.	Saat-Luzerne	Bd. 1	140
Medicago varia Martyn	Kultur-Luzerne	Bd. 1	140
Melilotus albus Med.	Weißer Steinklee	Bd. 1	140
Melilotus altissimus Thuill.	Sumpf-Steinklee	Bd. 3	174
Melilotus dentatus (Waldst. & Kit.) Pers.	Salz-Steinklee	Bd. 3	174
Melilotus officinalis (L.) Pall.	Gelber Steinklee (Echt-Steinklee)	Bd. 1	140
Onobrychis arenaria DC.	Sand-Esparsette	Bd. 1	146
Onobrychis viciifolia Scop.	Gewöhnliche Esparsette	Bd. 1	146
Ononis arvensis L.	Bocks-Hauhechel	Bd. 3	166
Ononis pusilla L.	Zwerg-Hauhechel	Bd. 3	158
Ononis repens L.	Kriech-Hauhechel	Bd. 3	158
Ononis repens L. subsp. *procurrens* (Wallr.) Asch. & Gr.	Kriech-Hauhechel	Bd. 3	158
Ononis spinosa L.	Dorn-Hauhechel	Bd. 1	146
Ononis spinosa L. subsp. *austriaca* (Beck) Gams	Österreichischer Hauhechel	Bd. 1	146

Wissenschaftlicher Name Autoren	Deutscher Name	Band	Seite
Familie: Fabaceae			
Oxytropis montana agg.	Berg-Spitzkiel	Bd. 1	147
Oxytropis montana (L.) DC. s. str.	Österreichischer Spitzkiel	Bd. 3	166
Oxytropis montana × *neglecta*		Bd. 3	166
Oxytropis neglecta Ten.	Pyrenäen-Spitzkiel	Bd. 3	166
Oxytropis pilosa (L.) DC.	Steppen-Spitzkiel	Bd. 1	148
Robinia pseudacacia L.	Robinie (Gewöhnliche R., Falsche Akazie)	Bd. 4	116
(*Sarothamnus* scoparius (L.) Koch)	Besenginster	Bd. 4	116
Securigera varia (L.) Lassen	Bunte Kronwicke	Bd. 1	142
Tetragonolobus maritimus (L.) Roth	Gelbe Spargelerbse	Bd. 3	164
Trifolium alpestre L.	Hügelklee	Bd. 1	138
Trifolium arvense L.	Hasenklee	Bd. 3	180
Trifolium aureum Pollich	Goldklee	Bd. 1	138
Trifolium badium Schreb.	Braunklee	Bd. 1	138
Trifolium campestre Schreb.	Feldklee	Bd. 1	138
Trifolium dubium Sibth.	Fadenklee	Bd. 1	138
Trifolium fragiferum L.	Erdbeer-Klee	Bd. 1	137
Trifolium hybridum L.	Schwedenklee	Bd. 1	138
Trifolium incarnatum L.	Inkarnat-Klee	Bd. 3	174
Trifolium medium L.	Mittlerer Klee (Zickzack-K.)	Bd. 1	138
Trifolium montanum L.	Berg-Klee	Bd. 1	136
Trifolium ochroleucon Huds.	Blaßgelber Klee	Bd. 1	138
Trifolium pratense L.	Wiesen-Rotklee	Bd. 1	138
Trifolium repens L.	Weißklee	Bd. 1	136
Trifolium resupinatum L.	Perser-Klee	Bd. 3	179
Trifolium retusum L.	Kleinblüten-Klee	Bd. 3	179
Trifolium rubens L.	Purpurklee	Bd. 1	138
Trifolium spadiceum L.	Moorklee	Bd. 3	180
Trifolium striatum L.	Streifenklee	Bd. 3	180
(*Trigonella monspeliaca* L.)	Französischer Schneckenklee	Bd. 3	181
Vicia angustifolia L.	Schmalblättrige Wicke	Bd. 3	160
Vicia cassubica L.	Kaschuben-Wicke	Bd. 3	186
Vicia cracca L.	Vogelwicke	Bd. 1	142
Vicia dumetorum L.	Hain-Wicke	Bd. 3	186
Vicia glabrescens (W. D. J. Koch) Heimerl	Kahle Wicke	Bd. 1, Bd. 3	142, 186
Vicia grandiflora Scop.	Großblütige Wicke	Bd. 3	160
Vicia hirsuta (L.) S. F. Gray	Zweisamige Wicke	Bd. 3	184
Vicia lathyroides L.	Platterbsen-Wicke	Bd. 3	160
Vicia oroboides Wulf.	Walderbsen-Wicke	Bd. 3	184
Vicia pannonica Crantz	Pannonische Wicke	Bd. 3	160
Vicia pannonica subsp. *pannonica* Crantz	Eigentliche Pannonische Wicke	Bd. 3	160
Vicia pannonica Crantz subsp. *striata* (M. Bieb.) Nyman	Gestreifte Pannonische Wicke	Bd. 3	160

Wissenschaftlicher Name Autoren	Deutscher Name	Band	Seite
Familie: Fabaceae			
Vicia pisiformis L.	Erbsen-Wicke	Bd. 3	184
Vicia sepium L.	Zaun-Wicke	Bd. 1	142
Vicia serratifolia Jacq.	Sägeblatt-Wicke (Schwarze Ackerbohne)	Bd. 3	186
(*Vicia sordida* Waldst. & Kit.)	Großblütige Wicke	Bd. 3	160
Vicia sylvatica L.	Waldwicke	Bd. 3	184
Vicia tenuifolia Roth	Feinblatt-Wicke	Bd. 1	142
Vicia tetrasperma (L.) Schreb.	Viersamen Wicke	Bd. 3	164
Vicia villosa Roth	Zottel-Wicke	Bd. 1, Bd. 3	142, 184
Familie: Polygalaceae			
Polygala amara L.	Bittere Kreuzblume	Bd. 3	192
Polygala amarella Cr.	Sumpf-Kreuzblume	Bd. 3	192
Polygala chamaebuxus L.	Zwergbuchs (Buchs-Kreuzblume)	Bd. 1	148
Polygala comosa Schkuhr	Schopf-Kreuzblume	Bd. 3	192
Polygala major Jacq.	Große Kreuzblume	Bd. 3	192
Polygala vulgaris L.	Wiesen-Kreuzblume	Bd. 3	192
Familie: Rutaceae			
Dictamnus albus L.	Diptam	Bd. 1	148
Familie: Thymelaceae			
Daphne cneorum L.	Steinröserl	Bd. 1	148
Daphne laureola L.	Lorbeer-Seidelbast	Bd. 4	122
Daphne mezereum L.	Seidelbast (Echt-S.)	Bd. 4	122
Thymelaea passerina (L.) Coss. & Germ.	Spatzenzunge	Bd. 1	150
Familie: Cistaceae			
Fumana procumbens Gren. & Godr.	Nadelröschen	Bd. 3	194
Helianthemum alpestre (Jacq.) DC.	Alpen-Sonnenröschen	Bd. 3	196
Helianthemum canum (L.) Baumg.	Graues Sonnenröschen	Bd. 3	196
Helianthemum nummularium (L.) Mill.	Sonnenröschen (Gewöhnlich-S.)	Bd. 3	194
Helianthemum nummularium (L.) Mill. subsp. *grandiflorum* (Scop.) Schinz & Thell.	Großblütiges Sonnenröschen	Bd. 3	195
Helianthemum nummularium subsp. *nummularium* (L.) Mill.	Zweifarbiges Sonnenröschen	Bd. 3	195
Helianthemum nummularium (L.) Mill. subsp. *obscurum* (Wahlenb.) Holub	Grünes Sonnenröschen (Trübgrünes Gewöhnlich-S.)	Bd. 3	195
Familie: Malvaceae			
Abutilon theophrasti Med.	Samtpappel	Bd. 1	152
Alcea biennis Winterl	Blasse Pappelrose	Bd. 3	199
Althaea officinalis L.	Eibisch (Echter Eibisch)	Bd. 1	152
Dinacrusa hirsuta L.	Raueibisch	Bd. 3	199
Hibiscus trionum L.	Stundenblume (Stundeneibisch)	Bd. 1	152
Lavatera thuringiaca L.	Strauchpappel (Thüringen-Lavatere)	Bd. 1	152
Malva alcea L.	Sigmarskraut (Spitzblatt-Malve)	Bd. 1	152
Malva moschata L.	Moschus-Malve	Bd. 1	150

Wissenschaftlicher Name Autoren	Deutscher Name	Band	Seite
Familie: Malvaceae			
Malva neglecta Wallr.	Kleine Käsepappel (Weg-Malve)	Bd. 1	150
Malva pusilla Sm.	Kleinblütige Malve (Nordische M.)	Bd. 3	198
Malva sylvestris L.	Große Käsepappel (Wild-Malve)	Bd. 3	198
Familie: Brassicaceae			
Aëthionema saxatile (L.) R. Br.	Steintäschel	Bd. 3	210
Alliaria petiolata (MB.) Cavara & Grande	Knoblauchsrauke (Lauchkraut)	Bd. 1	158
Alyssum alyssoides (L.) L.	Kelch-Steinkraut	Bd. 1	154
Alyssum montanum L.	Berg-Steinkraut	Bd. 1	154
(Arabidopsis halleri (L.) O'Kane & Al-Shehbaz*)*	Kriechkresse (Kriech-Schaumkresse)	Bd. 3	216
Arabidopsis thaliana (L.) Heynh.	Schmalwand	Bd. 3	224
Arabis alpina L.	Alpen-Gänsekresse	Bd. 1	160
Arabis auriculata Lam.	Öhrchen-Gänsekresse	Bd. 1	160
Arabis bellidifolia Crantz	Gabelhaarige Gänsekresse	Bd. 3	224
Arabis caerulea All.	Blaue Gänsekresse	Bd. 3	222
Arabis ciliata Clairv.	Voralpen-Gänsekresse (Schirm-Gänsekresse)	Bd. 3	224
Arabis hirsuta (L.) Scop.	Behaarte Gänsekresse	Bd. 3	225
Arabis hirsuta (L.) Scop. agg.	Behaarte Gänsekresse	Bd. 1	160
Arabis nemorensis (Hoffm.) Koch	Auen-Gänsekresse	Bd. 3	225
Arabis pauciflora (Grimm) Garcke	Armblütige Gänsekresse (Wenigblüten-Kohlkresse)	Bd. 3	222
Arabis pumila Jacq agg.	Zwerg-Gänsekresse	Bd. 3	224
Arabis sagittata (Bertol.) DC.	Pfeil-Gänsekresse	Bd. 3	225
Arabis soyeri Reut. & Huet	Bach-Gänsekresse	Bd. 3	222
Arabis stellulata Bertol.	Sternhaar-Gänsekresse	Bd. 3	224
Arabis turrita L.	Bogenkresse (Turm-Gänsekresse)	Bd. 1	160
Armoracia rusticana G., M. & Sch.	Kren (Meerrettich)	Bd. 3	207
Aurinia saxatilis (L.) Desv.	Felsensteinkraut	Bd. 1	154
Barbarea intermedia Boreau	Mittleres Barbarakraut	Bd. 3	226
Barbarea stricta Andrz. ex Bess.	Steifes Barbarakraut	Bd. 3	226
Barbarea vulgaris R. Br.	Barbarakraut	Bd. 1	162
Berteroa incana (L.) DC.	Graukresse	Bd. 3	209
Biscutella laevigata L.	Brillenschötchen	Bd. 1	156
Brassica napus L.	Raps	Bd. 3	226
Brassica rapa L.	Rübsen	Bd. 3	226
Bunias orientalis L.	Orient-Zackenschötchen	Bd. 1	156
Camelina microcarpa Andrz. ex DC.	Wilder Leindotter (Kleinfrüchtiger L.)	Bd. 1	156
Camelina sativa (L.) Cr.	Saat-Leindotter	Bd. 1	156
Capsella bursa-pastoris (L.) Med.	Hirtentäschel	Bd. 1	158
Cardamine alpina Willd.	Alpen-Schaumkraut	Bd. 3	223
Cardamine amara L.	Bitteres Schaumkraut (Bachkresse)	Bd. 1	160

Wissenschaftlicher Name Autoren	Deutscher Name	Band	Seite
Familie: Brassicaceae			
Cardamine dentata Schult.	Gezähntblättriges Wiesenschaumkraut	Bd. 3	218
Cardamine flexuosa With.	Wald-Schaumkraut	Bd. 3	220
Cardamine hirsuta L.	Garten-Schaumkraut (Ruderal-S., Viermänniges S.)	Bd. 3	220
Cardamine impatiens L.	Springfrucht-Schaumkraut (Spring-S.)	Bd. 3	219
Cardamine matthioli Moretti	Weißes Wiesenschaumkraut	Bd. 3	218
Cardamine parviflora L.	Kleinblütiges Schaumkraut	Bd. 3	220
Cardamine pratensis L. agg.	Wiesenschaumkraut	Bd. 1	160
Cardamine pratensis L. s. str.	Wiesenschaumkraut	Bd. 3	218
Cardamine resedifolia L.	Reseda-Schaumkraut	Bd. 3	218
Cardamine trifolia L.	Kleeblatt-Schaumkraut	Bd. 3	218
Cardamine udicola Jord.	Morast-Wiesenschaumkraut	Bd. 3	218
Cardaminopsis arenosa (L.) Hayek	Sandkresse (Sand-Schaumkresse)	Bd. 1	162
Cardaminopsis halleri (L.) Hayek	Kriechkresse (Kriech-Schaumkresse)	Bd. 3	216
Cardaminopsis petraea (L.) Hiit.	Felsenkresse	Bd. 1	162
Cardaria draba (L.) Desv.	Pfeilkresse (Herzkresse)	Bd. 3	202
Cochlearia macrorrhiza (Schur) Pobed.	Dickwurzeliges Löffelkraut	Bd. 3	208
Cochlearia pyrenaica DC.	Pyrenäen-Löffelkraut	Bd. 3	208
Conringia austriaca (Jacq.) Sweet	Österreichischer Ackerkohl	Bd. 3	233
Conringia orientalis (L.) Dum.	Ackerkohl (Ost-Ackerkohl)	Bd. 3	233
Coronopus squamatus (Forssk.) Asch.	Warziger Krähenfuß	Bd. 3	202
Crambe tataria Sebeók	Meerkohl (Tátorján-Meerkohl)	Bd. 3	206
Dentaria bulbifera L.	Zwiebeltragende Zahnwurz	Bd. 1	162
Dentaria enneaphyllos L.	Neunblättrige Zahnwurz	Bd. 1	162
Descurainia sophia (L.) Webb ex Prantl	Besenrauke	Bd. 3	226
Diplotaxis muralis (L.) DC.	Mauer-Doppelrauke	Bd. 1	164
Diplotaxis tenuifolia (L.) DC.	Doppelrauke (Wilder Rucola)	Bd. 1	164
Draba aizoides L.	Immergrünes Felsenblümchen	Bd. 3	214
Draba aizoides L. subsp. *beckeri* (A. Kern.) Hörandl & Guterm.	Voralpen-Immergrünes Felsenblümchen	Bd. 3	214
Draba lasiocarpa Roch.	Karpaten-Felsenblümchen	Bd. 3	214
Draba muralis L.	Mauer-Felsenblümchen	Bd. 3	210
Draba nemorosa L.	Hain-Felsenblümchen	Bd. 3	214
Draba norvegica Gunn.	Norwegisches Felsenblümchen	Bd. 3	210
Draba stellata Jacq.	Sternhaariges Felsenblümchen	Bd. 3	210
Erophila verna (L.) Chevall. agg.	Hungerblümchen	Bd. 1	154
Erucastrum gallicum (Willd.) O. E. Schulz	Französische Hundsrauke	Bd. 3	227
Erucastrum nasturtiifolium (Poir.) O. E. Schulz	Kresseblättrige Hundsrauke (Stumpfkantige H.)	Bd. 3	227
Erysimum andrzejovskianum Bess.	Andrzejowski-Schotendotter	Bd. 3	236

Wissenschaftlicher Name Autoren	Deutscher Name	Band	Seite
Familie: Brassicaceae			
(*Erysimum canescens* Roth)	Grauer Schotendotter	Bd. 3	236
Erysimum cheiranthoides L.	Acker-Schotendotter	Bd. 3	234
Erysimum cheiri (L.) Cr.	Goldlack	Bd. 3	236
Erysimum cuspidatum (MB.) DC.	Spitzer Schotendotter	Bd. 3	235
Erysimum diffusum Ehrh.	Grauer Schotendotter	Bd. 3	236
Erysimum marschallianum Andrz. ex DC.	Harter Schotendotter	Bd. 3	236
Erysimum odoratum Ehrh.	Duft Schotendotter (Pannonien-Goldlack)	Bd. 3	236
(*E. pannonicum* Crantz)	Duft Schotendotter (Pannonien-Goldlack)	Bd. 3	236
Erysimum repandum L.	Spreiz-Schotendotter	Bd. 3	235
Erysimum sylvestre (Cr.) Scop.	Felsen-Schotendotter	Bd. 3	236
Erysimum virgatum Roth	Ruten-Schotendotter	Bd. 3	236
(*Fourraea alpina* (L.) Greuter & Burdet)	Armblütige Gänsekresse (Wenigblüten-Kohlkresse)	Bd. 3	222
Hesperis matronalis agg.	Garten-Nachtviole	Bd. 1	158
Hesperis sylvestris Cr.	Wilde Nachtviole	Bd. 3	222
Hesperis tristis L.	Trauer-Nachtviole	Bd. 1	164
Hornungia alpina (L.) O. Appel	Gämskresse	Bd. 3	208
Hornungia petraea (L.) Rchb.	Steppenkresse	Bd. 3	208
(*Hutchinsia alpina* R. Br.)	Gämskresse	Bd. 3	208
Iberis pinnata L.	Gefiederte Schleifenblume	Bd. 3	205
Isatis tinctoria L.	Färberwaid	Bd. 3	214
Kernera saxatilis (L.) Rchb.	Kugelschötchen	Bd. 3	206
Lepidium campestre (L.) R. Br.	Kandelaberkresse	Bd. 3	206
Lepidium densiflorum Schrad.	Dichtblütige Kresse	Bd. 3	201
(*Lepidium draba* L.)	Pfeilkresse (Herzkresse)	Bd. 3	202
Lepidium ruderale L.	Stinkende Kresse (Ruderal-Kresse)	Bd. 3	201
(*Lepidium squamatum* Forssk.)	Warziger Krähenfuß	Bd. 3	202
Lepidium virginicum L.	Virginische Kresse	Bd. 3	201
Lunaria annua L.	Garten-Mondviole	Bd. 1	158
Lunaria rediviva L.	Mondviole (Wildes Silberblatt)	Bd. 1	158
Malcolmia africana (L.) R. Br.	Afrikanische Meerviole	Bd. 3	222
Myagrum perfoliatum L.	Hohldotter	Bd. 3	213
Nasturtium microphyllum (Boenn.) Rchb.	Kleinblättrige Brunnenkresse	Bd. 3	216
Nasturtium officinale R. Br.	Brunnenkresse (Echt-Brunnenkresse)	Bd. 3	216
Neslia paniculata (L.) Desv.	Finkensame	Bd. 1	156
(*Noccaea caerulescens* (J. & C. Presl) F. K. Mey.)	Voralpen-Täschelkraut	Bd. 3	204
(*Noccaea rotundifolia* Moench)	Rundblättriges Täschelkraut	Bd. 3	211
Peltaria alliacea Jacq.	Scheibenschötchen	Bd. 3	206
Petrocallis pyrenaica (L.) R. Br.	Steinschmückel	Bd. 1	154
Raphanus raphanistrum L.	Hederich	Bd. 1	164
Rapistrum perenne (L.) All.	Rapsdotter	Bd. 1	156

Wissenschaftlicher Name Autoren	Deutscher Name	Band	Seite
Familie: Brassicaceae			
Rorippa amphibia (L.) Bess.	Ufer-Sumpfkresse	Bd. 3	214
Rorippa austriaca (Cr.) Bess.	Österreichische Sumpfkresse	Bd. 3	214
Rorippa palustris (L.) Bess. em. Jons.	Kleinblütige Sumpfkresse (Gewöhnlich-Sumpfkresse)	Bd. 3	214
Rorippa sylvestris (L.) Bess.	Wilde Sumpfkresse	Bd. 3	227
Sinapis alba L.	Weißer Senf	Bd. 1	164
Sinapis arvensis L.	Ackersenf	Bd. 1	164
Sisymbrium altissimum L.	Hohe Rauke	Bd. 3	230
Sisymbrium austriacum Jacq.	Österreichische Rauke	Bd. 3	230
Sisymbrium irio L.	Glanz-Rauke	Bd. 3	230
Sisymbrium loeselii L.	Wiener Rauke (Stadt-Rauke)	Bd. 3	230
Sisymbrium officinale (L.) Scop.	Weg-Rauke	Bd. 3	228
Sisymbrium orientale L.	Orient-Rauke	Bd. 3	229
Sisymbrium strictissimum L.	Steife Rauke	Bd. 3	234
Sisymbrium volgense MB. ex E. Fourn.	Wolga-Rauke	Bd. 3	230
Teesdalia nudicaulis (L.) W. T. Aiton	Bauernsenf	Bd. 3	204
Thlaspi alpestre Jacq.	Alpen-Täschelkraut	Bd. 3	204
Thlaspi arvense L.	Acker-Hellerkraut (Acker-Täschelkraut)	Bd. 1	158
Thlaspi caerulescens J. & C. Presl	Voralpen-Täschelkraut	Bd. 3	204
Thlaspi goesingense Hal.	Gösing-Täschelkraut	Bd. 3	204
Thlaspi montanum L.	Berg-Täschelkraut	Bd. 3	204
Thlaspi perfoliatum L.	Stängelumfassendes Hellerkraut (Durchwachs-Kleintäschel)	Bd. 1	158
Thlaspi rotundifolium (L.) Gaudin	Rundblättriges Täschelkraut	Bd. 3	211
Turritis glabra L.	Turmkraut (Turmkresse)	Bd. 1	162
Familie: Resedaceae			
Reseda lutea L.	Gelbe Resede (Ruderal-R.)	Bd. 1	166
Reseda luteola L.	Färber-Resede (Färber-Wau)	Bd. 3	238
Reseda phyteuma L.	Kleine Resede	Bd. 3	238
Familie: Balsaminaceae			
Impatiens glandulifera Royle	Himalaya-Springkraut (Drüsiges Sp.)	Bd. 1	166
Impatiens noli-tangere L.	Großes Springkraut	Bd. 1	166
Impatiens parviflora DC.	Kleines Springkraut	Bd. 1	166
Familie: Tiliaceae			
Tilia cordata Mill.	Winterlinde	Bd. 4	122
Tilia platyphyllos Scop.	Sommerlinde	Bd. 4	122
Familie: Cornaceae			
Cornus mas L.	Gelber Hartriegel (Dirndlstrauch, Kornelkirsche)	Bd. 4	124
Cornus sanguinea L.	Roter Hartriegel (Blutroter H.)	Bd. 4	124

Wissenschaftlicher Name Autoren	Deutscher Name	Band	Seite
Familie: Ericaceae			
Andromeda polifolia L.	Rosmarinheide	Bd. 3	240
Arctostaphylos alpinus (L.) Spreng.	Alpen-Bärentraube	Bd. 3	241
Arctostaphylos uva-ursi (L.) Spreng.	(Echte) Bärentraube (Arznei-B.)	Bd. 3	241
Calluna vulgaris (L.) Hull	Heidekraut (Besenheide)	Bd. 1	168
Empetrum nigrum L.	Krähenbeere	Bd. 1	168
Erica carnea L.	Schneeheide (Erika)	Bd. 1	168
(Ledum palustre L.)	Moorporst (Sumpfporst)	Bd. 3	240
Loiseleuria procumbens (L.) Desv.	Gämsheide	Bd. 1	168
Rhododendron ferrugineum L.	Rostblättrige Alpenrose	Bd. 1	172
Rhododendron hirsutum L.	Behaarte Alpenrose (Wimper-A.)	Bd. 1	172
Rhododendron luteum Sweet	Gelbe Azalee	Bd. 4	124
Rhododendron tomentosum Harmaja	Moorporst (Sumpfporst)	Bd. 3	240
Rhodothamnus chamaecistus (L.) Rchb.	Zwerg-Alpenrose	Bd. 1	172
Vaccinium myrtillus L.	Heidelbeere	Bd. 1	170
Vaccinium oxycoccos L.	Moosbeere	Bd. 1	170
Vaccinium uliginosum L.	Moorbeere (Rauschbeere, Nebelbeere)	Bd. 1	170
Vaccinium vitis-idaea L.	Preiselbeere	Bd. 1	170
Familie: Pyrolaceae			
Chimaphila umbellata (L.) Barton	Winterlieb	Bd. 1	172
Moneses uniflora (L.) A. Gray	Moosauge	Bd. 3	243
Monotropa hypopitys L.	Fichtenspargel	Bd. 1	174
Orthilia secunda (L.) House	Birngrün	Bd. 3	243
Pyrola rotundifolia L.	Großes Wintergrün	Bd. 1	172
Pyrola spp.	Wintergrün	Bd. 3	243
Familie: Primulaceae			
Anagallis arvensis L.	Acker-Gauchheil	Bd. 1	176
Anagallis foemina Mill.	Blauer Gauchheil	Bd. 1, Bd. 3	176, 250
Androsace chamaejasme Wulf.	Wimpern-Mannsschild (Zwerg-M.)	Bd. 1	180
Androsace elongata L.	Steppen-Mannsschild (Langstieliger M.)	Bd. 3	247
Androsace lactea L.	Milchweißer Mannsschild (Milch-M.)	Bd. 1	180
Androsace maxima L.	Acker-Mannsschild (Riesen-M.)	Bd. 1	180
Androsace obtusifolia All.	Stumpfblatt Mannsschild	Bd. 1	180
Androsace septentrionalis L.	Nordischer Mannsschild	Bd. 3	247
Centunculus minimus L.	Kleinling	Bd. 1	180
Cyclamen purpurascens Mill.	Zyklame („Alpenveilchen“)	Bd. 1	174
Glaux maritima L.	Strandmilchkraut	Bd. 1	182
Hottonia palustris L.	Wasserfeder	Bd. 4	182
Lysimachia nemorum L.	Hain-Gilbweiderich (Wald-G.)	Bd. 3	250
Lysimachia nummularia L.	Pfennigkraut	Bd. 1	174
Lysimachia punctata L.	Pünktchen-Gilbweiderich	Bd. 1	176

Wissenschaftlicher Name Autoren	Deutscher Name	Band	Seite
Familie: Primulaceae			
Lysimachia thyrsiflora L.	Strauß-Gilbweiderich	Bd. 3	250
Lysimachia vulgaris L.	Rispen-Gilbweiderich (Gewöhnlicher G.)	Bd. 1	176
Primula auricula L.	Petergstamm (Aurikel)	Bd. 1	176
Primula clusiana Tausch	Clusius-Schlüsselblume, Clusius-Primel	Bd. 1, Bd. 3	176, 249
Primula elatior (L.) Hill	Hohe Primel (Himmelschlüssel, Waldprimel)	Bd. 1	178
Primula farinosa L.	Mehlprimel	Bd. 3	249
Primula matthioli Richt.	Heilglöckel	Bd. 3	249
Primula minima L.	Zwergprimel	Bd. 1	178
Primula veris L.	Gold-Schlüsselblume (Arznei-Primel, Himmelschlüssel)	Bd. 1	178
Primula vulgaris Huds.	Erdprimel (Stängellose P., Schaftlose P.)	Bd. 1	178
Samolus valerandi L.	Salzbunge	Bd. 1	182
Soldanella spp.	Soldanelle (Alpenglöckchen)	Bd. 1	180
Soldanella alpina L.	Alpen-Soldanelle	Bd. 3	246
Soldanella austriaca Vierh.	Österreichische Soldanelle	Bd. 3	245
Soldanella major (Neilr.) Vierh.	Ungarn-Soldanelle	Bd. 3	246
Soldanella montana Willd.	Wald-Soldanelle	Bd. 3	246
Soldanella montana Willd. agg.	Wald-Soldanelle (Berg-S.)	Bd. 3	246
Trientalis europaea L.	Siebenstern	Bd. 1	176
Familie: Boraginaceae			
Anchusa arvensis (L.) MB.	Krummhals	Bd. 1	184
Anchusa officinalis L.	Ochsenzunge	Bd. 1	182
Asperugo procumbens L.	Scharfkraut (Schlangenäuglein)	Bd. 1	184
Brunnera macrophylla (Adams) I. M. Johnst.	Kaukasus-Vergissmeinnicht	Bd. 1	186
(Buglossoides purpurocaerulea (L.) I. M. Johnst.*)*	Blauroter Steinsame (Purpurblaue Rinderzunge)	Bd. 1	182
Cerinthe minor L.	Wachsblume	Bd. 1	184
Cynoglossum germanicum Jacq.	Deutsche Hundszunge	Bd. 1	184
Cynoglossum officinale L.	Hundszunge	Bd. 1	184
Echium vulgare L.	Natternkopf	Bd. 1	184
Hackelia deflexa Opiz	Klettenkraut	Bd. 3	254
Heliotropium europaeum L.	Sonnenwende	Bd. 3	252
Lappula squarrosa (Retz.) Dum.	Igelsame (Gewöhnlich-I.)	Bd. 3	254
Lithospermum arvense L.	Ackersteinsame	Bd. 1	182
Lithospermum officinale L.	Echter Steinsame	Bd. 1	182
Lithospermum purpurocaeruleum L.	Blauroter Steinsame (Purpurblaue Rinderzunge)	Bd. 1	182
Myosotis alpestris F. W. Schmidt	Alpen-Vergissmeinnicht	Bd. 3	257
Myosotis arvensis (L.) Hill	Acker-Vergissmeinnicht	Bd. 3	258
Myosotis decumbens Host	Kälte-Vergissmeinnicht	Bd. 3	257

Wissenschaftlicher Name Autoren	Deutscher Name	Band	Seite
Familie: Boraginaceae			
Myosotis discolor Pers.	Buntes Vergissmeinnicht	Bd. 3	256
Myosotis palustris Hill agg.	Sumpf-Vergissmeinnicht	Bd. 3	256
Myosotis ramosissima Roch. ex Schult.	Hügel-Vergissmeinnicht	Bd. 3	258
Myosotis sparsiflora Mikan f. ex Pohl	Lockerblütiges Vergissmeinnicht (Auen-V.)	Bd. 3	257
Myosotis stenophylla Knaf	Schmalblatt-Vergissmeinnicht	Bd. 3	257
Myosotis stricta Lk. ex Roem. & Schult.	Sand-Vergissmeinnicht	Bd. 3	258
Myosotis sylvatica Ehrh. ex Hoffm. agg.	Wald-Vergissmeinnicht	Bd. 3	257
Nonea pulla (L.) DC.	Runzelnüsschen (Mönchskraut)	Bd. 1	184
Omphalodes scorpioides (Haenke) Schrank	Nabelnüsschen (Kleinblütiges N.)	Bd. 1	186
Omphalodes verna Moench	Frühlings-Nabelnüsschen	Bd. 1	186
Onosma arenaria Walds. & Kit.	Sand-Lotwurz	Bd. 3	254
Onosma helvetica Boiss.	Wachauer Lotwurz (Schweizer L.)	Bd. 3	254
Onosma visianii Clementi	Dalmatinische Lotwurz	Bd. 3	254
Pulmonaria angustifolia L. agg.	Schmalblatt-Lungenkraut	Bd. 3	259
Pulmonaria kerneri Wettst.	Kerner-Lungenkraut	Bd. 3	259
Pulmonaria mollis Hornem.	Weiches Lungenkraut (Weichhaar-L.)	Bd. 3	258
Pulmonaria officinalis L.	Lungenkraut (Echt-L.)	Bd. 1	186
Symphytum officinale L.	Beinwell	Bd. 1	186
Symphytum tuberosum L.	Wald-Beinwell (Knollen-B., Knoten-B.)	Bd. 1	186
Familie: Buddlejaceae			
Buddleja davidii Franch.	Sommerflieder	Bd. 4	
Familie: Gentianaceae			
Blackstonia acuminata (Koch & Ziz) Domin	Bitterling	Bd. 3	260
Centaurium erythraea Rafn	Tausendguldenkraut (Echt-Tausendguldenkraut)	Bd. 1	190
Centaurium littorale (Turn.) Gilm.	Salztausendguldenkraut	Bd. 3	261
Centaurium pulchellum (Sw.) Druce	Kleines Tausendguldenkraut	Bd. 1	190
Gentiana acaulis L.	Silikat-Glocken-Enzian	Bd. 1	188
Gentiana asclepiadea L.	Schwalbenwurz-Enzian	Bd. 1	190
Gentiana bavarica L.	Bayern-Enzian	Bd. 3	264
Gentiana clusii Perr. & Song.	Clusius-Enzian (Kalk-Glocken-Enzian)	Bd. 1	188
Gentiana cruciata L.	Kreuz-Enzian	Bd. 1	188
Gentiana nivalis L.	Schnee-Enzian	Bd. 3	264
Gentiana pannonica Scop.	Pannonischer Enzian (Ostalpen-E., Ungarn-E.)	Bd. 1	188
Gentiana pneumonanthe L.	Lungen-Enzian	Bd. 1	190
Gentiana pumila Jacq.	Zwerg-Enzian	Bd. 3	264
Gentiana verna L.	Frühlings-Enzian („Schusternagerl“)	Bd. 1	188
Gentianella aspera (Heg.) Dostál ex Skal., C. & Gill	Rauer Enzian, Rauer Kranzenzian	Bd. 3	262
Gentianella austriaca (A. & J. Kern.) Holub	Österreichischer Kranzenzian	Bd. 3	262

Wissenschaftlicher Name Autoren	Deutscher Name	Band	Seite
Familie: Gentianaceae			
Gentianella bohemica Skalicky	Böhmischer Kranzenzian	Bd. 3	262
Gentianella germanica	Deutscher Kranzenzian	Bd. 3	261
(*G. praecox* (A. & J. Kern) Dostál ex E.Mayer)	Böhmischer Kranzenzian	Bd. 3	262
Gentianella praecox subsp. *bohemica* (Skalicky) Holub	Spätblühender Böhmischer Kranzenzian	Bd. 3	262
Gentianella praecox subsp. *praecox* (Skalicky) Holub	Frühblühender Böhmischer Kranzenzian	Bd. 3	262
Gentianopsis ciliata (L.) Ma	Gefranster Enzian, Fransen-Enzian	Bd. 1	190
Swertia perennis L.	Tarant	Bd. 1	192
Familie: Menyanthaceae			
Menyanthes trifoliata L.	Fieberklee	Bd. 1	192
Nymphoides peltata (S. G. Gmel.) O. Kuntze	Seekanne	Bd. 4	190
Familie: Nymphaeaceae			
Nuphar lutea (L.) Sm.	Gelbe Teichrose	Bd. 4	192
Nuphar pumila (Timm) DC.	Kleine Teichrose	Bd. 4	192
Nymphaea alba L.	Weiße Seerose	Bd. 4	192
Nymphaea candida K. Presl	Kleine Seerose	Bd. 4	192
Familie: Apocynaceae			
Vinca herbacea W. & K.	Krautiges Immergrün	Bd. 1	192
Vinca minor L.	Kleines Immergrün	Bd. 1	192
Familie: Asclepiadaceae			
Vincetoxicum hirundinaria Med.	Schwalbenwurz	Bd. 1	192
Familie: Rubiaceae			
Asperula arvensis L.	Ackermeister	Bd. 3	265
Asperula cynanchica L.	Hügel-Meier	Bd. 1	194
Asperula neilreichii Beck	Alpen-Meier	Bd. 1	194
Asperula tinctoria L.	Färber-Meier	Bd. 1	194
Cruciata glabra (L.) Ehrend.	Kahles Kreuzlabkraut (Frühlings-K.)	Bd. 1	198
Cruciata laevipes Opiz	Wiesen-Kreuzlabkraut	Bd. 1	198
Cruciata pedemontana (Bell.) Ehrend.	Piemonteser Kreuzlabkraut	Bd. 3	266
Galium album Mill.	Weißes Labkraut (Großes Wiesen-L.)	Bd. 1	196
Galium anisophyllon Vill.	Alpen-Labkraut (Ungleichblättriges L.)	Bd. 3	271
Galium aparine L.	Kletten-Labkraut (Weißes Klett-Labkraut)	Bd. 3	269
Galium austriacum Jacq.	Österreichisches Labkraut	Bd. 3	271
Galium boreale L.	Nordisches Labkraut	Bd. 1	196
Galium elongatum K. Presl	Hohes Labkraut (Lang-Sumpf-L.)	Bd. 3	269
Galium glaucum L.	Blaugrünes Labkraut	Bd. 3	267
Galium lucidum All. agg.	Glanz-Labkraut	Bd. 3	270
Galium meliodorum (Beck) Fritsch	Honig-Labkraut (Honigduft-L.)	Bd. 3	270
Galium mollugo L. s. str.	Kleines Wiesen-Labkraut	Bd. 1	196
Galium mollugo L. agg.	Wiesen-Labkraut	Bd. 3	268

Wissenschaftlicher Name Autoren	Deutscher Name	Band	Seite
Familie: Rubiaceae			
Galium noricum Ehrend.	Norisches Labkraut	Bd. 3	270
Galium odoratum (L.) Scop.	Waldmeister	Bd. 1	194
Galium palustre L.	Sumpf-Labkraut	Bd. 3	269
Galium palustre L. agg.	Sumpf-Labkraut	Bd. 3	269
Galium parisiense L.	Paris-Labkraut	Bd. 3	268
Galium pumilum Murray	Heide-Labkraut (Niederes Labkraut)	Bd. 3	271
Galium pusillum L. agg.	Artengruppe Zierliches Labkraut	Bd. 3	270
Galium pycnotrichum Kern.	Dickes Wiesen-Labkraut	Bd. 3	268
Galium rotundifolium L.	Rundblatt-Labkraut	Bd. 1	194
Galium rubioides L.	Krapp-Labkraut	Bd. 3	267
Galium saxatile L.	Harz-Labkraut	Bd. 3	271
Galium spurium L.	Saat-Labkraut (Grünes Klett-Labkraut)	Bd. 3	269
Galium sylvaticum L.	Wald-Labkraut	Bd. 1	194
Galium tricornutum Dandy	Dreihörniges Labkraut	Bd. 3	268
Galium truniacum (Ronn.) Ronn.	Traunsee-Labkraut	Bd. 3	270
Galium uliginosum L.	Moor-Labkraut	Bd. 3	269
Galium valdepilosum H. Br.	Mährisches Labkraut	Bd. 3	271
Galium verum L. agg.	Echtes Labkraut (Eigentliches, Gewöhnliches)	Bd. 1	196
Galium wirtgenii F. W. Schultz	Wirtgen-Labkraut	Bd. 3	266
Galium × pomeranicum Retz.	Weißgelb-Labkraut	Bd. 3	266
Sherardia arvensis L.	Ackerröte	Bd. 1	196
Familie: Oleaceae			
Fraxinus angustifolia Vahl	Quirl-Esche (Schmalblatt-E.)	Bd. 4	127
Fraxinus excelsior L.	Esche (Edel-E.)	Bd. 4	126
Fraxinus ornus L.	Blumen-Esche	Bd. 4	128
Syringa vulgaris L.	Flieder	Bd. 4	24
Ligustrum vulgare L.	Liguster (Rainweide)	Bd. 4	128
Familie: Aquifoliaceae			
Ilex aquifolium L.	Stechpalme	Bd. 4	128
Familie: Caprifoliaceae			
Lonicera alpigena L.	Alpen-Heckenkirsche	Bd. 4	130
Lonicera caerulea L.	Blaue Heckenkirsche	Bd. 4	130
Lonicera caprifolium L.	Geißblatt (Jelängerjelieber)	Bd. 4	130
Lonicera nigra L.	Schwarze Heckenkirsche	Bd. 4	130
Lonicera xylosteum L.	Rote Heckenkirsche (Gewöhnliche H.)	Bd. 4	130
Sambucus ebulus L.	Zwergholunder (Attich)	Bd. 4	132
Sambucus nigra L.	Schwarzer Holunder	Bd. 4	132
Sambucus racemosa L.	Roter Holunder (Trauben-H.)	Bd. 4	132
Viburnum lantana L.	Wolliger Schneeball	Bd. 4	134

Wissenschaftlicher Name Autoren	Deutscher Name	Band	Seite
Familie: Caprifoliaceae			
Viburnum opulus L.	Gewöhnlicher Schneeball	Bd. 4	134
Familie: Solanaceae			
Atropa bella-donna L.	Tollkirsche	Bd. 1	198
Datura stramonium L.	Stechapfel	Bd. 1	198
Hyoscyamus niger L.	Bilsenkraut	Bd. 1	198
Lycium barbarum L.	Bocksdorn (Teufelszwirn, Gewöhnlich-B.)	Bd. 4	126
Lycium chinense Mill.	Chinesischer Bocksdorn	Bd. 4	126
Nicandra physalodes (L.) Gaertn.	Giftbeere	Bd. 3	273
Physalis alkekengi L.	Blasenkirsche (Lampionpflanze)	Bd. 1	200
Solanum dulcamara L.	Bittersüßer Nachtschatten	Bd. 1	200
Solanum nigrum L.	Schwarzer Nachtschatten	Bd. 3	273
Solanum physalifolium Rusby subsp. *nitidibaccatum* (Bitter) J. M. Edmonds	Glanzbeeren-Nachtschatten	Bd. 3	273
Solanum villosum Mill. subsp. *alatum* (Moench) J. M. Edmonds	Mennigroter Nachtschatten	Bd. 3	273
Solanum villosum subsp. *villosum* Mill.	Gelber Nachtschatten	Bd. 3	273
Familie: Convolvulaceae			
Convolvulus arvensis L.	Ackerwinde	Bd. 1	200
Convolvulus cantabrica L.	Kantabrische Winde	Bd. 3	273
Calystegia sepium (L.) R. Br.	Zaunwinde	Bd. 1	200
Familie: Cuscutaceae			
Cuscuta epithymum (L.) L.	Quendel-Seide	Bd. 1	200
Cuscuta europaea L.	Nessel-Seide (Hopfenseide)	Bd. 1	200
Cuscuta spp.	Seide (Teufelszwirn)	Bd. 1	202
Familie: Scrophulariaceae			
Chaenarrhinum minus (L.) Lange	Klaffmund (Orant)	Bd. 1	204
Cymbalaria muralis Gaertn., Mey. & Scherb.	Zimbelkraut	Bd. 3	276
Digitalis grandiflora Mill.	Großblütiger Fingerhut (Groß-F.)	Bd. 1	204
Digitalis lanata Ehrh.	Wolliger Fingerhut	Bd. 1	204
Digitalis lutea L.	Gelber Fingerhut	Bd. 1	204
Digitalis purpurea L.	Roter Fingerhut	Bd. 1	204
Gratiola officinalis L.	Gottesgnadenkraut	Bd. 1	204
Kickxia elatine (L.) Dum.	Spießblättriges Tännelkraut	Bd. 3	276
Kickxia spuria (L.) Dum.	Eiblättriges Tännelkraut	Bd. 3	276
Limosella aquatica L.	Schlammling	Bd. 1	204
Linaria alpina (L.) Mill.	Alpen-Leinkraut	Bd. 1	203
Linaria arvensis (L.) Desf.	Acker-Leinkraut	Bd. 3	275
Linaria genistifolia (L.) Mill.	Ginster-Leinkraut	Bd. 3	277
Linaria vulgaris Mill.	Leinkraut (Echt-L.)	Bd. 1	202
Lindernia procumbens (Krock.) Philcox	Büchsenkraut	Bd. 3	275
(*Microrrhinum minus* (L.) Fourr.)	Klaffmund (Orant)	Bd. 1	204
Mimulus guttatus DC.	Gauklerblume	Bd. 3	276

Wissenschaftlicher Name Autoren	Deutscher Name	Band	Seite
Familie: Scrophulariaceae			
Misopates orontium (L.) Rafin.	Katzenmaul (Feld-Löwenmaul, Acker-L.)	Bd. 3	276
Scrophularia nodosa L.	Braunwurz	Bd. 1	202
Scrophularia umbrosa Dum.	Flügel-Braunwurz	Bd. 1	202
Verbascum alpinum Turra	Wollige Königskerze	Bd. 3	278
Verbascum blattaria L.	Schaben-Königskerze	Bd. 1	206
Verbascum chaixii Vill.	Österreichische Königskerze	Bd. 1	206
Verbascum densiflorum Bertol.	Großblütige Königskerze	Bd. 1	208
Verbascum lychnitis L.	Heide-Königskerze (Mehlige K., Heidefackel)	Bd. 1	207
Verbascum nigrum L.	Schwarze Königskerze	Bd. 1	206
Verbascum phlomoides L.	Gewöhnliche Königskerze (Windblumen-K.)	Bd. 1	208
Verbascum phoeniceum L.	Purpur-Königskerze	Bd. 1	208
Verbascum speciosum Schrad.	Pracht-Königskerze	Bd. 1	206
Verbascum thapsus L.	Kleinblütige Königskerze	Bd. 1	208
Veronica agrestis L.	Acker-Ehrenpreis	Bd. 3	284
Veronica alpina L.	Alpen-Ehrenpreis	Bd. 3	280
Veronica anagallis-aquatica L. agg.	Gauchheil-Ehrenpreis, Wasser-Ehrenpreis	Bd. 3	281
Veronica aphylla L.	Blattloser Ehrenpreis (Nacktstiel E.)	Bd. 3	280
Veronica arvensis L.	Feld-Ehrenpreis, Acker-Ehrenpreis	Bd. 1	210
Veronica austriaca L.	Österreichischer Ehrenpreis	Bd. 3	288
Veronica beccabunga L.	Bachbunge (Bach-Ehrenpreis)	Bd. 1	214
Veronica chamaedrys L.	Gamander-Ehrenpreis	Bd. 1	210
Veronica chamaedrys L. agg.	Gamander-Ehrenpreis	Bd. 1	210
Veronica chamaedrys L. s. str.	Gewöhnlicher Gamander-Ehrenpreis	Bd. 3	285
Veronica dillenii Cr.	Dillenius-Ehrenpreis	Bd. 3	287
Veronica filiformis Sm.	Faden-Ehrenpreis	Bd. 1	212
Veronica fruticans Jacq.	Felsen-Ehrenpreis	Bd. 1	214
Veronica hederifolia L. agg.	Efeublättriger Ehrenpreis	Bd. 1	212
Veronica maritima L.	Langblatt-Blauweiderich (Langblatt-Ehrenpreis)	Bd. 3	289
Veronica montana L.	Berg-Ehrenpreis	Bd. 3	282
Veronica officinalis L.	Arznei-Ehrenpreis (Echter E., Wald-E.)	Bd. 1	214
Veronica orchidea Crantz	Orchideen-Blauweiderich	Bd. 1	214
Veronica peregrina L.	Fremder Ehrenpreis (Südamerikanischer E.)	Bd. 3	288
Veronica persica Poir.	Persischer Ehrenpreis	Bd. 1	212
Veronica polita Fries	Glänzender Ehrenpreis	Bd. 3	283
Veronica praecox All.	Früher Ehrenpreis (Frühblühender E.)	Bd. 3	288
Veronica prostrata L.	Liegender Ehrenpreis	Bd. 1	210

Wissenschaftlicher Name Autoren	Deutscher Name	Band	Seite
Familie: Scrophulariaceae			
Veronica scutellata L.	Schild-Ehrenpreis	Bd. 3	281
Veronica serpyllifolia L.	Quendel-Ehrenpreis	Bd. 3	287
Veronica serpyllifolia L. subsp. *humifusa* Syme	Gebirgs-Quendel-Ehrenpreis	Bd. 3	287
Veronica spicata L.	Ähren-Blauweiderich (Heide-Ehrenpreis)	Bd. 1	210
Veronica sublobata M. Fisch.	Hain-Ehrenpreis	Bd. 3	283, 498
Veronica teucrium L.	Großer Ehrenpreis	Bd. 3	288
Veronica triloba (Opiz) Kern.	Dreilappen-Ehrenpreis	Bd. 3	283, 498
Veronica triphyllos L.	Finger-Ehrenpreis	Bd. 1	212
Veronica urticifolia Jacq.	Nesselblatt-Ehrenpreis	Bd. 3	282
Veronica verna L.	Frühlings-Ehrenpreis	Bd. 3	287
Veronica vindobonensis (M. Fisch.) M. Fisch.	Wiener Gamander-Ehrenpreis	Bd. 3	286
Familie: Plantaginaceae			
Plantago alpina L.	Alpen-Wegerich	Bd. 3	290
Plantago altissima L.	Hoher (Spitz-) Wegerich	Bd. 1	215
Plantago arenaria Waldst. & Kit.	Sand-Wegerich (Indischer W.)	Bd. 1	216
Plantago atrata Hoppe	Alpen-Wegerich, Berg-Wegerich (Schwarzer W.)	Bd. 3	290
Plantago lanceolata L.	Spitzwegerich	Bd. 1	214
Plantago major L.	Breitwegerich	Bd. 1	216
Plantago maritima L.	Strand-Wegerich	Bd. 3	290
Plantago media L.	Mittlerer Wegerich	Bd. 1	216
Plantago uliginosa F. W. Schmidt	Kleiner Wegerich	Bd. 1	216
Familie: Globulariaceae			
Globularia cordifolia L.	Herzblatt-Kugelblume	Bd. 1	216
Globularia nudicaulis L.	Nacktstängel-Kugelblume	Bd. 1	216
Globularia punctata Lapeyr.	(Gewöhnliche) Kugelblume (Hochstiel-K.)	Bd. 1	216
Familie: Orobanchaceae			
Bartsia alpina L.	Alpenhelm	Bd. 1	218
Euphrasia kerneri Wettst.	Großblütiger Augentrost	Bd. 3	303
Euphrasia micrantha Rchb.	Schlanker Augentrost	Bd. 3	304
Euphrasia minima Jacq. ex DC.	Zwerg-Augentrost	Bd. 3	304
Euphrasia nemorosa (Pers.) Wallr.	Hain-Augentrost	Bd. 3	304
Euphrasia officinalis L. agg.	Großer Augentrost	Bd. 3	303
Euphrasia officinalis L. subsp. *picta* (Wimm.) Čelak.	Bunter Augentrost	Bd. 3	303
Euphrasia officinalis L. subsp. *rostkoviana* (Hayne) F. Towns.	Gewöhnlicher Augentrost	Bd. 3	303
Euphrasia salisburgensis Host	Salzburger Augentrost	Bd. 3	303
Euphrasia stricta Wolff ex Lehm.	Heide-Augentrost	Bd. 3	303
Lathraea squamaria L.	Schuppenwurz	Bd. 1	220
Melampyrum arvense L.	Acker-Wachtelweizen	Bd. 1	218

Wissenschaftlicher Name Autoren	Deutscher Name	Band	Seite
Familie: Orobanchaceae			
Melampyrum barbatum W. & K.	Bart-Wachtelweizen	Bd. 3	302
Melampyrum cristatum L.	Kamm-Wachtelweizen	Bd. 3	302
Melampyrum nemorosum L.	Hain-Wachtelweizen	Bd. 1	218
Melampyrum pratense L.	Gewöhnlicher Wachtelweizen (Wiesen-W.)	Bd. 1	218
Melampyrum subalpinum (Juratzka) Kern.	Alpenostrand-Wachtelweizen	Bd. 1	218
Melampyrum sylvaticum L.	Wald-Wachtelweizen	Bd. 1	218
Odontites luteus (L.) Clairv.	Gelber Zahntrost	Bd. 3	300
Odontites vernus (Bell.) Dumort.	Acker-Zahntrost, Roter Zahntrost	Bd. 3	300
Odontites vulgaris Moench	Gemeiner Zahntrost	Bd. 3	300
Orobanche alba Steph. ex Willd.	Weiße Sommerwurz	Bd. 3	296
Orobanche alsatica Kirschl. s. l.	Elsässer Sommerwurz	Bd. 3	294
Orobanche alsatica subsp. *alsatica* Kirschl.	Elsässer Sommerwurz	Bd. 3	294
Orobanche alsatica Kirschl. subsp. *libanotidis* (Rupr.) Tzvelev	Elsässer Sommerwurz	Bd. 3	294
Orobanche arenaria Borkh.	Sand-Sommerwurz	Bd. 3	298
Orobanche artemisiae-campestris Vauch. ex Gaudin	Beifuß-Sommerwurz	Bd. 3	298
(O. bartlingii Griseb.*)*	Elsässer Sommerwurz	Bd. 3	294
Orobanche bohemica Čelak.	Böhmische Sommerwurz	Bd. 3	298
Orobanche caryophyllacea Sm.	Labkraut-Sommerwurz, Nelken-Sommerwurz	Bd. 3	296
Orobanche coerulescens Steph.	Blaue Sommerwurz	Bd. 3	299
Orobanche elatior Sutton	Große Sommerwurz	Bd. 3	295
Orobanche flava Mart. ex F. W. Schultz	Pestwurz-Sommerwurz	Bd. 3	294
Orobanche gracilis Sm.	Blutrote Sommerwurz (Zierliche S.)	Bd. 1	220
Orobanche kochii F. W. Schultz	Koch-Sommerwurz	Bd. 3	295
Orobanche lanuginosa (C. A. Mey.) Greut. & Burd.	Wollige Sommerwurz, Weißwollige Sommerwurz	Bd. 3	299
Orobanche laserpitii-sileris Reut. ex Jord.	Laserkraut-Sommerwurz	Bd. 3	298
Orobanche lutea Baumg.	Gelbe Sommerwurz	Bd. 3	294
Orobanche minor Sm.	Klee-Sommerwurz	Bd. 3	297
Orobanche pancicii Beck	Skabiosen-Sommerwurz	Bd. 3	297
Orobanche picridis F. W. Schultz	Bitterkraut-Sommerwurz	Bd. 3	297
Orobanche purpurea Jacq.	Violette Sommerwurz	Bd. 3	298
Orobanche ramosa L.	Ästige Sommerwurz	Bd. 1	292
Orobanche reticulata Wallr.	Distel-Sommerwurz	Bd. 3	297
Orobanche reticulata Wallr. subsp. *pallidiflora* (Wimm. & Grab.) Tzvelev	Bleiche Distel-Sommerwurz	Bd. 3	297
Orobanche reticulata subsp. *reticulata* Wallr.	Eigentliche Distel-Sommerwurz	Bd. 3	297
Orobanche salviae F. W. Schultz ex W. D. J. Koch	Salbei-Sommerwurz	Bd. 3	294
Orobanche teucrii Holandre	Gamander-Sommerwurz	Bd. 3	296
Pedicularis foliosa L.	Gelbes Läusekraut	Bd. 3	305
Pedicularis palustris L.	Sumpf-Läusekraut	Bd. 3	306
Pedicularis portenschlagii Saut. ex Rchb.	Zweiblütiges Läusekraut	Bd. 3	306

Wissenschaftlicher Name Autoren	Deutscher Name	Band	Seite
Familie: Orobanchaceae			
Pedicularis recutita L.	Gestutztes Läusekraut	Bd. 3	306
Pedicularis rosea Wulf.	Rosa Läusekraut	Bd. 3	306
Pedicularis rostrato-capitata Cr.	Kopf-Läusekraut	Bd. 3	305
Pedicularis rostratospicata Cr.	Ähren-Läusekraut	Bd. 3	305
Pedicularis sylvatica L.	Wald-Läusekraut	Bd. 3	306
Pedicularis verticillata L.	Quirl-Läusekraut	Bd. 3	305
(Phelipanche arenaria Pomel*)*	Sand-Sommerwurz	Bd. 3	298
(Phelipanche caesia (Rchb.) Soják*)*	Wollige Sommerwurz, Weißwollige Sommerwurz	Bd. 3	299
(Phelipanche purpurea (Jacq.) Soják*)*	Violette Sommerwurz	Bd. 3	298
Rhinanthus alectorolophus Pollich	Zottiger Klappertopf	Bd. 1	222
Rhinanthus borbasii (Dörfl.) Soó	Puszta-Klappertopf	Bd. 3	301
Rhinanthus glacialis Personn.	Alm-Klappertopf (Grannen-Klappertopf)	Bd. 1	222
Rhinanthus minor L.	Kleiner Klappertopf	Bd. 1	220
Rhinanthus serotinus (Schönheit) Oborny agg.	Großer Klappertopf	Bd. 3	301
Tozzia alpina L.	Alpenrachen	Bd. 3	300
Familie: Lentibulariaceae			
Pinguicula alpina L.	Alpen-Fettkraut	Bd. 1	222
Pinguicula vulgaris L.	Gewöhnliches Fettkraut	Bd. 1	222
Utricularia australis R. Br.	Südlicher Wasserschlauch	Bd. 4	178
Utricularia bremii Heer ex Koellik.	Zierlicher Wasserschlauch	Bd. 4	178
Utricularia intermedia Hayne	Mittlerer Wasserschlauch	Bd. 4	178
Utricularia minor L.	Kleiner Wasserschlauch	Bd. 4	178
Utricularia vulgaris L.	Gewöhnlicher Wasserschlauch	Bd. 4	178
Familie: Verbenaceae			
Verbena officinalis L.	Eisenkraut	Bd. 1	222
Familie: Lamiaceae			
(Acinos arvensis (Lam.) Dandy*)*	Steinquendel	Bd. 3	318
Ajuga chamaepitys (L.) Schreb.	Gelber Günsel (Ackergünsel)	Bd. 3	311
Ajuga genevensis L.	Heidegünsel	Bd. 1, Bd. 3	234, 311
Ajuga pyramidalis L.	Pyramiden-Günsel (Alpen-G.)	Bd. 3	311
Ajuga reptans L.	Kriechender Günsel	Bd. 1	234
Ballota nigra L.	Schwarznessel	Bd. 1	224
Betonica alopecuros L.	Gelbe Betonie	Bd. 1	226
Betonica officinalis L.	Heilziest (Gewöhnliche Betonie), Echte Betonie	Bd. 1	226
Calamintha acinos (L.) Clairv.	Steinquendel	Bd. 3	318
Calamintha alpina Lam.	Alpenquendel (Alpen-Steinquendel)	Bd. 1	232
(C. einseleana F. W. Schultz*)*	Österreichische Bergminze	Bd. 3	318
Calamintha foliosa Opiz	Österreichische Bergminze	Bd. 3	318
Calamintha menthifolia Host	Wald-Bergminze	Bd. 3	318

Wissenschaftlicher Name Autoren	Deutscher Name	Band	Seite
Familie: Lamiaceae			
(Syn. *Clinopodium alpinum, Acinos alpinus, Satureja alpina*)	Alpenquendel (Alpen-Steinquendel)	Bd. 1	232
Clinopodium vulgare L.	Wirbeldost	Bd. 1	230
Dracocephalum austriacum L.	Österreichischer Drachenkopf	Bd. 3	317
Galeopsis angustifolia (Ehrh.) Hoffm.	Schmalblatt-Hohlzahn	Bd. 3	325
Galeopsis bifida Boenn.	Kleinblütiger Hohlzahn (Zweizipfel-H.)	Bd. 3	326
Galeopsis ladanum L.	Breitblatt Hohlzahn (Acker-H.)	Bd. 3	326
Galeopsis pernhofferi Wettst.	Kleinblütiger Bunter Hohlzahn	Bd. 3	326
Galeopsis pubescens Bess.	Flaumiger Hohlzahn (Weichhaariger H.)	Bd. 3	326
Galeopsis pubescens Bess. subsp. *murriana* (Borbás & Wettst.) Murr		Bd. 3	326
Galeopsis speciosa Mill.	Bunter Hohlzahn	Bd. 3	326
Galeopsis tetrahit L.	Stechender Hohlzahn	Bd. 3	326
Glechoma hederacea L.	Gundelrebe	Bd. 1	232
Glechoma hirsuta W. & K.	Langhaar-Gundelrebe	Bd. 1	232
Lamiastrum argentatum (Smejkal) H. Melzer	Silber-Goldnessel	Bd. 3	320
Lamiastrum flavidum (F. Herm.) Ehrend.	Blassgelbe Goldnessel	Bd. 1	224
Lamiastrum montanum (Pers.) Ehrend.	Berg-Goldnessel	Bd. 1	224
Lamium album L.	Weiße Taubnessel	Bd. 1	224
Lamium amplexicaule L.	Stängelumfassende Taubnessel	Bd. 3	321
Lamium maculatum (L.) L.	Gefleckte Taubnessel	Bd. 1	224
Lamium purpureum L.	Purpur-Taubnessel	Bd. 1, Bd. 3	224, 321
Leonurus cardiaca L.	Löwenschwanz (Herzgespann)	Bd. 3	316
Leonurus cardiaca L. subsp. *villosus* (Desf. ex Spreng.) Hyl.	Zottiger Löwenschwanz	Bd. 3	316
Leonurus marrubiastrum L.	Katzenschwanz (Auen-Löwenschwanz)	Bd. 3	322
Lycopus europaeus L.	Wolfsfuß (Wolfstrapp)	Bd. 3	312
Lycopus exaltatus L.f.	Hoher Wolfsfuß (Fieder-W.)	Bd. 3	312
Marrubium peregrinum L.	Grauer Andorn (Ungarischer A.)	Bd. 3	316
Marrubium vulgare L.	Echter Andorn (Gewöhnlicher A.)	Bd. 3	316
Melissa officinalis L.	Zitronen-Melisse	Bd. 3	317
Melittis melissophyllum L.	Immenblatt (Bienensaug)	Bd. 1	224
Mentha aquatica L.	Wasserminze	Bd. 1	230
Mentha arvensis L.	Ackerminze	Bd. 3	314
Mentha arvensis L. subsp. *austriaca* (Jacq.) Briq.	Österreichiche Ackerminze	Bd. 3	314
Mentha longifolia (L.) Huds. em. Harley	Rossminze	Bd. 1	230
Mentha pulegium L.	Poleiminze	Bd. 1	230
Mentha verticillata L. agg.	Quirlminzen-Gruppe	Bd. 3	312
Nepeta cataria L.	Echte Katzenminze	Bd. 3	322
Nepeta nuda L.	Pannonische Katzenminze	Bd. 3	322
Origanum vulgare L.	Dost	Bd. 1	230
Phlomis tuberosa L.	Knollen-Brandkraut	Bd. 3	322

Wissenschaftlicher Name Autoren	Deutscher Name	Band	Seite
Familie: Lamiaceae			
Prunella grandiflora (L.) Scholler	Großblütige Braunelle	Bd. 1	233
Prunella laciniata (L.) L.	Weiße Braunelle	Bd. 1	233
Prunella vulgaris L.	(Gewöhnliche) Braunelle (Brunelle)	Bd. 1	232
Salvia aethiopis L.	Ungarischer Salbei	Bd. 3	324
Salvia austriaca Jacq.	Österreichischer Salbei	Bd. 3	324
Salvia glutinosa L.	Kleb-Salbei	Bd. 1	228
Salvia nemorosa L.	Steppen-Salbei	Bd. 1	228
Salvia officinalis L.	Echter Salbei	Bd. 1	226
Salvia pratensis L.	Wiesen-Salbei	Bd. 1	226
Salvia sclarea L.	Muskateller Salbei	Bd. 3	323
Salvia verticillata L.	Quirl-Salbei	Bd. 1	228
Scutellaria altissima L.	Hohes Helmkraut	Bd. 3	315
Scutellaria galericulata L.	Sumpf-Helmkraut	Bd. 3	315
Scutellaria hastifolia L.	Spieß-Helmkraut	Bd. 3	315
Sideritis montana L.	Gliedkraut	Bd. 3	309
Stachys alpina L.	Alpenziest	Bd. 1	226
Stachys annua (L.) L.	Einjähriger Ziest (Wusperkraut)	Bd. 1	226
Stachys byzantina K. Koch	Wollziest	Bd. 3	330
Stachys germanica L.	Deutscher Ziest	Bd. 3	331
Stachys palustris L.	Sumpf-Ziest	Bd. 1	226
Stachys recta L.	Aufrechter Ziest	Bd. 1	226
Stachys sylvatica L.	Waldziest	Bd. 1	226
Teucrium botrys L.	Trauben-Gamander (Feld-G.)	Bd. 3	310
Teucrium chamaedrys L.	Gamander	Bd. 1	234
Teucrium montanum L.	Berg-Gamander	Bd. 1	234
Teucrium scordium L.	Knoblauch-Gamander	Bd. 3	311
Thymus kosteleckyanus Opiz	Steppenthymian (Pannonischer Quendel)	Bd. 3	328
Thymus odoratissimus Mill.	Österreichischer Thymian (Österreich-Quendel)	Bd. 3	328
Thymus praecox Opiz	Kriechthymian (Früher Quendel)	Bd. 3	329
Thymus pulegioides L.	Arznei-Thymian (Feld-Thymian, Arznei-Quendel, Feld-Qu.)	Bd. 3	328
Thymus serpyllum L. em. Mill.	Sandthymian	Bd. 3	330
Thymus spp.	Quendel (Wilder Thymian)	Bd. 1	232
Familie: Adoxaceae			
Adoxa moschatellina L.	Moschusblümchen (Moschuskraut)	Bd. 1	234
Familie: Valerianaceae			
Valeriana dioica L.	Moor-Baldrian (Sumpf-B., Kleiner B.)	Bd. 3	333
Valeriana elongata Jacq.	Ostalpen-Baldrian	Bd. 3	333
Valeriana montana L.	Berg-Baldrian	Bd. 1	236

Wissenschaftlicher Name Autoren	Deutscher Name	Band	Seite
Familie: Valerianaceae			
Valeriana officinalis L. agg.	Echter Baldrian (Arznei-B)	Bd. 1	236
Valeriana officinalis subsp. *officinalis* L.	(Breitblatt-)Baldrian	Bd. 3	332
Valeriana officinalis L. subsp. *sambucifolia* (Mikan f. ex Pohl) Čelak.	Holunderblatt-Baldrian	Bd. 3	331
(*Valeriana officinalis* L. subsp. *tenuifolia* (Vahl) Schübl. et Martens)	Hügel-Baldrian, Schmalblatt-Baldrian	Bd. 1	236
Valeriana saxatilis L.	Felsen-Baldrian	Bd. 3	333
Valeriana tripteris L.	Dreischnittiger Baldrian (Dreiblättriger B.)	Bd. 1	236
Valeriana wallrothii Kreyer	Hügel-Baldrian, Schmalblatt-Baldrian	Bd. 1	236
Valerianella carinata Loisel.	Gekielter Feldsalat	Bd. 3	334
Valerianella dentata (L.) Pollich	Gezähnter Feldsalat	Bd. 3	335
Valerianella locusta (L.) Laterrade	Vogerlsalat (Gewöhnlicher Feldsalat)	Bd. 3	334
Valerianella rimosa Bast.	Gefurchter Feldsalat	Bd. 3	335
Valerianella ssp.	Vogerlsalat (Feldsalat)	Bd. 1	236
Familie: Dipsacaceae			
Cephalaria transsylvanica (L.) Schrad. ex Roem. & Schult.	Schuppenkopf	Bd. 3	337
Dipsacus fullonum L.	Wilde Karde	Bd. 1	238
Dipsacus laciniatus L.	Schlitzblatt-Karde	Bd. 1	238
Dipsacus pilosus L.	Borsten-Karde	Bd. 3	336
Dipsacus strigosus Willd. ex Roem. & Schult.	Schlanke Karde	Bd. 3	336
Knautia arvensis (L.) Coult.	Wiesen-Witwenblume (Acker-W.)	Bd. 1	240
(*Knautia dipsacifolia* Kreutzer)	Berg-Witwenblume (Wald-W.)	Bd. 3	338
Knautia drymeia Heuff.	Waldsaum-Witwenblume (Ungarische W.)	Bd. 3	338
Knautia drymeia Heuff. subsp. *intermedia* (Pernh. & Wettst.) Ehrend.	Breitblättrige Ungarische Witwenblume	Bd. 3	338
Knautia kitaibelii (Schult.) Borb.	Gelbe Witwenblume (Kitaibel-W., Karpaten-W.)	Bd. 3	338
Knautia maxima (Opiz) Ortm.	Berg-Witwenblume (Wald-W.)	Bd. 3	338
Scabiosa canescens W. & K.	Duftende Skabiose	Bd. 1	238
Scabiosa columbaria L.	Tauben-Skabiose	Bd. 1	238
Scabiosa lucida Vill.	Glänzende Skabiose (Glanzblatt-S.)	Bd. 1	238
Scabiosa ochroleuca L.	Gelbe Skabiose	Bd. 1	240
Scabiosa triandra L.	Südliche Skabiose	Bd. 1	238
Succisa pratensis Moench	Teufelsabbiss	Bd. 1	240
Familie: Elaeagnaceae			
Elaeagnus angustifolia L.	Asiatische Ölweide	Bd. 4	115
Hippophaë rhamnoides L.	Sanddorn	Bd. 4	115
Familie: Araliaceae			
Hedera helix L.	Efeu (Gewöhnlich-E.)	Bd. 4	134
Hydrocotyle vulgaris L.	Wassernabel	Bd. 1	240

Wissenschaftlicher Name Autoren	Deutscher Name	Band	Seite
Familie: Apiaceae			
Aegopodium podagraria L.	Giersch (Geißfuß)	Bd. 1	248
Aethusa cynapium subsp. *cynapium* L.	Hundspetersilie	Bd. 3	365
Aethusa cynapium L. subsp. *elata* (G. Fisch.) Schübl. & G. Martens	Hundspetersilie	Bd. 3	365
Angelica archangelica L.	Erz-Engelwurz	Bd. 1	248
Angelica sylvestris L.	Wilde Engelwurz	Bd. 1	248
Anthriscus caucalis MB.	Hundskerbel	Bd. 1, Bd. 3	242, 365
Anthriscus cerefolium (L.) Hoffm.	Echtes Kerbelkraut	Bd. 1	242
Anthriscus nitidus (Wahlenb.) Hazsl.	Glanz-Kerbel	Bd. 1	242
Anthriscus sylvestris (L.) Hoffm.	Wiesenkerbel	Bd. 1	242
Astrantia major L.	Sterndolde	Bd. 1	252
Athamanta cretensis L.	Augenwurz	Bd. 3	358
Berula erecta (Huds.) Coville	Berle (Aufrechter Merk)	Bd. 3	347
Bifora radians MB.	Strahlen-Hohlsame (Strahlen-Stinkkoriander)	Bd. 1	254
Bupleurum affine Sadler	Ungarisches Hasenohr	Bd. 3	344
Bupleurum falcatum L.	Sichelblättriges Hasenohr	Bd. 3	342
(Bupleureum junceum L.)	Binsenstängliges Hasenohr (Hoch-Hasenohr)	Bd. 3	344
Bupleurum longifolium L.	Langblättriges Hasenohr	Bd. 3	342
Bupleurum praealtum L.	Binsenstängliges Hasenohr (Hoch-Hasenohr)	Bd. 3	344
Bupleurum rotundifolium L.	Rundbatt-Hasenohr (Durchwachs-Hasenohr)	Bd. 3	342
Bupleurum tenuissimum L.	Salz-Hasenohr	Bd. 3	342
Carum carvi L.	Kümmel	Bd. 1	247
Caucalis platycarpos L.	Haftdolde	Bd. 3	351
Caucalis platycarpos L. subsp. *muricata* (Cêlak.) Holub	Kurzstachelige Haftdolde	Bd. 3	351
Caucalis platycarpos subsp. *platycarpos* L. s. str.	Langstachelige Haftdolde	Bd. 3	351
(Cervaria rivini Moench)	Hirschwurz	Bd. 3	362
Chaerophyllum aromaticum L.	Duftender Kälberkropf (Aromatischer K.)	Bd. 1	244
Chaerophyllum aureum L.	Gold-Kälberkropf	Bd. 1	244
Chaerophyllum bulbosum L.	Rüben-Kälberkropf (Kerbelrübe)	Bd. 1	244
Chaerophyllum hirsutum L.	Bach-Kälberkropf (Wimper-K., Rauhaariger K.)	Bd. 1	244
Chaerophyllum temulum L.	Taumel-Kälberkropf	Bd. 3	358
Chaerophyllum villarsii Koch	Alpen-Kälberkropf	Bd. 1	244
Cicuta virosa L.	Wasserschierling	Bd. 3	348
Cnidium dubium (Schkuhr) Schmeil & Fitschen	Brenndolde	Bd. 3	363
Conium maculatum L.	Gefleckter Schierling	Bd. 1	246
Daucus carota L.	Wilde Möhre	Bd. 1	247
Eryngium campestre L.	Feld-Mannstreu	Bd. 1	252
Eryngium giganteum M. Bieb.	Riesen-Mannstreu	Bd. 1	252
Eryngium planum L.	Flachblatt-Mannstreu	Bd. 1	252

Wissenschaftlicher Name Autoren	Deutscher Name	Band	Seite
Familie: Apiaceae			
Falcaria vulgaris Bernh.	Sicheldolde	Bd. 1	252
Helosciadium repens W. D. J. Koch	Kriechender Sumpfschirm	Bd. 3	347
Heracleum austriacum L.	Österreichischer Bärenklau	Bd. 1	250
Heracleum mantegazzianum Somm. & Lev.	Riesen-Bärenklau	Bd. 1	252
Heracleum sphondylium L.	Wiesen-Bärenklau (Gewöhnlicher B.)	Bd. 1	252
Laser trilobum (L.) Borkh.	Rosskümmel	Bd. 3	346
Laserpitium latifolium L.	Breitblättriges Laserkraut (Breitblatt-Bergkümmel)	Bd. 1	248
Laserpitium prutenicum L.	Preussisches Laserkraut	Bd. 3	351
Laserpitium siler L.	Berg-Laserkraut	Bd. 3	362
Ligusticum mutellina (L.) Cr.	Mutterwurz (Alpen-Mutterwurz)	Bd. 3	350
Meum athamanticum Jacq.	Bärwurz	Bd. 1,3	254, 361
(Mutellina adonidifolia (J. Gay) Guterm.*)*	Mutterwurz (Alpen-Mutterwurz)	Bd. 3	350
Oenanthe aquatica (L.) Poir.	Wasserfenchel	Bd. 3	349
Oenanthe fistulosa L.	Röhrige Rebendolde	Bd. 3	349
Oenanthe silaifolia MB.	Wiesensilgen-Rebendolde	Bd. 3	349
Orlaya grandiflora (L.) Hoffm.	Strahldolde	Bd. 3	354
Pachypleurum mutellinoides (Crantz) J. Holub	Zwergmutterwurz	Bd. 3	350
Pastinaca sativa L.	Pastinak	Bd. 1	250
Peucedanum alsaticum L.	Elsässer Haarstrang	Bd. 3	353
Peucedanum austriacum (Jacq.) Koch	Österreichischer Haarstrang	Bd. 3	357
Peucedanum carvifolia Vill.	Kümmelblättriger Haarstrang	Bd. 3	346
Peucedanum cervaria (L.) Lapeyr.	Hirschwurz	Bd. 3	362
Peucedanum officinale L.	Echter Haarstrang (Arznei-Haarstrang)	Bd. 3	344
Peucedanum oreoselinum (L.) Moench	Berg-Haarstrang	Bd. 3	362
Peucedanum ostruthium (L.) Koch	Meisterwurz	Bd. 3	345
Peucedanum palustre (L.) Moench	Sumpf-Haarstrang	Bd. 3	356
Peucedanum verticillare (L.) Mert. & Koch	Quirl-Haarstrang (Riesen-Haarstrang)	Bd. 3	365
Pimpinella major (L.) Huds.	Große Bibernelle	Bd. 1	250
Pimpinella saxifraga L. agg.	Kleine Bibernelle	Bd. 1	250
Pleurospermum austriacum (L.) Hoffm.	Österreichische Rippendolde	Bd. 3	356
Sanicula europaea L.	Sanikel	Bd. 1	254
Scandix pecten-veneris L.	Venuskamm	Bd. 3	358
Selinum carvifolia (L.) L.	Kümmelsilge	Bd. 3	354
(Selinum venosum (W. D. J. Koch) Prantl*)*	Brenndolde	Bd. 3	363
Seseli annuum L.	Steppen-Bergfenchel (Steppen-Sesel)	Bd. 3	360
Seseli austriacum (Beck) Wohlf.	Österreichischer Bergfenchel	Bd. 3	364
Seseli elatum L. agg.	Meergrüner Bergfenchel (Österr. B.)	Bd. 3	364
Seseli hippomarathrum Jacq.	Pferde-Bergfenchel	Bd. 3	363

Wissenschaftlicher Name Autoren	Deutscher Name	Band	Seite
Familie: Apiaceae			
Seseli libanotis (L.) Koch	Heilwurz	Bd. 1	254
Seseli osseum Cr.		Bd. 3	364
Seseli pallasii Bess.	Bunter Bergfenchel (Bunter Sesel)	Bd. 3	364
Silaum silaus (L.) Schinz & Thell.	Wiesensilge	Bd. 3	352
Sium latifolium L.	Breitblättriger Merk	Bd. 3	347
Tordylium maximum L.	Großer Zirmet	Bd. 3	348
Torilis arvensis (Huds.) Lk.	Acker-Borstendolde	Bd. 3	358
Torilis japonica (Houtt.) DC.	Wald-Borstendolde	Bd. 3	358
Trinia glauca (L.) Dum.	Kleiner Faserschirm	Bd. 3	352
Trinia kitaibelii MB.	Großer Faserschirm	Bd. 3	352
Turgenia latifolia (L.) Hoffm.	Klettendolde	Bd. 3	348
Familie: Campanulaceae			
Adenophora liliifolia (L.) A.DC.	Lilien-Becherglocke (Duftglocke)	Bd. 3	367
Campanula alpina Jacq.	Alpen-Glockenblume	Bd. 1	256
Campanula barbata L.	Bärtige Glockenblume	Bd. 1	256
Campanula bononiensis L.	Filz-Glockenblume (Bologneser G.)	Bd. 3	371
Campanula cervicaria L.	Borstige Glockenblume	Bd. 3	371
Campanula cespitosa Scop.	Rasen-Glockenblume (Kalkfels-G.)	Bd. 1	254
Campanula cochleariifolia Lam.	Zierliche Glockenblume (Zwerg-G.)	Bd. 1	255
Campanula glomerata L.	Knäuel-Glockenblume	Bd. 1	256
Campanula latifolia L.	Breitblatt-Glockenblume	Bd. 3	371
Campanula patula L.	Wiesen-Glockenblume	Bd. 1	258
Campanula persicifolia L.	Wald-Glockenblume (Pfirsichblatt-G.)	Bd. 1	258
Campanula pulla L.	Dunkle Glockenblume (Österreich-G.)	Bd. 1	256
Campanula rapunculoides L.	Acker-Glockenblume (Mauer-G.)	Bd. 1	258
Campanula rapunculus L.	Rapunzel-Glockenblume	Bd. 3	370
Campanula rotundifolia L. agg.	Rundblättrige Glockenblume	Bd. 1	256
Campanula scheuchzeri Vill.	Scheuchzer-Glockenblume	Bd. 3	370
Campanula sibirica L.	Steppen-Glockenblume	Bd. 3	370
Campanula thyrsoides L.	Strauß-Glockenblume	Bd. 3	370
Campanula trachelium L.	Nesselblättrige Glockenblume	Bd. 1	258
Campanula witasekiana Vierh.	Witasek-Glockenblume	Bd. 3	368
Jasione montana L.	Sandglöckchen (Sandknöpfchen)	Bd. 1	260
Legousia speculum-veneris (L.) Chaix	Venusspiegel	Bd. 1	258
Phyteuma nigrum F. W. Schmidt	Schwarze Teufelskralle	Bd. 3	366
Phyteuma orbiculare L.	Rundkopf-Teufelskralle	Bd. 1	260
Phyteuma spicatum L.	Ähren-Teufelskralle	Bd. 1	260

Wissenschaftlicher Name Autoren	Deutscher Name	Band	Seite
Familie: Asteraceae			
Achillea aspleniifolia Vent.	Farnblätterige Schafgarbe	Bd. 3	434
Achillea clavennae L.	Steinraute (Weißer Speik)	Bd. 3	435
Achillea clusiana Tausch	Clusius-Schafgarbe	Bd. 3	435
Achillea collina J. Becker ex Rchb.	Hügel-Schafgarbe	Bd. 3	433
Achillea distans Willd. s. str.	Zahnblättrige Schafgarbe	Bd. 3	434
Achillea millefolium L. agg.	Schafgarbe (Echt-Schafgarbe)	Bd. 1	286
Achillea millefolium L. s. str.	Eigentliche Schafgarbe	Bd. 3	433
Achillea nobilis L.	Edel-Schafgarbe	Bd. 3	435
Achillea pannonica Scheele	Pannonische Schafgarbe	Bd. 3	434
Achillea pratensis Saukel & R. Länger	Wiesen-Schafgarbe	Bd. 3	434
Achillea ptarmica L.	Bertram-Schafgarbe	Bd. 3	432
Achillea setacea W. & K.	Feinblättrige Schafgarbe	Bd. 3	434
Achillea stricta Schleich. ex Gremli	Raxalpen-Schafgarbe	Bd. 3	434
Achillea styriaca Saukel & Danihelka	Steirische Schafgarbe	Bd. 3	434
Adenostyles alliariae (Gouan) Kern.	Grauer Alpendost	Bd. 1	282
(Adenostyles alpina (L.) Bluff & Fingerh.*)*	Kahler Alpendost (Kalk A.)	Bd. 1	282
Adenostyles glabra (Mill.) DC.	Kahler Alpendost (Kalk A.)	Bd. 1	282
Ambrosia artemisiifolia L.	Traubenkraut (Ambrosie)	Bd. 3	376
Antennaria dioica (L.) Gaertn.	Katzenpfötchen (Katzenprankerl)	Bd. 3	382
Anthemis arvensis L.	Acker-Hundskamille	Bd. 3	439
Anthemis austriaca Jacq.	Österreichische Hundskamille	Bd. 3	438
Anthemis cotula L.	Stinkende Hundskamille	Bd. 3	438
Anthemis ruthenica MB.	Russische Hundskamille	Bd. 3	438
Anthemis tinctoria L.	Färber-Hundskamille	Bd. 1	286
Aposeris foetida (L.) Less.	Stinklattich	Bd. 3	392
Arctium lappa L.	Große Klette	Bd. 1, Bd. 3	280, 378
Arctium minus Bernh. s.str.	Kleine Klette	Bd. 3	378
Arctium nemorosum Lej.	Auenklette (Hain-Klette)	Bd. 3	378
Arctium tomentosum Mill.	Spinnwebklette (Filzige Klette, Filzklette)	Bd. 3	378
Arnica montana L.	Arnika	Bd. 1	284
Arnoseris minima (L.) Schweigg. & Koerte	Lämmersalat	Bd. 3	392
Artemisia absinthium L.	Echter Wermut	Bd. 1	278
Artemisia alba Turra	Kampfer-Beifuß	Bd. 3	383
Artemisia annua L.	Einjähriger Wermut	Bd. 3	384
Artemisia austriaca Jacq.	Österreichischer Wermut	Bd. 3	385
Artemisia campestris L.	Feld-Beifuß	Bd. 1	278
Artemisia laciniata Willd.	Schlitzblatt-Wermut	Bd. 3	383
Artemisia pancicii Ronn.	Waldsteppen-Wermut	Bd. 3	385
Artemisia pontica L.	Pontischer Wermut	Bd. 3	385
Artemisia santonicum L.	Salzsteppen-Wermut	Bd. 3	384
Artemisia scoparia W. & K.	Besen-Wermut	Bd. 3	385

Wissenschaftlicher Name **Autoren**	**Deutscher Name**	**Band**	**Seite**
Familie: Asteraceae			
Artemisia verlotiorum Lamotte	Kamtschatka-Beifuß	Bd. 1, Bd. 3	278, 383
Artemisia vulgaris L.	Beifuß (Echt-Beifuß)	Bd. 1	278
Artemisia vulgaris L. agg.	Gemeiner Beifuß	Bd. 3	383
Aster alpinus L.	Alpen-Aster	Bd. 1	286
Aster amellus L.	Berg-Aster	Bd. 1	288
Aster canus W. & K.	Grau-Aster	Bd. 3	431
Aster laevis L.	Kahle Aster	Bd. 3	432
Aster lanceolatus Willd.	March-Aster	Bd. 3	436
Aster linosyris (L.) Bernh.	Goldschopf (Gold-Aster)	Bd. 3	421
Aster novi-belgii L.	Herbst-Aster	Bd. 3	432
Aster tripolium L.	Salz-Aster	Bd. 3	431
Bellidiastrum michelii Cass.	Alpen-Gänseblümchen (Sternlieb)	Bd. 1	288
Bellis perennis L.	Gänseblümchen	Bd. 3	429
Bidens bipinnata L.	Fiederblättriger Zweizahn	Bd. 3	416
Bidens cernua L.	Nickender Zweizahn	Bd. 3	416
Bidens frondosa L.	Schwarzfrüchtiger Zweizahn	Bd. 3	416
Bidens radiata Thuill.	Strahlender Zweizahn	Bd. 3	416
Bidens tripartita L.	Dreiteiliger Zweizahn	Bd. 3	415
Bombycilaena erecta (L.) Smolj.	Falzblume	Bd. 3	427
Buphthalmum salicifolium L.	Ochsenauge (Rindsauge)	Bd. 1	284
(Calycocorsus stipitatus (Jacq.) Rauschert*)*	Krönchenlattich	Bd. 3	392
Carduus acanthoides L.	Wegdistel (Weg-Ringdistel)	Bd. 1	272
Carduus crispus L.	Krause Distel (Kraus-Ringdistel)	Bd. 1	272
Carduus defloratus L. subsp. *virdis* (A. Kern) Nyman	Bergdistel (Berg-Ringdistel)	Bd. 1	272
Carduus nutans L.	Nickende Distel (Nick-Ringdistel)	Bd. 1	270
Carduus personata (L.) Jacq.	Kletten-Distel (Kletten-Ringdistel)	Bd. 1	272
Carlina acaulis L.	Silberdistel, Wetterdistel, Jäger-brot	Bd. 1	270
Carlina vulgaris L.	Golddistel	Bd. 1	270
Carpesium cernuum L.	Kragenblume	Bd. 3	427
Centaurea cyanus L.	Kornblume	Bd. 3	420
Centaurea jacea L.	Wiesen-Flockenblume	Bd. 1	268
Centaurea jacea L. subsp. *angustifolia* Gremli	Schmalblättrige (Wiesen-)Flocken-blume	Bd. 1	268
Centaurea montana L.	Berg-Flockenblume	Bd. 1	270
Centaurea pseudophrygia C. A. Mey. ex Rupr.	Perücken-Flockenblume	Bd. 1	270
Centaurea scabiosa L.	Skabiosen-Flockenblume	Bd. 1	268
Centaurea stenolepis Kern.	Schmalschuppige Perücken-Flockenblume	Bd. 1	270
Centaurea stoebe L.	Steppen-Flockenblume (Rispen-F., Gefleckte F.)	Bd. 1	270

Wissenschaftlicher Name Autoren	Deutscher Name	Band	Seite
Familie: Asteraceae			
Centaurea triumfettii All.	Bunte Flockenblume (Filzige F.)	Bd. 1	270
Chlorocrepis staticifolia Griseb.	Grasnelkenhabichtskraut (Strandnelkenhabichtskraut)	Bd. 3	407
Chondrilla juncea L.	Knorpellattich	Bd. 3	401
(Cicerbita alpina (L.) Wallr.*)*	Milchlattich	Bd. 3	391
Cichorium intybus L.	Wegwarte	Bd. 3	390
Cirsium arvense (L.) Scop.	Ackerdistel (Acker-Kratzdistel)	Bd. 1	274
Cirsium brachycephalum Juratzka	Kurzköpfige Distel	Bd. 3	418
Cirsium canum (L.) All.	Graue Distel (Grau-Kratzdistel)	Bd. 1	276
Cirsium carniolicum Scop.	Krainer Kratzdistel	Bd. 3	417
Cirsium eriophorum (L.) Scop.	Wollkopfdistel (Woll-Kratzdistel)	Bd. 1	274
Cirsium erisithales (Jacq.) Scop.	Voralpendistel (Kleb-Kratzdistel)	Bd. 1	276
Cirsium heterophyllum (L.) Hill	Verschiedenblättrige Kratzdistel (Filz-Kratzdistel)	Bd. 1	274
Cirsium oleraceum (L.) Scop.	Kohldistel (Kohl-Kratzdistel)	Bd. 1	276
Cirsium palustre (L.) Scop.	Sumpfdistel (Sumpf-Kratzdistel)	Bd. 1	274
Cirsium pannonicum (L.f.) Lk.	Pannonische Distel (Ungarn-Kratzdistel)	Bd. 1	276
Cirsium rivulare (Jacq.) All.	Bachdistel (Bach-Kratzdistel)	Bd. 3	419
Cirsium spinosissimum (L.) Scop.	Alpendistel	Bd. 1	276
Cirsium vulgare (Savi) Ten.	Speerdistel (Lanzen-Kratzdistel)	Bd. 1	274
Crepis alpestris (Jacq.) Tausch	Voralpen-Pippau	Bd. 3	404
Crepis aurea (L.) Cass.	Gold-Pippau	Bd. 1	262
Crepis biennis L.	Wiesenpippau	Bd. 1	262
(Crepis blattarioides Vill.*)*	Pyrenäen-Pippau	Bd. 3	404
Crepis capillaris (L.) Wallr.	Grüner Pippau	Bd. 1	262
Crepis foetida L. subsp. *rhoeadifolia*	Stinkender Pippau	Bd. 3	403
Crepis jacquinii Tausch	Felsen-Pippau	Bd. 3	403
Crepis mollis (Jacq.) Asch.	Weicher Pippau	Bd. 3	404
Crepis mollis subsp. *mollis* (Jacq.) Asch.	Weicher Pippau	Bd. 3	404
Crepis mollis (Jacq.) Asch. subsp. *succisifolia* (All.) Dostál	Abbiss-Weicher Pippau	Bd. 3	404
Crepis paludosa (L.) Moench	Sumpf-Pippau	Bd. 3	406
Crepis pannonica (Jacq.) K.Koch	Pannonischer Pippau	Bd. 3	406
Crepis pontana (L.) DT.	Berg-Pippau	Bd. 3	403
Crepis praemorsa (L.) Tausch	Trauben-Pippau	Bd. 3	404
Crepis pyrenaica (L.) Greut.	Pyrenäen-Pippau	Bd. 3	404
(Crepis rhoeadifolia M. Bieb.*)*	Stinkender Pippau	Bd. 3	403
Crepis setosa Hall. f.	Borsten-Pippau	Bd. 3	404
Crepis tectorum L.	Dach-Pippau	Bd. 3	406
Crepis terglouensis (Hacq.) Kern.	Triglav-Pippau	Bd. 3	403
(Cyanus segetum Hill*)*	Kornblume	Bd. 3	420
(Dittrichia graveolens (L.) Grenter*)*	Klebalant	Bd. 3	427
Doronicum austriacum Jacq.	Österreichische Gamswurz	Bd. 3	442
Doronicum glaciale (Wulfen) Nyman subsp. *calcareum* (Vierh.) Hay.	Kalk-Gamswurz	Bd. 3	444

Wissenschaftlicher Name Autoren	Deutscher Name	Band	Seite
Familie: Asteraceae			
Doronicum grandiflorum Lam.	Großköpfige Gamswurz	Bd. 3	444
Doronicum pardalianches L. em. Jacq.	Kriech-Gamswurz	Bd. 3	442
Echinops ritro L. subsp. *ruthenicus* (MB.) Nyman	Ruthenische Kugeldistel	Bd. 3	375
Echinops sphaerocephalus L.	Kugeldistel	Bd. 3	375
Erechtites hieraciifolia (L.) Rafin. ex DC.	Scheingreiskraut	Bd. 3	424
Erigeron acris subsp. *acris* L.	Scharfes Berufkraut	Bd. 3	430
Erigeron acris L. subsp. *angulosus* (Gaudin) Vacc.	Kantiges Berufkraut	Bd. 3	430
Erigerion acris L. subsp. *macrophyllus* (Herbich) Soó	Großblättriges Berufkraut	Bd. 3	430
Erigeron annuus Pers. s. l.	Einjähriges Berufkraut (Einjahrs-Feinstrahl)	Bd. 1	288
Erigeron canadensis L.	Kanadisches Berufkraut	Bd. 3	426
Erigeron glabratus Reiche Bluff & Fingerh.	Kahles Berufkraut	Bd. 1, Bd. 3	287, 430
(*Erigeron polymorphus* auct.)	Kahles Berufkraut	Bd. 1, Bd. 3	287, 430
Erigeron uniflorus L.	Einköpfiges Berufkraut	Bd. 3	430
Eupatorium cannabinum L.	Wasserdost (Wasserhanf)	Bd. 1	278
Filago arvensis L.	Acker-Filzkraut	Bd. 3	381
Filago lutescens Jord.	Graugelbes Filzkraut	Bd. 3	382
Filago minima (Sm.) Pers.	Zwerg-Filzkraut	Bd. 3	382
Filago vulgaris Lam.	Gewöhnliches Filzkraut	Bd. 3	382
(*Galatella cana* Nees)	Grau-Aster	Bd. 3	431
(*Galatella linosyris* Rchb.f.)	Goldschopf (Gold-Aster)	Bd. 3	421
Galinsoga ciliata (Rafin.) Blake	Zottiges Knopfkraut	Bd. 3	429
Galinsoga parviflora Cav.	Kleinblütiges Knopfkraut (Franzosenkraut)	Bd. 3	429
Gnaphalium hoppeanum Koch	Alpen-Ruhrkraut	Bd. 3	380
Gnaphalium luteoalbum L.	Gelbes Ruhrkraut	Bd. 3	380
Gnaphalium norvegicum Gunn.	Norwegisches Ruhrkraut	Bd. 3	380
Gnaphalium supinum L.	Zwerg-Ruhrkraut	Bd. 3	380
Gnaphalium sylvaticum L.	Wald-Ruhrkraut	Bd. 3	380
Gnaphalium uliginosum L.	Sumpf-Ruhrkraut	Bd. 3	380
Helichrysum arenarium (L.) Moench	Sand-Strohblume	Bd. 3	420
Helminthotheca echioides (L.) Holub	Wurmlattich	Bd. 3	394
Hieracium alpinum L.	Alpen-Habichtskraut	Bd. 3	413
Hieracium amplexicaule L.	Stängelumfassendes Habichtskraut	Bd. 3	413
Hieracium aurantiacum L.	Orangerotes Habichtskraut (Oranges Mausohrh.)	Bd. 3	409
Hieracium bauhinii Schult.	Ungarisches Habichtskraut (Bauhin-H. bzw. B.-Mausohrh.)	Bd. 3	410
Hieracium bifidum Kit. ex Hornem.	Gabel-Habichtskraut	Bd. 3	414
Hieracium bupleuroides C. C. Gmel.	Hasenohr-Habichtskraut	Bd. 3	414
Hieracium caesium (Fries) Fries	Seegrünes Habichtskraut	Bd. 3	414
Hieracium caespitosum Dum.	Wiesen-Habichtskraut	Bd. 3	410

Wissenschaftlicher Name Autoren	Deutscher Name	Band	Seite
Familie: Asteraceae			
Hieracium cymosum L.	Dolden-Habichtskraut (Trugdolden-H.)	Bd. 3	410
Hieracium echioides Lumn.	Natternkopf-Habichtskraut (N.-Mausohrh.)	Bd. 3	410
(*Hieracium florentinum* All.)	Florentiner Habichtskraut	Bd. 3	410
Hieracium glanduliferum Hoppe	Grauzottiges Habichtskraut	Bd. 3	414
Hieracium glaucum All.	Blaugrünes Habichtskraut	Bd. 3	414
Hieracium hoppeanum Schult.	Hoppe-Habichtskraut	Bd. 3	408
Hieracium humile Jacq.	Niedriges Habichtskraut (Kleinwuchs-H.)	Bd. 3	413
Hieracium lachenalii C. C. Gmel.	Lachenal-Habichtskraut	Bd. 3	412
Hieracium lactucella Wallr.	Öhrchen-Habichtskraut (Öhrchen-Mausohrh.)	Bd. 3	409
Hieracium laevigatum Willd.	Glattes Habichtskraut	Bd. 3	412
(*Hieracium morisianum* Rchb. f.)	Weißseidiges Habichtskraut	Bd. 3	414
Hieracium murorum L.	Wald-Habichtskraut	Bd. 1	268
(*Hieracium pallidum* Biv.)	Blasses Habichtskraut	Bd. 3	414
(*Hieracium piliferum* Hoppe)	Grauzottiges Habichtskraut	Bd. 3	414
Hieracium pilosella L.	Kleines Mausohrhabichtskraut (Dukatenröschen)	Bd. 1	268
Hieracium piloselloides Vill.	Florentiner Habichtskraut	Bd. 3	410
Hieracium pilosum Schleich. ex Froel.	Weißseidiges Habichtskraut	Bd. 3	414
Hieracium porrifolium L.	Lauch-Habichtskraut	Bd. 3	414
Hieracium prenanthoides Vill.	Hasenlattich-Habichtskraut	Bd. 3	412
Hieracium racemosum Waldst. & Kit. ex Willd.	Traubiges Habichtskraut	Bd. 3	413
(*Hieracium staticifolia* All.)	Grasnelkenhabichtskraut (Strandnelkenhabichtskraut)	Bd. 3	407
Hieracium sabaudum L.	Savoyer Habichtskraut	Bd. 3	413
Hieracium schmidtii Tausch	Blasses Habichtskraut	Bd. 3	414
Hieracium umbellatum L.	Doldiges Habichtskraut	Bd. 3	413
Hieracium villosum Jacq.	Zottiges Habichtskraut	Bd. 3	414
Hieracium wiesbaurianum Uechtr.	Wiesbaur-Habichtskraut	Bd. 3	414
Homogyne alpina (L.) Cass.	Alpen-Brandlattich (Grüner B.)	Bd. 3	422
Homogyne discolor (Jacq.) Cass.	Filz-Brandlattich	Bd. 3	422
Hypochaeris maculata L.	Geflecktes Ferkelkraut	Bd. 1	262
Hypochaeris radicata L.	Ferkelkraut (Gewöhnliches F.)	Bd. 1	262
Inula britannica L.	Wiesen-Alant	Bd. 1	284
Inula conyza DC.	Dürrwurz	Bd. 3	422
Inula ensifolia L.	Schwertblatt-Alant	Bd. 1	284
Inula germanica L.	Deutscher Alant	Bd. 3	452
Inula graveolens (L.) Desf.	Klebalant	Bd. 3	427
Inula hirta L.	Rauhaariger Alant	Bd. 3	452
Inula oculus-christi L.	Christusaugen-Alant	Bd. 3	452
Inula salicina L.	Weidenblatt-Alant	Bd. 1	284

Wissenschaftlicher Name Autoren	Deutscher Name	Band	Seite
Familie: Asteraceae			
Iva xanthiifolia Nutt.	Rispenkraut	Bd. 3	377
(Jacobaea aquatica (Hill) G. Gaertn. & al.*)*	Wasser-Greiskraut	Bd. 1, Bd. 3	234, 450
(Jacobaea vulgaris Gaertn.*)*	Jakobs-Greiskraut	Bd. 3	448
Jurinea mollis (L.) Rchb.	Silberscharte (Bisamdistel)	Bd. 3	420
Klasea lycopifolia (Vill.) Á.Löve & D.Löve	Einkopfscharte	Bd. 3	424
Lactuca alpina Benth. & Hook.f.	Milchlattich	Bd. 3	391
Lactuca muralis (L.) Gaertn.	Mauerlattich	Bd. 3	397
Lactuca quercina L.	Eichenlattich	Bd. 3	398
Lactuca saligna L.	Weidenlattich	Bd. 3	400
Lactuca sativa L.	Gartensalat	Bd. 3	400
Lactuca serriola L.	Kompasslattich	Bd. 3	400
Lactuca tatarica (L.) C. A. Mey.	Tataren-Lattich	Bd. 3	391
Lactuca viminea (L.) J. & K. Presl	Rutenlattich	Bd. 3	400
Lactuca virosa L.	Giftlattich	Bd. 3	400
(Laphangium luteoalbum (L.) Tzvelev*)*	Gelbes Ruhrkraut	Bd. 3	380
Lapsana communis L.	Rainkohl (Rainsalat)	Bd. 3	394
Leontodon autumnalis L.	Herbst-Löwenzahn (Herbst-Schuppenleuenzahn)	Bd. 1	264
Leontodon helveticus Mérat em.Widd.	Schweizer Löwenzahn	Bd. 3	387
Leontodon hispidus L.	Sommer-Löwenzahn (Gewöhnlich-Leuenzahn)	Bd. 1	264
Leontodon incanus (L.) Schrank	Grauer Löwenzahn	Bd. 3	392
Leontodon montaniformis Widd.	Nordostalpen-Löwenzahn	Bd. 3	387
Leontodon saxatilis Lam.	Hunds-Löwenzahn	Bd. 1	266
Leontopodium alpinum Cass.	Edelweiß	Bd. 3	380
Leucanthemum adustum (W. D. J. Koch) Gremli subsp. *margaritae* (Gáyer) Holub	Berg-Margerite	Bd. 3	436
Leucanthemum atratum DC.	Schwarzrandige Margerite	Bd. 3	436
Leucanthemum ircutianum DC.	Wiesen-Wucherblume, Fettwiesen-Margerite (Große Wiesen-M.)	Bd. 3	436
Leucanthemum vulgare Lam. s. str.	Magerwiesen-Margerite (Kleine Magerwiesen-M.)	Bd. 3	436
Matricaria chamomilla L.	Echte Kamille	Bd. 3	438
Matricaria discoidea DC.	Strahlenlose Kamille (Knopf-Kamille)	Bd. 3	425
(Matricaria recutita L.*)*	Echte Kamille	Bd. 3	438
(Mycelis muralis (L.) Dum.*)*	Mauerlattich	Bd. 3	397
Onopordum acanthium L.	Eseldistel	Bd. 3	417
Petasites albus (L.) Gaertn.	Weiße Pestwurz	Bd. 1	280
Petasites hybridus (L.) G., M. & Sch.	Rote Pestwurz (Bach-P.)	Bd. 1	280
Petasites paradoxus (Retz.) Baumg.	Alpen-Pestwurz	Bd. 1	282
Picris hieracioides L.	Bitterkraut	Bd. 3	394
Prenanthes purpurea L.	Hasenlattich	Bd. 3	390
Pulicaria dysenterica (L.) Bernh.	Großes Flohkraut	Bd. 1	286

Wissenschaftlicher Name Autoren	Deutscher Name	Band	Seite
Familie: Asteraceae			
Pulicaria vulgaris Gaertn.	Kleines Flohkraut	Bd. 3	440
Rudbeckia hirta L.	Rauer Sonnenhut	Bd. 3	442
Rudbeckia laciniata L.	Schlitzblättriger Sonnenhut	Bd. 3	442
Saussurea discolor (Willd.) DC.	Zweifarbige Alpenscharte (Filz-A.)	Bd. 3	423
Saussurea pygmaea (Jacq.) Spreng.	Zwerg-Alpenscharte	Bd. 3	423
Scorzonera austriaca Willd.	Österreichische Schwarzwurzel	Bd. 3	394
Scorzonera cana (C. A. Mey.) Griseb.	Jacquin-Schwarzwurzel	Bd. 3	396
Scorzonera hispanica L.	Echte Schwarzwurzel	Bd. 3	396
Scorzonera humilis L.	Niedrige Schwarzwurzel (Kleine Sch.)	Bd. 3	396
Scorzonera laciniata L.	Schlitzblatt-Schwarzwurzel	Bd. 3	396
Scorzonera parviflora Jacq.	Salz-Schwarzwurzel (Kleinkörbige Sch.)	Bd. 3	396
Scorzonera purpurea L.	Purpur-Schwarzwurzel	Bd. 3	396
(*Scorzoneroides autumnalis* (L.) Moench)	Herbst-Löwenzahn (Herbst-Schuppenleuenzahn)	Bd. 1	264
Senecio abrotanifolius L.	Eberrauten-Greiskraut	Bd. 3	447
Senecio aquaticus Hill	Wasser-Greiskraut	Bd. 1, Bd. 3	234, 450
Senecio doria L.	Gold-Greiskraut	Bd. 3	447
Senecio doronicum (L.) L.	Gamswurz-Greiskraut	Bd. 3	446
Senecio erraticus Bertol.	Spreizendes Greiskraut	Bd. 3	450
Senecio erucifolius L.	Rauken-Greiskraut	Bd. 3	448
(*Senecio fluviatilis* Wallr.)	Fluss-Greiskraut	Bd. 3	447
(*Senecio fuchsii* C. C. Gmel.)	Fuchs-Greiskraut	Bd. 3	445
Senecio hercynicus Herborg	Harz-Greiskraut	Bd. 3	445
Senecio inaequidens DC.	Schmalblatt-Greiskraut	Bd. 1	290
(*Senecio integrifolius* (L.) Clairv.)	Steppen-Aschenkraut (Steppen-Greiskraut)	Bd. 3	451
Senecio jacobaea L.	Jakobs-Greiskraut	Bd. 3	448
Senecio nemorensis L. agg.	Hain-Greiskraut	Bd. 1	290
Senecio nemorensis L. subsp. *jacquinianus* (Rchb.) Čelak.	Jacquin-Greiskraut	Bd. 3	445
Senecio ovatus (G. Gaertn. & al.) Willd.	Fuchs-Greiskraut	Bd. 3	445
(*Senecio ovirensis* (W. D. J. Koch) DC.)	Obir-Aschenkraut (Obir-Greiskraut, Voralpen-G.)	Bd. 3	451
Senecio paludosus L.	Sumpf-Greiskraut	Bd. 3	446
(*Senecio rivularis* (Waldst. & Kit.) DC.)	Bach-Aschenkraut (Bach-Greiskraut)	Bd. 3	451
Senecio rupestris W. & K.	Felsen-Greiskraut	Bd. 3	448
Senecio sarracenicus L.	Fluss-Greiskraut	Bd. 3	447
Senecio subalpinus Koch	Voralpen-Greiskraut	Bd. 1	290
Senecio sylvaticus L.	Wald-Greiskraut	Bd. 1	290
Senecio umbrosus W. & K.	Schatten-Greiskraut	Bd. 3	446
Senecio vernalis W. & K.	Frühlings-Greiskraut	Bd. 3	448

Wissenschaftlicher Name Autoren	Deutscher Name	Band	Seite
Familie: Asteraceae			
Senecio viscosus L.	Klebriges Greiskraut	Bd. 1	290
Senecio vulgaris L.	Gewöhnliches Greiskraut	Bd. 3	425
Serratula tinctoria L.	Färberscharte	Bd. 3	424
Silybum marianum (L.) Gaertn.	Mariendistel	Bd. 3	417
Solidago canadensis L.	Kanadische Goldrute	Bd. 3	442
Solidago gigantea Ait.	Riesen-Goldrute	Bd. 3	442
Solidago virgaurea L.	Goldrute (Echt-Goldrute)	Bd. 3	442
Solidago virgaurea L. subsp. *minuta* (L.) Arc.	Alpen-Goldrute	Bd. 3	442
Solidago virgaurea subsp. *virgaurea* L. s. str.	Echte Goldrute	Bd. 3	442
Sonchus arvensis L.	Acker-Gänsedistel	Bd. 3	398
Sonchus arvensis L. subsp. *uliginosus* (MB.) Nyman	Drüsenlose Acker-Gänsedistel	Bd. 3	398
Sonchus asper (L.) Hill	Raue Gänsedistel	Bd. 3	398
Sonchus oleraceus L.	Kohl-Gänsedistel (Gemüse-G.)	Bd. 3	398
Sonchus palustris L.	Sumpf-Gänsedistel	Bd. 3	398
Symphyotrichum Nees spp.	Amerikanische Astern, Herbst-Aster	Bd. 1	288
(Symphyotrichum lanceolatum (Willd.) RG. L. Nesom*)*	March-Aster	Bd. 3	436
(Symphyotrichum novi-belgii (L.) RG. L. Nesom*)*	Herbst-Aster	Bd. 3	432
Tanacetum cinerariifolium Sch. Bip.	Dalmatinische Insektenblume	Bd. 3	426
Tanacetum clusii (Fisch. ex Rchb.) Kern.	Clusius-Straußmargerite	Bd. 3	437
Tanacetum corymbosum subsp. *corymbosum* (L.) Sch. Bip.	Straußmargerite (Strauß-Wucherblume)	Bd. 3	437
(Tanacetum corymbosum (L.) Sch. Bip. subsp. *subcorymbosum* (Schur) Paw.*)*	Clusius-Straußmargerite	Bd. 3	437
Tanacetum parthenium (L.) C. H. Schultz	Mutterkraut	Bd. 3	437
Tanacetum vulgare L.	Rainfarn	Bd. 3	426
Taraxacum bessarabicum (Hornem.) Hand.-Mazz.	Salz-Löwenzahn	Bd. 3	392
Taraxacum officinale Wiggers agg.	Frühlings-Löwenzahn (Maiblume, Kuhblume, Pusteblume, Röhrlsalat)	Bd. 3	392
Taraxacum sect. *Erythrosperma*	Steppen-Löwenzahn (Heide-L.)	Bd. 1	266
Taraxacum serotinum (Waldst. & Kit.) Poir.	Spätblühender Löwenzahn	Bd. 3	392
Tephroseris crispa (Jacq.) Rchb.	Bach-Aschenkraut (Bach-Greiskraut)	Bd. 3	451
Tephroseris integrifolia (L.) Holub	Steppen-Aschenkraut (Steppen-Greiskraut)	Bd. 3	451
Tephroseris integrifolia (L.) Holub subsp. *aurantiaca* (Hoppe ex Willd.) B. Nord.	Orangenfarbiges Aschenkraut	Bd. 3	451
Tephroseris longifolia Griseb. & Schenk	Obir-Aschenkraut (Obir-Greiskraut, Voralpen-G.)	Bd. 3	451
Tragopogon dubius Scop.	Großer Bocksbart	Bd. 1	262
Tragopogon orientalis L.	Wiesen-Bocksbart	Bd. 1	260
Tripleurospermum inodorum (L.) Sch.Bip.	Geruchlose Kamille	Bd. 3	438
(Tripleurospermum perforatum (Mérat) M. Laínz*)*	Geruchlose Kamille	Bd. 3	438
Tripleurospermum tenuifolium (Kit. ex Schult.) Neilr.	Feinblättrige Kamille	Bd. 3	438
(Tripolium pannonicum Schur*)*	Salz-Aster	Bd. 3	431

Wissenschaftlicher Name Autoren	Deutscher Name	Band	Seite
Familie: Asteraceae			
Tussilago farfara L.	Huflattich	Bd. 1	282
Willemetia stipitata (Jacq.) Dalla Torre	Krönchenlattich	Bd. 3	392
Xanthium albinum (Widder) H. Scholz	Ufer-Spitzklette, Elbe-Sp.	Bd. 3	377
Xanthium orientale L.	Großfrüchtige Spitzklette	Bd. 3	377
Xanthium spinosum L.	Dornige Spitzklette	Bd. 3	376
Xanthium strumarium L.	Gewöhnliche Spitzklette	Bd. 3	377
Xeranthemum annuum L.	Spreublume	Bd. 3	378
Bedecktsamer, Einkeimblättrige			
Familie: Acoraceae			
Acorus calamus L.	Kalmus	Bd. 2	118
Familie: Butomaceae			
Butomus umbellatus L.	Schwanenblume (Blumenbinse)	Bd. 1	320
Familie: Alismataceae			
Alisma gramineum Lej.	Grasblättriger Froschlöffel	Bd. 4	188
Alisma lanceolatum With.	Lanzettblättriger Froschlöffel	Bd. 4	188
Alisma plantago-aquatica L.	Froschlöffel	Bd. 4	188
Sagittaria sagittifolia L.	Echtes Pfeilkraut	Bd. 4	188
Familie: Hydrocharitaceae			
Elodea canadensis Michx.	Kanadische Wasserpest	Bd. 4	184
Elodea nuttallii (Planch.) St.John	Nuttall-Wasserpest	Bd. 4	184
Hydrocharis morsus-ranae L.	Froschbiss	Bd. 4	190
Stratiotes aloides L.	Krebsschere	Bd. 4	190
Familie: Scheuchzeriaceae			
Scheuchzeria palustris L.	Blasenbinse	Bd. 2	100
Familie: Juncaginaceae			
Triglochin maritimum L.	Strand-Dreizack	Bd. 2	130
Triglochin palustre L.	Sumpf-Dreizack	Bd. 2	98
Familie: Potamogetonaceae			
Groenlandia densa (L.) Fourr.	Fischkraut	Bd. 4	202
Potamogeton acutifolius Lk. ex Roem. & Schult.	Spitzblättriges Laichkraut	Bd. 4	181
Potamogeton alpinus Balb.	Alpen-Laichkraut	Bd. 4	196
Potamogeton berchtoldii Fieber	Berchtold-Laichkraut	Bd. 4	180
Potamogeton coloratus Hornem.	Gefärbtes Laichkraut	Bd. 4	196
Potamogeton crispus L.	Krauses Laichkraut	Bd. 4	198
Potamogeton friesii Rupr.	Stachelspitziges Laichkraut	Bd. 4	181
Potamogeton gramineus L.	Gras-Laichkraut	Bd. 4	196
Potamogeton lucens L.	Glänzendes Laichkraut	Bd. 4	198
Potamogeton natans L.	Schwimmendes Laichkraut	Bd. 4	194
Potamogeton × nitens Weber	Schimmerndes Laichkraut	Bd. 4	196
Potamogeton nodosus Poir.	Knoten-Laichkraut	Bd. 4	196
Potamogeton obtusifolius Mert. & Koch	Stumpfblättriges Laichkraut	Bd. 4	181
Potamogeton pectinatus L.	Kamm-Laichkraut	Bd. 4	180
Potamogeton pectinatus L. agg.	Kamm-Laichkraut	Bd. 4	180

Wissenschaftlicher Name Autoren	Deutscher Name	Band	Seite
Familie: Potamogetonaceae			
Potamogeton perfoliatus L.	Durchwachsenes Laichkraut	Bd. 4	198
Potamogeton praelongus Wulf.	Langblättriges Laichkraut	Bd. 4	200
Potamogeton pusillus L. sec. Dandy & Tayl.	Zwerg-Laichkraut	Bd. 4	180
Potamogeton pusillus L. agg.	Zwerg-Laichkraut	Bd. 4	180
Potamogeton trichoides Cham. & Schlechtend.	Haarförmiges Laichkraut	Bd. 4	181
Familie: Zannichelliaceae			
Zannichellia palustris L.	Teichfaden	Bd. 4	178
Zannichellia palustris subsp. *palustris* L. s. str.	Eigentlicher Teichfaden	Bd. 4	178
Zannichellia palustris L. subsp. *pedicellata* (Wahlenb. & Rosén) Arc.	Salz-Teichfaden	Bd. 4	178
Familie: Najadaceae			
Najas marina L.	Großes Nixenkraut	Bd. 4	200
Najas minor All.	Kleines Nixenkraut	Bd. 4	200
Familie: Liliaceae s. l.			
Allium angulosum L.	Kanten-Lauch	Bd. 1	306
Allium carinatum subsp. *carinatum* L.	Gekielter Lauch	Bd. 3	468
Allium flavum L.	Gelber Lauch	Bd. 1	305
Allium lusitanicum Lam.	Berg-Lauch	Bd. 1	306
Allium oleraceum L.	Glocken-Lauch	Bd. 3	470
Allium rotundum L.	Rund-Lauch	Bd. 3	468
Allium schoenoprasum L. var. *alpinum* DC.	Alpen-Schnittlauch	Bd. 1	306
Allium scorodoprasum L.	Schlangen-Lauch	Bd. 1	305
(Allium senescens L. subsp. *montanum* (Fries) Holub*)*	Berg-Lauch	Bd. 1	306
Allium sphaerocephalon L.	Kugel-Lauch	Bd. 3	468
Allium suaveolens Jacq.	Duft-Lauch	Bd. 3	470
Allium ursinum L.	Bärlauch	Bd. 1	302
Allium victorialis L.	Allermannsharnisch	Bd. 3	468
Allium vineale L.	Weinberg-Lauch	Bd. 3	468
Anthericum liliago L.	Trauben-Graslilie	Bd. 1	300
Anthericum ramosum L.	Rispen-Graslilie	Bd. 1	300
Asparagus officinalis L.	Spargel	Bd. 1	306
Colchicum autumnale L.	Herbstzeitlose	Bd. 1	302
Convallaria majalis L.	Maiglöckchen	Bd. 1	302
(Gagea arvensis (Pers.) Dumort.*)*	Acker-Gelbstern	Bd. 3	464
Gagea bohemica (Zauschn.) Schult. & Schult.f.	Böhmischer Gelbstern	Bd. 3	462
Gagea lutea (L.) Ker-G.	Wald-Gelbstern	Bd. 1	298
Gagea minima (L.) Ker-G.	Kleiner Gelbstern	Bd. 3	463
Gagea pratensis (Pers.) Dum.	Wiesen-Gelbstern	Bd. 3	464
Gagea pusilla (F. W. Schmidt) Schult. & Schult. f.	Zwerg-Gelbstern	Bd. 3	463
Gagea villosa (MB.) Duby	Acker-Gelbstern	Bd. 3	464
Lilium bulbiferum L.	Feuer-Lilie	Bd. 1	296
Lilium martagon L.	Türkenbund (Türkenbund-Lilie)	Bd. 1	296

Wissenschaftlicher Name Autoren	Deutscher Name	Band	Seite
Familie: Liliaceae s. l.			
(*Loncomelos pyrenaicus* subsp. *sphaerocarpus*)	Pyrenäen-Milchstern (Großer Blasser Pyrenäen-Schaftmilchstern)	Bd. 3	462
Maianthemum bifolium (L.) F. W. Schmidt	Schattenblümchen	Bd. 1	300
Muscari comosum (L.) Mill.	Schopf-Traubenhyazinthe	Bd. 1	300
Muscari neglectum Guss.	Weinbergs-Traubenhyazinthe	Bd. 1	300
Muscari tenuiflorum Tausch	Schmalblütige Traubenhyazinthe	Bd. 1	300
Ornithogalum boucheanum (Kunth) Asch.	Garten-Milchstern (Grün-Honoriusmilchstern)	Bd. 1	298
Ornithogalum brevistylum Wolfner	Pyramiden-Milchstern (Kurzgriffel-Schaftmilchstern)	Bd. 3	461
(*Ornithogalum comosum* L.)	Pannonischer Milchstern	Bd. 3	460
Ornithogalum kochii Parl.	Schmalblatt-Milchstern	Bd. 3	461
Ornithogalum nutans L.	Nickender Milchstern	Bd. 1	298
Ornithogalum pannonicum Chaix	Pannonischer Milchstern	Bd. 3	460
(*Ornithogalum pyramidale* L.)	Pyramiden-Milchstern (Kurzgriffel-Schaftmilchstern)	Bd. 3	461
Ornithogalum sphaerocarpum Kern.	Pyrenäen-Milchstern (Großer Blasser Pyrenäen-Schaftmilchstern)	Bd. 3	462
Ornithogalum umbellatum L. agg.	Dolden-Milchstern	Bd. 3, Bd. 1	460, 298
Paris quadrifolia L.	Einbeere	Bd. 1	294
Polygonatum latifolium (Jacq.) Desf.	Breitblatt-Weißwurz	Bd. 1	294
Polygonatum multiflorum (L.) All.	Wald-Weißwurz	Bd. 1	294
Polygonatum odoratum (Mill.) Druce	Duftende Quirl-Weißwurz (Salomonssiegel)	Bd. 1	294
Polygonatum verticillatum (L.) All.	Quirl-Weißwurz (Quirlblättrige Weißwurz)	Bd. 1	294
Ruscus hypoglossum L.	Mäusedorn	Bd. 3	459
Scilla bifolia L. s. str.	Zweiblatt-Blaustern	Bd. 3	465
Scilla drunensis (Speta) Speta	Traun-Blaustern	Bd. 3	465
Scilla siberica Haw.	Sibirischer Blaustern	Bd. 3	464
Scilla spetana Kereszty	Franz Spetas Blaustern (Speta-Blaustern)	Bd. 3	465
Scilla vindobonensis Speta	Wiener Blaustern (Wien-B.)	Bd. 1	298
Streptopus amplexifolius (L.) DC.	Knotenfuß	Bd. 3	458
Tofieldia calyculata (L.) Wahlenb.	Simsenlilie	Bd. 3	459
Tulipa sylvestris L.	Wilde Tulpe	Bd. 1	296
Veratrum album L.	Weißer Germer	Bd. 1	296
Veratrum nigrum L.	Schwarzer Germer	Bd. 1	296
Familie: Amaryllidaceae			
Galanthus nivalis L.	Schneeglöckchen	Bd. 1	318
Leucojum aestivum L.	Sommer-Knotenblume	Bd. 1	318
Leucojum vernum L.	Frühlings-Knotenblume (Märzenbecher, Großes Schneeglöckchen)	Bd. 1	318
Narcissus radiiflorus Salisb.	Narzisse	Bd. 3	495

Wissenschaftlicher Name Autoren	Deutscher Name	Band	Seite
Familie: Iridaceae			
Crocus albiflorus Kit. ex Schult.	Krokus (Alpen-K.)	Bd. 3	454
Crocus purpureus	Neapel-Krokus	Bd. 3	455
Gladiolus palustris Gaudin	Sumpf-Gladiole (Sumpf-Siegwurz)	Bd. 3	455
Iris graminea L.	Grasblättrige Schwertlilie (Gras-Schwertlilie)	Bd. 1	294
Iris humilis Georgi	Sand-Schwertlilie	Bd. 1	292
Iris pseudacorus L.	Sumpf-Schwertlilie (Wasser-Schwertlilie)	Bd. 1	290
Iris pumila L.	Zwerg-Schwertlilie	Bd. 1	292
Iris sibirica L.	Sibirische Schwertlilie	Bd. 1	292
Iris spuria L.	Wiesen-Schwertlilie (Salzwiesen-S.)	Bd. 1	292
Iris variegata L.	Bunte Schwertlilie	Bd. 1	292
Sisyrinchium montanum Greene	Grasschwertel (Blauauge)	Bd. 3	455
Familie: Orchidaceae			
Aceras anthropophorum (L.) Ait. f.	Ohnsporn	Bd. 3	494
(Anacamptis coriophora (L.) R. M. Bateman et al.*)*	Wanzen-Knabenkraut	Bd. 3	492
(Anacamptis morio (L.) R. M. Bateman et al.*)*	Kleines Knabenkraut	Bd. 1	316
(Anacamptis palustris (L.) R. M. Bateman et al.*)*	Sumpf-Knabenkraut	Bd. 3	492
Anacamptis pyramidalis (L.) Rich.	Pyramidenorchis	Bd. 1	312
Chamorchis alpina (L.) Rich.	Zwergorchis	Bd. 3	480
Cephalanthera damasonium (Mill.) Druce	Weißes Waldvögelein	Bd. 3	484
Cephalanthera longifolia (L.) Fritsch	Schwertblättriges Waldvögelein	Bd. 1	314
Cephalanthera rubra (L.) Rich.	Rotes Waldvögelein	Bd. 3	484
Coeloglossum viride (L.) Hartman	Hohlzunge	Bd. 3	480
Corallorhiza trifida Chatel.	Korallenwurz	Bd. 3	477
Cypripedium calceolus L.	Frauenschuh	Bd. 1	308
Dactylorhiza fuchsii (Druce) Soó	Fuchs' Knabenkraut	Bd. 3	488
Dactylorhiza incarnata subsp. *incarnata* (L.) Soó s. str.	Fleischfarbenes Knabenkraut	Bd. 3	489
Dactylorhiza incarnata (L.) Soó subsp. *ochroleuca* (Boll) Hunt & Summerh.	Strohgelbes Knabenkraut	Bd. 3	489
Dactylorhiza lapponica (Hartm.) Soó	Lappland-Knabenkraut	Bd. 3	490
Dactylorhiza maculata (L.) Soó agg.	Geflecktes Knabenkraut	Bd. 1	312
Dactylorhiza majalis (Rchb.) Hunt & Summerh.	Breitblättriges Knabenkraut	Bd. 1	312
(Dactylorhiza majalis (Rchb.) Hunt & Summerh. subsp. *lapponica* (Hartm.) H. Sund.*)*	Lappland-Knabenkraut	Bd. 3	490
(Dactylorhiza majalis subsp. *majalis* (Rchb.) Hunt & Summerh.*)*	Breitblättriges Knabenkraut	Bd. 1	312
Dactylorhiza sambucina (L.) Soó	Holunder-Knabenkraut	Bd. 1	314
(Dactylorhiza viridis (L.) R. M. Bateman et al.*)*	Hohlzunge	Bd. 3	480
Epipactis albensis Nováková & Rydlo	Elbe-Ständelwurz	Bd. 3	483
Epipactis atrorubens (Hoffm.) Schult.	Braunrote Ständelwurz	Bd. 3	483
Epipactis greuteri H. Baumann & Künkele	Greuter-Ständelwurz	Bd. 3	483
Epipactis helleborine (L.) Crantz agg.	Breitblättrige Ständelwurz	Bd. 1	308

Wissenschaftlicher Name Autoren	Deutscher Name	Band	Seite
Familie: Orchidaceae			
Epipactis helleborine (L.) Crantz	Breitblättrige Ständelwurz	Bd. 3	483
Epipactis lapidocampi E. Klein & Laminger	Steinfeld-Ständelwurz	Bd. 3	483
Epipactis leptochila (Godf.) Godf.	Schmallippige Ständelwurz	Bd. 3	484
Epipactis microphylla (Ehrh.) Sw.	Kleinblättrige Ständelwurz	Bd. 3	483
Epipactis muelleri Godf.	Müllers Ständelwurz	Bd. 3	484
Epipactis voethii Robatsch	Vöth-Ständelwurz	Bd. 3	483
Epipactis pontica Taubenheim	Pontus-Ständelwurz	Bd. 3	483
Epipactis palustris (L.) Crantz	Sumpf-Ständelwurz	Bd. 1	308
Epipactis purpurata Sm.	Violette Ständelwurz	Bd. 3	484
Epipogium aphyllum (F. W. Schmidt) Sw.	Widerbart	Bd. 3	477
Goodyera repens (L.) R. Br.	Netzblatt	Bd. 3	478
Gymnadenia conopsea (L.) R. Br.	Mücken-Händelwurz	Bd. 1	312
Gymnadenia odoratissima (L.) Rich.	Wohlriechende Händelwurz	Bd. 3	480
(Hammarbya paludosa (L.) O. Kuntze*)*	Hochmoor-Weichständel	Bd. 3	482
Herminium monorchis (L.) R. Br.	Einknolle	Bd. 3	486
Himantoglossum adriaticum H. Baum.	Adriatische Riemenzunge	Bd. 1	310
(Leucorchis albida (L.) E. Mey.*)*	Weißzüngel, Höswurz	Bd. 3	482
Limodorum abortivum (L.) Sw.	Dingel	Bd. 3	476
Liparis loeselii (L.) Rich.	Torf-Glanzkraut	Bd. 3	478
Listera cordata (L.) R. Br.	Kleines Zweiblatt	Bd. 3	478
Listera ovata (L.) R. Br.	Großes Zweiblatt	Bd. 1	314
Malaxis monophyllos (L.) Sw.	Einblatt	Bd. 3	478
Malaxis paludosa (L.) Sw.	Hochmoor-Weichständel	Bd. 3	482
(Neotinea tridentata (L.) R. M. Bateman et al.*)*	Dreizähniges Knabenkraut	Bd. 3	491
(Neotinea ustulata (L.) R. M. Bateman et al.*)*	Brand-Knabenkraut	Bd. 3	491
(Neottia cordata (L.) Rich.*)*	Kleines Zweiblatt	Bd. 3	478
Neottia nidus-avis (L.) Rich.	Nestwurz	Bd. 1	308
(Neottia ovata (L.) R. Br.*)*	Großes Zweiblatt	Bd. 1	314
Nigritella miniata (Cr.) Janchen	Rotes Kohlröschen	Bd. 1	310
Nigritella nigra Rchb.f. subsp. *austriaca* Teppn. & E. Klein	Schwarzes Kohlröschen	Bd. 3	480
Nigritella rhellicani Teppn. & E. Klein	Gewöhnliches Kohlröschen	Bd. 3	480
(Nigritella rubra (Wettst.) K. Richt. subsp. *widderi* (Teppner & E. Klein) H. Baumann & R. Lorenz*)*	Widders Kohlröschen	Bd. 3	480
(Nigritella rubra subsp. *rubra* (Wettst.) K. Richt.*)*	Rotes Kohlröschen	Bd. 1	310
Nigritella widderi Teppn. & E. Klein	Widders Kohlröschen	Bd. 3	480
Ophrys apifera Huds.	Bienen-Ragwurz	Bd. 3	487
Ophrys holoserica subsp. *holoserica* (Burm. f.) Greut.	Hummel-Ragwurz	Bd. 3	488
Ophrys insectifera L.	Fliegen-Ragwurz	Bd. 1	316
Ophrys sphegodes Mill.	Spinnen-Ragwurz	Bd. 3	488
(Orchis antropophorum (L.) All.*)*	Ohnsporn	Bd. 3	494
Orchis coriophora L.	Wanzen-Knabenkraut	Bd. 3	492
Orchis mascula (L.) L. subsp. *signifera* (Vest) Soó	Männliches Knabenkraut	Bd. 1	316
Orchis militaris L.	Helm-Knabenkraut	Bd. 1	314

Wissenschaftlicher Name Autoren	Deutscher Name	Band	Seite
Familie: Orchidaceae			
Orchis morio L.	Kleines Knabenkraut	Bd. 1	316
Orchis pallens L.	Bleiches Knabenkraut	Bd. 3	492
Orchis palustris Jacq.	Sumpf-Knabenkraut	Bd. 3	492
Orchis purpurea Huds.	Purpur-Knabenkraut	Bd. 3	492
Orchis simia Lam.	Affen-Knabenkraut	Bd. 3	494
Orchis spitzelii Saut. ex Koch	Spitzels Knabenkraut	Bd. 3	492
Orchis tridentata Scop.	Dreizähniges Knabenkraut	Bd. 3	491
Orchis ustulata L.	Brand-Knabenkraut	Bd. 3	491
Orchis ustulata L. subsp. *aestivalis* (Kümpel) Kümpel & Mrkvicka	Sommer-Brand-Knabenkraut	Bd. 3	491
Platanthera bifolia (L.) Rich.	Zweiblättrige Waldhyazinthe	Bd. 1	310
(Platanthera chlorantha (Cust.) Rchb.*)*	Grünliche Waldhyazinthe	Bd. 3	478
Platanthera montana F. W. Schmidt	Grünliche Waldhyazinthe	Bd. 3	478
Pseudorchis albida (L.) A. & D.Löve	Weißzüngel, Höswurz	Bd. 3	482
Spiranthes aestivalis (Poir.) Rich.	Sommer-Drehwurz	Bd. 3	486
Spiranthes spiralis (L.) Chevall.	Herbst-Drehwurz	Bd. 3	486
Traunsteinera globosa (L.) Rchb.	Kugel-Orchis	Bd. 1	310
Familie: Juncaceae			
Juncus acutiflorus Ehrh. ex Hoffm.	Spitzblütige Binse	Bd. 2	200
Juncus alpinoarticulatus Chaix.	Alpenbinse	Bd. 2	200
Juncus articulatus L.	Gliederbinse	Bd. 2	200
Juncus atratus Krock.	Schwarze Binse	Bd. 2	200
Juncus bufonius L.	Krötenbinse	Bd. 2	122
Juncus bulbosus L.	Rasenbinse	Bd. 2	202
Juncus capitatus Weigel	Kopfbinse	Bd. 2	202
Juncus compressus Jacq.	Platthalm-Binse	Bd. 2	199
Juncus conglomeratus L.	Knäuelbinse	Bd. 2	150
Juncus effusus L.	Flatterbinse	Bd. 2	150
Juncus filiformis L.	Fadenbinse	Bd. 2	150
Juncus gerardii Loisel.	Salzbinse	Bd. 2	128
Juncus inflexus L.	Graugrüne Binse	Bd. 2	150
Juncus jacquinii L.	Gämsenbinse	Bd. 2	26
Juncus minutulus (Albert & Jahand.) Prain	Kleinste Binse	Bd. 2	122
Juncus monanthos Jacq.	Einblütige Binse	Bd. 2	25
Juncus ranarius J. O. E. Perrier & Songeon	Froschbinse	Bd. 2	122
Juncus sphaerocarpus Nees	Kugelfruchtbinse	Bd. 2	122
Juncus squarrosus L.	Sparrige Binse	Bd. 2	199
Juncus subnodulosus Schrank	Knötchenbinse	Bd. 2	104
Juncus tenageia L.f.	Sandbinse	Bd. 2	122
Juncus tenuis Willd.	Zarte Binse	Bd. 2	64
Juncus trifidus L.	Dreiblatt-Binse	Bd. 2	25
Luzula campestris (L.) DC. agg.	Feld-Hainsimse	Bd. 2	196
Luzula forsteri (Sm.) DC.	Forster-Hainsimse	Bd. 2	194
Luzula glabrata (Hoppe) Desv.	Kahle Hainsimse	Bd. 2	28

***Wissenschaftlicher Name* Autoren**	**Deutscher Name**	**Band**	**Seite**
Familie: Juncaceae			
Luzula luzulina (Vill.) DT. & S.	Gelbliche Hainsimse	Bd. 2	194
Luzula luzuloides (Lam.) Dandy & Wilm.	Weißliche Hainsimse	Bd. 2	196
Luzula pilosa (L.) Willd.	Wimper-Hainsimse	Bd. 2	194
Luzula sylvatica (Huds.) Gaud.	Wald-Hainsimse	Bd. 2	194
Familie: Cyperaceae			
Blysmus compressus (L.) Panz. ex Lk.	Quellbinse	Bd. 2	98
Bolboschoenus maritimus (L.) Palla	Knollenbinse (Knollen-Simse)	Bd. 2	170
Carex acuta L.	Schlanke Segge	Bd. 2	183
Carex acutiformis Ehrh.	Sumpfsegge	Bd. 2	184
Carex alba Scop.	Weiße Segge	Bd. 2	56
Carex appropinquata Schum.	Schwarzschopf-Segge	Bd. 2	245
Carex atrata L.	Trauersegge	Bd. 2	34
Carex bohemica Schreb.	Böhmische Segge	Bd. 2	124
Carex brachystachys Schrank	Kurzährige Segge	Bd. 2	190
Carex brizoides L.	Seegras-Segge	Bd. 2	63
Carex buekii Wimm.	Banater Segge	Bd. 2	182
Carex buxbaumii Wahlenb.	Buxbaumsegge	Bd. 2	178
Carex buxbaumii Wahlenb. agg.	Moorsegge	Bd. 2	178
Carex canescens L.	Graue Segge	Bd. 2	172
Carex capillaris L.	Haarstiel-Segge	Bd. 2	34
Carex caryophyllea Latourr.	Frühlingssegge	Bd. 2	177
Carex cespitosa L.	Rasensegge	Bd. 2	182
Carex chordorrhiza L.f.	Stricksegge	Bd. 2	100
Carex curvata Knaf	Bogen-Segge	Bd. 2	63
Carex curvula All.	Krummsegge	Bd. 2	38
Carex davalliana Sm.	Davallsegge	Bd. 2	96
Carex diandra Schrank	Drahtsegge	Bd. 2	96
Carex digitata L.	Fingersegge	Bd. 2	248
Carex dioica L.	Zweihäusige Segge	Bd. 2	96
Carex distans L.	Entferntährige Segge	Bd. 2	103
Carex disticha Huds.	Kammsegge	Bd. 2	102
Carex divisa Huds.	Knopfbinsen-Segge	Bd. 2	128
Carex divulsa Stokes	Unterbrochenährige Segge	Bd. 2	174
Carex echinata Murray	Igelsegge	Bd. 2	96
Carex elata subsp. *elata* All. s. str.	Bultsegge	Bd. 2	182
Carex elongata L.	Erlenbruch-Segge	Bd. 2	63
Carex ericetorum Pollich	Heidesegge	Bd. 2	56
Carex ferruginea Scop.	Rostsegge	Bd. 2	27
Carex firma Mygind	Polstersegge	Bd. 2	25
Carex flacca Schreb.	Blaugrüne Segge	Bd. 2	190
Carex flava L. agg.	Gelbe Segge	Bd. 2	96
(Carex gracilis Curtis)	Schlanke Segge	Bd. 2	183
Carex halleriana Asso	Haller-Segge	Bd. 2	178

Wissenschaftlicher Name Autoren	Deutscher Name	Band	Seite
Familie: Cyperaceae			
Carex hartmanii Caj.	Hartmansegge	Bd. 2	178
Carex hirta L.	Haarige Segge	Bd. 2	186
Carex hordeistichos Vill.	Gerstensegge	Bd. 2	130
Carex hostiana DC.	Saumsegge	Bd. 2	90
Carex humilis Leys.	Erdsegge	Bd. 2	70
Carex lasiocarpa Ehrh.	Fadensegge	Bd. 2	98
(*Carex leersiana* Rauschert)	Vielblattsegge	Bd. 2	174
Carex leporina L.	Hasenpfoten-Segge	Bd. 2	172
Carex limosa L.	Schlammsegge	Bd. 2	100
Carex liparocarpos Gaudin	Glanzfrucht-Segge	Bd. 2	70
Carex melanostachya Willd.	Schwarzährige Segge	Bd. 2	103
Carex michelii Host	Micheli-Segge	Bd. 2	179
Carex montana L.	Bergsegge	Bd. 2	87
Carex mucronata All.	Stachelspitzige Segge	Bd. 2	38
Carex muricata L.	Sparrige Segge	Bd. 2	174
Carex muricata L. agg.	Sparrige Segge	Bd. 3	174
Carex nigra (L.) Reichard	Wiesensegge	Bd. 2	184
(*Carex oenensis* A. Neum. ex B. Walln.)	Alpenrandsegge	Bd. 2	180
Carex ornithopoda Willd.	Vogelfußsegge	Bd. 2	247
Carex ornithopodoides Hausm.	Alpen-Vogelfußsegge	Bd. 2	44
Carex otrubae Podp.	Blasse Fuchssegge	Bd. 2	172
(*Carex ovalis* Gooden.)	Hasenpfoten-Segge	Bd. 2	172
Carex pallescens L.	Bleiche Segge	Bd. 2	90
Carex panicea L.	Hirsesegge	Bd. 2	186
Carex paniculata L.	Rispensegge	Bd. 2	245
Carex parviflora Host	Kleinblütige Segge	Bd. 2	44
Carex pauciflora Lightf.	Wenigblütige Segge	Bd. 2	96
Carex pendula Huds.	Hängesegge	Bd. 2	48
Carex pilosa Scop.	Wimpersegge	Bd. 2	46
Carex pilulifera L.	Pillensegge	Bd. 2	88
Carex polyphylla Kar. & Kir.	Vielblattsegge	Bd. 2	174
Carex praecox Schreb.	Frühe Segge	Bd. 2	170
Carex pseudocyperus L.	Scheinzypergras-Segge	Bd. 2	190
Carex pulicaris L.	Flohsegge	Bd. 2	96
Carex randalpina B. Walln.	Alpenrandsegge	Bd. 2	180
Carex remota L.	Winkelsegge	Bd. 2	48
Carex riparia Curt.	Ufersegge	Bd. 2	184
Carex rostrata Stokes ex With.	Schnabelsegge	Bd. 2	186
Carex rupestris All.	Felsensegge	Bd. 2	38
Carex secalina Wahlenb.	Roggensegge	Bd. 2	130
Carex sempervirens Vill.	Horst-Segge	Bd. 2	30
Carex spicata Huds.	Dichtährige Segge	Bd. 2	174
(*Carex stellulata* Gooden.)	Igelsegge	Bd. 2	96

Wissenschaftlicher Name Autoren	Deutscher Name	Band	Seite
Familie: Cyperaceae			
Carex stenophylla Wahlenb.	Schmalblattsegge	Bd. 2	154
Carex strigosa Huds.	Dünnährige Segge	Bd. 2	46
Carex supina Wahlenb.	Steppensegge	Bd. 2	70
Carex sylvatica Huds.	Waldsegge	Bd. 2	46
Carex tomentosa L.	Filzsegge	Bd. 2	88
Carex umbrosa Host	Schattensegge	Bd. 2	88
Carex vesicaria L.	Blasensegge	Bd. 2	186
Carex vulpina L.	Fuchssegge	Bd. 2	172
Cladium mariscus (L.) Pohl	Schneide	Bd. 2	114
Cyperus flavescens L.	Gelbes Zypergras	Bd. 2	124
Cyperus fuscus L.	Braunes Zypergras	Bd. 2	124
Cyperus longus L.	Langes Zypergras	Bd. 2	116
Cyperus michelianus (L.) Delile	Zwerg-Zypergras	Bd. 2	124
Cyperus pannonicus Jacq.	Pannonisches Zypergras	Bd. 2	130
Eleocharis acicularis (L.) Roem. & Schult.	Nadel-Sumpfried	Bd. 2	156
Eleocharis ovata (Roth) Roem. & Schult.	Eiköpfiges Sumpfried (Eiförmiges S.)	Bd. 2	126
Eleocharis palustris (L.) R. & Sch. agg.	Echtes Sumpfried	Bd. 2	156
Eleocharis quinqueflora (F. X. Hartm.) O. Schwarz	Wenigblütiges Sumpfried	Bd. 2	156
Eriophorum angustifolium Honck.	Schmalblättriges Wollgras	Bd. 2	152
Eriophorum gracile Koch	Schlankes Wollgras	Bd. 2	153
Eriophorum latifolium Hoppe	Breitblatt-Wollgras	Bd. 2	152
Eriophorum vaginatum L.	Scheiden-Wollgras	Bd. 2	152
Isolepis setacea (L.) R. Br.	Moorbinse	Bd. 2	124
Rhynchospora alba (L.) Vahl	Weißes Schnabelried	Bd. 2	100
Schoenoplectus lacustris (L.) Palla	Teichbinse	Bd. 2	114
Schoenoplectus supinus (L.) Palla	Zwergbinse	Bd. 2	124
Schoenoplectus tabernaemontani (C. C. Gmel.) Palla	Graue Teichbinse	Bd. 2	114
Schoenoplectus triqueter (L.) Palla	Dreikantige Teichbinse	Bd. 2	114
Schoenus ferrugineus L.	Rostrotes Knopfried	Bd. 2	154
Schoenus nigricans L.	Schwarzes Knopfried	Bd. 2	154
Scirpoides holoschoenus (L.) Soják	Kugelbinse	Bd. 2	104
Scirpus radicans Schkuhr	Wurzelnde Waldsimse	Bd. 2	192
Scirpus sylvaticus L.	Waldsimse	Bd. 2	192
Trichophorum alpinum (L.) Pers.	Alpen-Haarbinse	Bd. 2	152
Trichophorum cespitosum (L.) Hartman	Rasen-Haarbinse	Bd. 2	152
Familie: Typhaceae			
Sparganium emersum Rehm.	Astloser Igelkolben	Bd. 2	118
Sparganium erectum L.	Ästiger Igelkolben	Bd. 2	118
Sparganium natans L.	Zwerg-Igelkolben	Bd. 2	118
Typha angustifolia L.	Schmalblättriger Rohrkolben	Bd. 2	112
Typha latifolia L.	Breitblättriger Rohrkolben	Bd. 2	112
Typha laxmannii Lepech.	Laxmann-Rohrkolben	Bd. 2	112

Wissenschaftlicher Name Autoren	Deutscher Name	Band	Seite
Familie: Typhaceae			
Typha minima Hoppe	Zwerg-Rohrkolben	Bd. 2	112
Typha shuttleworthii Koch & Sond.	Silber-Rohrkolben	Bd. 2	112
Familie: Poaceae			
Achnatherum calamagrostis (L.) PB.	Raugras	Bd. 2	42
(*Agropyron caninum* (L.) P. Beauv.)	Hundsquecke	Bd. 2	164
(*Agropyron intermedium* (Host) Baumg.)	Graugrüne Quecke	Bd. 2	82
Agropyron pectinatum (MB.) PB.	Kammquecke	Bd. 2	82
(*Agropyron repens* (L.) P. Beauv.)	Quecke	Bd. 2	166
Agrostis agrostiflora (Beck) Rauschert	Schilf-Straußgras (Alpen-Reitgras)	Bd. 2	28
Agrostis alpina Scop. s. str.	Alpen-Straußgras	Bd. 2	33
Agrostis *canina* L.	Hunds-Straußgras	Bd. 2	212
Agrostis capillaris L.	Rotes Straußgras	Bd. 2	212
Agrostis gigantea Roth	Riesen-Straußgras	Bd. 2	212
Agrostis rupestris All.	Felsen-Straußgras	Bd. 2	33
Agrostis scabra Willd.	Amerikanisches Straußgras	Bd. 2	212
(*Agrostis schraderiana* Bech.)	Schilf-Straußgras (Alpen-Reitgras)	Bd. 2	28
Agrostis stolonifera L.	Flecht-Straußgras	Bd. 2	212
Agrostis vinealis Schreb.	Heide-Straußgras	Bd. 2	212
Aira caryophyllea L.	Nelkenhafer	Bd. 2	78
(*Aira elegans* Willd. ex Gaudin)	Zierlicher Nelkenhafer	Bd. 2	78
Aira elegantissima Schur	Zierlicher Nelkenhafer	Bd. 2	78
Alopecurus aequalis Sobol.	Rotgelber Fuchsschwanz	Bd. 2	122
Alopecurus geniculatus L.	Knick-Fuchsschwanz	Bd. 2	122
Alopecurus myosuroides Huds.	Acker-Fuchsschwanz	Bd. 2	138
Alopecurus pratensis L.	Wiesen-Fuchsschwanz	Bd. 2	158
Anthoxanthum alpinum A. & D. Löve	Alpen-Ruchgras	Bd. 2	160
Anthoxanthum odoratum L.	Ruchgras	Bd. 2	160
Apera interrupta (L.) PB.	Lücken-Windhalm	Bd. 2	80
Apera spica-venti (L.) PB.	Windhalm	Bd. 2	132
Arrhenatherum elatius (L.) J. & K. Presl	Glatthafer	Bd. 2	230
Avena fatua L.	Flughafer	Bd. 2	133
(*Avenella flexuosa* (L.) Parl.)	Drahtschmiele	Bd. 2	228
(*Avenula pratensis* (L.) Dumort.)	Wiesenhafer	Bd. 2	232
(*Avenula pubescens* (Huds.) Dumort.)	Flaumhafer	Bd. 2	230
Bothriochloa ischaemum (L.) Keng	Bartgras	Bd. 2	72
Brachypodium pinnatum (L.) PB.	Fiederzwenke	Bd. 2	162
Brachypodium rupestre (Host) Roem. & Schult.	Felsenzwenke	Bd. 2	162
Brachypodium sylvaticum (Huds.) PB.	Waldzwenke	Bd. 2	164
Briza media L.	Zittergras	Bd. 2	217
Bromus arvensis L.	Ackertrespe	Bd. 2	244
Bromus benekenii (Lange) Trimen	Frühe Waldtrespe	Bd. 2	50
Bromus commutatus Schrad.	Verwechselte Trespe	Bd. 2	244
Bromus erectus Huds.	Aufrechte Trespe	Bd. 2	240

Wissenschaftlicher Name Autoren	Deutscher Name	Band	Seite
Familie: Poaceae			
Bromus grossus Desf. ex DC.	Dicke Trespe	Bd. 2	242
Bromus hordeaceus L.	Weiche Trespe	Bd. 2	239
Bromus inermis Leys.	Wehrlose Trespe	Bd. 2	240
Bromus japonicus Thunb. ex Murray	Hängetrespe	Bd. 2	244
(Bromus mollis L.)	Weiche Trespe	Bd. 2	239
Bromus pannonicus Kumm. & Sendtn.	Ungarische Trespe	Bd. 2	240
Bromus racemosus L.	Traubentrespe	Bd. 2	240
Bromus ramosus Huds.	Waldtrespe	Bd. 2	50
Bromus ramosus Huds. agg.	Waldtrespe	Bd. 2	50
Bromus secalinus L. agg.	Roggentrespe	Bd. 2	242
Bromus squarrosus L.	Sparrige Trespe	Bd. 2	244
Bromus sterilis L.	Taube Trespe	Bd. 2	242
Bromus tectorum L.	Dachtrespe	Bd. 2	242
Calamagrostis arundinacea (L.) Roth	Wald-Reitgras	Bd. 2	208
Calamagrostis canescens (Web.) Roth em.Druce	Sumpf-Reitgras	Bd. 2	208
Calamagrostis epigejos (L.) Roth	Land-Reitgras	Bd. 2	206
Calamagrostis pseudophragmites (Hall. f.) Koel.	Ufer-Reitgras	Bd. 2	208
Calamagrostis varia (Schrad.) Host	Berg-Reitgras	Bd. 2	206
Calamagrostis villosa (Chaix) J. F. Gmel.	Woll-Reitgras	Bd. 2	208
Catabrosa aquatica (L.) PB.	Quellgras	Bd. 2	110
Chrysopogon gryllus (L.) Trin.	Goldbart	Bd. 2	74
(Cleistogenes serotina (L.) Keng)	Herbst-Steifhalm	Bd. 2	72
Coleanthus subtilis (Tratt.) Seidel	Scheidengras	Bd. 2	121
Corynephorus canescens (L.) PB.	Silbergras	Bd. 2	77
Crypsis aculeata (L.) Ait.	Dorngras	Bd. 2	130
Crypsis alopecuroides Schrad.	Fuchsschwanz-Sumpfgras	Bd. 2	126
Crypsis schoenoides (L.) Lam.	Knopfbinsen-Sumpfgras	Bd. 2	126
Cynodon dactylon (L.) Pers.	Hundszahngras	Bd. 2	140
Cynosurus cristatus L.	Kammgras	Bd. 2	162
Dactylis glomerata L.	Knaulgras	Bd. 2	170
Dactylis polygama Horvátovszky	Wald-Knaulgras	Bd. 2	170
Danthonia alpina Vest	Traubenhafer	Bd. 2	92
Danthonia decumbens (L.) DC.	Dreizahn	Bd. 2	92
Deschampsia cespitosa (L.) PB.	Rasenschmiele	Bd. 2	218
Deschampsia flexuosa (L.) Trin.	Drahtschmiele	Bd. 2	228
Digitaria ischaemum (Schreb.) Mühlenb.	Fadenhirse	Bd. 2	136
Digitaria sanguinalis (L.) Scop.	Bluthirse	Bd. 2	136
Digitaria sanguinalis (L.) Scop. subsp. *pectiniformis* Henrard	Bewimperte Bluthirse	Bd. 2	136
Echinochloa crus-galli (L.) PB.	Hühnerhirse	Bd. 2	134
Elymus athericus (Link) Kerg.	Flussquecke	Bd. 2	164
Elymus caninus (L.) L.	Hundsquecke	Bd. 2	164
Elymus hispidus (Opiz) Meld.	Graugrüne Quecke	Bd. 2	82
Elymus repens (L.) Gould	Quecke	Bd. 2	166

Wissenschaftlicher Name Autoren	Deutscher Name	Band	Seite
Familie: Poaceae			
Eragrostis minor Host	Kleines Liebesgras	Bd. 2	142
Eragrostis pilosa (L.) PB.	Behaartes Liebesgras	Bd. 2	142
Festuca alpina Suter	Alpenschwingel	Bd. 2	40
Festuca altissima All.	Waldschwingel	Bd. 2	48
Festuca amethystina L.	Amethyst-Schwingel	Bd. 2	58
Festuca apennina De Not.	Apenninen-Wiesenschwingel	Bd. 2	234
Festuca arundinacea Schreb.	Rohrschwingel	Bd. 2	234
Festuca brevipila Tracey s. l.	Raublättriger Schwingel	Bd. 2	236
(*Festuca diffusa* Dum.)	Ausgebreiteter Schwingel	Bd. 2	234
Festuca drymeia Mert. & Koch	Bergschwingel	Bd. 2	50
Festuca filiformis Pourr.	Faden-Schafschwingel	Bd. 2	236
Festuca gigantea (L.) Vill.	Riesenschwingel	Bd. 2	50
Festuca guestfalica Rchb.	Harter Schafschwingel	Bd. 2	236
Festuca heteromalla Pourr.	Ausgebreiteter Schwingel	Bd. 2	234
Festuca heterophylla Lam.	Verschiedenblättriger Schwingel	Bd. 2	58
Festuca majovskyi Holub	Májovskys Schwingel	Bd. 2	236
Festuca nigrescens Lam.	Horst-Rotschwingel	Bd. 2	234
Festuca ovina L. agg.	Schafschwingel-Gruppe	Bd. 2	236
Festuca ovina L. s. str.	Schafschwingel	Bd. 2	236
Festuca pallens Host	Bleicher Schwingel	Bd. 2	237
(*Festuca picta* Kit. Ex Schult.)	Bunter Violett-Schwingel	Bd. 2	28
Festuca picturata Pils	Bunter Violett-Schwingel	Bd. 2	28
Festuca pratensis Huds.	Wiesenschwingel	Bd. 2	234
(*Festuca pratensis* Huds. subsp. *apennina* (De Not.) Hegi)	Apenninen-Wiesenschwingel	Bd. 2	234
Festuca pseudovina Hackel ex Wiesb.	Salzschwingel	Bd. 2	236
Festuca pulchella Schrad.	Zierlicher Schwingel	Bd. 2	28
Festuca pumila Chaix	Niedriger Schwingel	Bd. 2	34
Festuca rubra L.	Rotschwingel	Bd. 2	234
Festuca rubra subsp. *rubra* L. s. str.	Ausläufer-Rotschwingel	Bd. 2	234
Festuca rupicaprina (Hackel) Kern.	Gämsenschwingel	Bd. 2	34
Festuca rupicola Heuff.	Furchenschwingel	Bd. 2	236
Festuca stenantha (Hackel) K.Richter	Schmalrispiger Felsenschwingel	Bd. 2	40
Festuca stricta Host	Steifer Schwingel	Bd. 2	236
Festuca trichophylla (Gaudin) K. Richter	Haarblatt-Rotschwingel	Bd. 2	234
Festuca vaginata W. & K. ex Willd.	Sandschwingel	Bd. 2	236
Festuca valesiaca Schleich. ex Gaudin	Walliser Schwingel	Bd. 2	236
Festuca versicolor Tausch	Buntschwingel	Bd. 2	38
Festuca versicolor Tausch subsp. *brachystachys* (Hack.) Markgr.-Dann.	Eigentlicher Buntschwingel	Bd. 2	26
Festuca versicolor Tausch subsp. *pallidula* (Hack.) Markgr.-Dann.	Kurzrispiger Buntschwingel	Bd. 2	40
Glyceria declinata Bréb.	Blaugrüner Schwaden	Bd. 2	108
Glyceria fluitans (L.) R. Br.	Mannaschwaden	Bd. 2	108

Wissenschaftlicher Name Autoren	Deutscher Name	Band	Seite
Familie: Poaceae			
Glyceria maxima (Hartman) Holmberg	Großer Schwaden	Bd. 2	107
Glyceria notata Chevall.	Falt-Schwaden	Bd. 2	108
(*Heleochloa schoenoides* (L.) Host ex Roemer)	Knopfbinsen-Sumpfgras	Bd. 2	126
Helictotrichon desertorum (Less.) Nevski ex Krasch.	Steppenhafer	Bd. 2	76
Helictotrichon parlatorei (Woods) Pilg.	Staudenhafer	Bd. 2	30
Helictotrichon pratense (L.) Besser	Wiesenhafer	Bd. 2	232
Helictotrichon pubescens (Huds.) Pilg.	Flaumhafer	Bd. 2	230
Hierochloe australis (Schrad.) Roem. & Schult.	Mariengras	Bd. 2	56
Hierochloe repens (Host) Bess.	Kriechendes Mariengras	Bd. 2	126
Holcus lanatus L.	Wolliges Honiggras	Bd. 2	228
Holcus mollis L.	Weiches Honiggras	Bd. 2	228
Hordelymus europaeus (L.) Harz	Waldgerste	Bd. 2	52
Hordeum murinum L.	Mäusegerste	Bd. 2	142
Kengia serotina (L.) Packer	Herbst-Steifhalm	Bd. 2	72
Koeleria glauca (Schrad.) DC.	Sand-Schillergras	Bd. 2	78, 219
(*Koeleria gracilis* Pers.)	Steppen-Schillergras	Bd. 2	74
Koeleria macrantha (Ledeb.) Spreng.	Steppen-Schillergras	Bd. 2	74
Koeleria pyramidata P. Baeuv.	Wiesen-Schillergras	Bd. 2	220
Leersia oryzoides (L.) Sw.	Reisquecke	Bd. 2	110
Lolium multiflorum Lam.	Welsches Weidelgras	Bd. 2	166
Lolium perenne L.	Deutsches Weidelgras	Bd. 2	166
Lolium temulentum L.	Taumel-Lolch	Bd. 2	166
Melica altissima L.	Hohes Perlgras	Bd. 2	60
Melica ciliata L.	Wimper-Perlgras	Bd. 2	72
Melica nutans L.	Nickendes Perlgras	Bd. 2	52
Melica picta K. Koch	Buntes Perlgras	Bd. 2	52
Melica transsilvanica Schur	Siebenbürger Perlgras	Bd. 2	83
Melica uniflora Retz.	Einblütiges Perlgras	Bd. 2	52
Milium effusum L.	Flatterhirse	Bd. 2	54
Molinia arundinacea Schrank	Rohr-Pfeifengras	Bd. 2	93
Molinia caerulea (L.) Moench	Pfeifengras	Bd. 2	92
Nardus stricta L.	Bürstling	Bd. 2	90
Panicum capillare L.	Haarstiel-Rispenhirse	Bd. 2	134
Panicum hillmanii Chase	Hillmann-Rispenhirse	Bd. 2	134
Panicum miliaceum L.	Kulturhirse	Bd. 2	134
Phalaris arundinacea L.	Rohrglanzgras	Bd. 2	108
Phleum alpinum L. agg.	Alpen-Lieschgras	Bd. 2	160
Phleum commutatum Gaudin	Alpen-Lieschgras	Bd. 2	160
Phleum hirsutum Honck.	Rauhaariges Lieschgras	Bd. 2	160
Phleum nodosum L.	Zwiebel-Lieschgras	Bd. 2	160
Phleum phleoides (L.) Karsten	Steppen-Lieschgras	Bd. 2	74
Phleum pratense L. agg.	Wiesen-Lieschgras	Bd. 2	160

Wissenschaftlicher Name Autoren	Deutscher Name	Band	Seite
Familie: Poaceae			
Phleum rhaeticum (C. J. Humphr.) Rauschert	Graubündener Lieschgras	Bd. 2	160
Pholiurus pannonicus (Host) Trin.	Schuppenschwanz	Bd. 2	130
Phragmites australis (Cav.) Trin. ex Steudk.	Schilf	Bd. 2	110
Piptatherum virescens (Trin.) Boiss.	Grannenhirse	Bd. 2	58
Poa alpina L.	Alpenrispe	Bd. 2	37
Poa angustifolia L.	Schmalblättrige Wiesenrispe	Bd. 2	224
Poa annua L.	Einjährige Rispe	Bd. 2	222
Poa badensis Haenke ex Willd.	Badener Rispengras	Bd. 2	74
Poa bulbosa L.	Zwiebelrispe	Bd. 2	220
Poa cenisia All.	Kriechendes Rispengras	Bd. 2	42
Poa chaixii Vill.	Bergrispe	Bd. 2	222
Poa compressa L.	Platthalmrispe	Bd. 2	220
Poa humilis Ehrh.	Bläuliche Rispe	Bd. 2	224
Poa hybrida Gaudin agg.	Große Rispe	Bd. 2	222
Poa minor Gaudin	Kleines Rispengras	Bd. 2	44
Poa nemoralis L.	Hain-Rispengras	Bd. 2	58
Poa palustris L.	Sumpfrispe	Bd. 2	224
Poa pratensis L.	Wiesenrispe	Bd. 2	224
Poa remota Forselles	Entferntährige Rispe	Bd. 2	222
Poa stiriaca Fritsch & Hayek	Steirer Rispe	Bd. 2	224
Poa supina Schrad.	Lägerrispe	Bd. 2	37
Poa trivialis L.	Grabenrispe	Bd. 2	224
Puccinellia distans (Jacq.) Parl. agg.	Salzschwaden	Bd. 2	217
Sclerochloa dura (L.) PB.	Hartgras	Bd. 2	140
(Sesleria albicans Kit. ex Schult.*)*	Kalk-Blaugras	Bd. 2	32
Sesleria caerulea (L.) Ard.	Kalk-Blaugras	Bd. 2	32
(Sesleria coerulea auct. p.p.*)*	Moor-Blaugras	Bd. 2	154
Sesleria sadleriana Janka	Pannonisches Blaugras	Bd. 2	72
Sesleria uliginosa Opiz	Moor-Blaugras	Bd. 2	154
(Setaria decipiens K. F. Schimp.*)*	Quirl-Borstenhirse	Bd. 2	138
Setaria italica (L.) P. Beauv. subsp. *moharia* (Alef.) H. Scholz	Vogelfutterhirse	Bd. 2	138
Setaria pumila (Poir.) Schult.	Gelbe Borstenhirse	Bd. 2	137
Setaria verticillata (L.) PB.	Klett-Borstenhirse	Bd. 2	138
Setaria verticilliformis Dumort.	Quirl-Borstenhirse	Bd. 2	138
Setaria viridis (L.) P. Beauv.	Grüne Borstenhirse	Bd. 2	138
Sorghum halepense (L.) Pers.	Wilde Mohrenhirse	Bd. 2	134
Stipa borysthenica Prokudin	Sand-Federgras	Bd. 2	77
Stipa capillata L.	Pfriemengras	Bd. 2	68
Stipa dasyphylla (Czern. ex Lindem.) Trautv.	Flaum-Federgras	Bd. 2	68
Stipa eriocaulis Borb.	Zierliches Federgras	Bd. 2	68
(Stipa joannis Cêlak.*)*	Grauscheiden-Federgras	Bd. 2	70
Stipa pennata L. s. str.	Grauscheiden-Federgras	Bd. 2	70

Wissenschaftlicher Name Autoren	Deutscher Name	Band	Seite
Familie: Poaceae			
Stipa pulcherrima K. Koch	Großes Federgras	Bd. 2	68
(*Stipa sabulosa* (Pacz.) Sljuss.)	Sand-Federgras	Bd. 2	77
(*Stipa stenophylla* Lindem.)	Rossschweif-Federgras	Bd. 2	68
Stipa tirsa Steven	Rossschweif-Federgras	Bd. 2	68
Tragus racemosus (L.) All.	Klettengras	Bd. 2	80
Trisetum alpestre (Host) PB.	Alpen-Goldhafer	Bd. 2	39
Trisetum distichophyllum (Vill.) PB.	Fächer-Goldhafer	Bd. 2	42
Trisetum flavescens (L.) PB.	Goldhafer	Bd. 2	230
Ventenata dubia (Leers) Coss.	Schmielenhafer	Bd. 2	80
Vulpia bromoides (L.) S. F. Gray	Trespen-Federschwingel	Bd. 2	80
Vulpia myuros (L.) C. C. Gmel.	Mäuseschwanz-Federschwingel	Bd. 2	80
Familie: Araceae			
(*Arum alpinum* Schott & Kotschy)	Aronstab (Südöstlicher A.)	Bd. 1	318
Arum cylindraceum Gasp.	Aronstab (Südöstlicher A.)	Bd. 1	318
Calla palustris L.	Drachenwurz	Bd. 3	494
Familie: Lemnaceae			
Lemna gibba L.	Büschel-Wasserlinse	Bd. 4	176
Lemna minor L.	Kleine Wasserlinse	Bd. 4	176
Lemna trisulca L.	Dreifurchige Wasserlinse	Bd. 4	176
Spirodela polyrhiza (L.) Schleiden	Teichlinse	Bd. 4	176
Wolffia arrhiza (L.) Horkel ex Wimm.	Zwergwasserlinse	Bd. 4	175

Die Bergluft funkelt im Sonnenuntergang,
Vögel kehren gemeinsam in Schwärmen zurück.
In diesen Dingen ist eine fundamentale Wahrheit,
wenn ich sie aber zu erklären beginne,
verliere ich die Worte.

Tao Yuan-Ming[56]

Nachwort

– in Gedenken an Wolfgang Holzner, der am 29. Oktober 2014 kurz nach dem Erscheinen des dritten Bandes dieser Buchreihe verstorben ist. Trotz schwerer Krankheit hat er bis zuletzt am Manuskript des vierten und letzten Bandes gearbeitet. Die nun vollständig vorliegende Ökologische Flora Niederösterreichs ist geprägt durch sein umfassendes Fachwissen, seine kreativen und unkonventionellen Zugänge und durch seinen feinen Humor. Er hatte die Idee einer praktischen Flora, die den Bogen spannt zwischen wissenschaftlichem Werk und populärem Bilderbuch, schon sehr lange mit sich herumgetragen. Die Umsetzung war schließlich in Zusammenarbeit mit der von Landeshauptmann-Stellvertreter Mag. Wolfgang Sobotka initiierten niederösterreichischen Aktion „Natur im Garten“ möglich.

Diese letzten Seiten sind Wolfgang Holzner alleine gewidmet und sollen all jenen, die ihn nicht gekannt haben, seine Persönlichkeit und einen kleinen Ausschnitt seiner Werke etwas näher bringen. Von den vielen Spuren, die er hinterlassen hat, aus der Fülle an Büchern und Beiträgen, die er geschrieben, herausgegeben oder bei denen er mitgewirkt hat, mussten wir eine Auswahl treffen, wobei hier ein Bezug zu Niederösterreich ein wesentliches Kriterium war – außerdem ist es uns ein Anliegen seine Vielseitigkeit aufzuzeigen.

Wolfgang Holzner selbst hat sich in einem Beitrag zur Stadtwildnis im Katalog der Ausstellung zur Wiener Biotopkartierung (Blubb 1990) kurz folgendermaßen charakterisiert:

- *Modell:* Jungfrau-Pferd
- Baujahr 1942
- Biochemotechniker
- 1970 Dr. phil. Alma mater Vindobonensis (Botanik, Japanologie)
- seit 1967 am Botanischen Institut der Alma mater viridis
  hier: 1974 Habil. (Ökologie und Soziologie der Pflanzen), 1977 uo. Prof.
- Arbeitsgebiet: Karitative Betreuung von Außenseitern im Pflanzenreich, v. a. d. sogenannten „Unkräuter“, Vegetation des Himalayas u. Tibets...
- Hobbies: Blubb! *(Anmerkung: Das Akronym der Ausstellung stand für: Biotope – Landschaften – Utopien – Bewusst – Beleben).*

[56] Mit diesem chinesischen Gedicht hat Wolfgang Holzner die Frage „Was ist Biodiversität“ im Endbericht des MOBI-e Projektes (Entwicklung eines Konzeptes für ein Biodiversitätsmonitoring in Österreich) eingeleitet (Holzner 2006).

Seit seiner Kindheit erforschte Wolfgang Holzner die Flora und Vegetation Niederösterreichs. Schon zu Beginn seiner akademischen Laufbahn machte er sich weit über Österreich hinaus einen Namen als Spezialist für Unkräuter; er beschäftigte sich intensiv mit ihrer Biologie, Ökologie und Verbreitung sowie mit Herkunft, Lebensweise, Strategien und mit ihrer landwirtschaftlichen Bedeutung (z. B. Holzner 1971, 1973, 1981; Holzner & Numata 1982; Holzner 1991; Holzner & Glauninger 2005). Sein Interesse und sein Forscherdrang gingen allerdings immer schon weit über die Unkräuter hinaus. Gemeinsam mit Erich Hübl entstanden beispielsweise die „Grundzüge der Vegetationsgliederung Niederösterreichs" (Hübl & Holzner 1975) ebenso wie regionale Vegetationsskizzen aus der Wachau (Hübl & Holzner 1977) oder von den NÖ Kalkalpengipfeln (Holzner & Hübl 1977).

Durch die langjährige Arbeit mit Unkräutern war er der Praxis immer sehr nahe und hat dabei einen respektvollen Zugang und Umgang mit anderen Wertvorstellungen entwickelt. Generell war sein Umgang mit Menschen, egal ob Kollegen, Studierende, Landwirte oder Politiker, sehr aufmerksam und wertschätzend. Naturschutzthemen hat Wolfgang Holzner bereits im Rahmen seiner Tätigkeit am Institut für Botanik bearbeitet – besonders hervorzuheben sind hier der vielzitierte Österreichische Trockenrasenkatalog (Holzner 1986), die Biotoptypen Österreichs (Holzner et al. 1989) oder auch der Naturführer zur „Steppe am Stadtrand", der Perchtoldsdorfer Heide (Holzner & Sänger 1997), in deren Nähe er aufgewachsen ist.

Als Leiter des Zentrums für Umwelt- und Naturschutz an der Universität für Bodenkultur, (später Institut für Integrative Naturschutzforschung) konnte er Umsetzung und Übersetzung von wissenschaftlichen Erkenntnissen in die Naturschutzpraxis konsequent vertiefen (z. B. auf Almen: Holzner 2007). Er tat dieses in der Forschung, wie in seiner universitären Lehre und ward nicht müde insbesondere versteckte Werthaltungen als solche aufzudecken und transparent zu machen. Er trat immer für flexible, adaptive, integrative und partizipatorische Lösungen ein und war damit ein umsichtiger „Brückenbauer" im Naturschutz (Holzner & Kriechbaum 2005, Holzner 2006, 2012).

Hervorheben möchten wir zum Schluss die hartnäckige Art von Wolfgang Holzner, alle „Dinge", Konzepte und Methoden zu hinterfragen, gegen das „Schubladendenken" anzukämpfen und Probleme von-außen-mit-Abstand zu betrachten. Er war in jeder Hinsicht ein unangepasster, unabhängiger Mensch – und diese Freiheit hat ihm auch den ungewöhnlichen Zugang zum vorliegenden Werk ermöglicht.

Monika Kriechbaum und Matthias Kropf

„Nichts ist beständig und sicher,
nichts ist jemals wirklich fertig oder
etwa unwiderruflich.
Das ist doch beruhigend, nicht wahr?"[57]

[57] Dieses Zitat aus dem Munde des Meisters Mumrik aus den Muminbüchern von Tove Jansson hat Wolfgang Holzner als Motto für einen Artikel über die Landschaft als dynamisches Netzwerk gewählt (Holzner 1999).

Blubb (1990): **Ausstellung zur Wiener Biotopkartierung.** Presse- und Informationsdienst der Stadt Wien. 168 S.

Holzner, W. (1971): **Niederösterreichs Ackervegetation als Umweltzeiger.** Die Bodenkultur 22, 397–414.

Holzner, W. (1973): **Die Ackerunkrautvegetation Niederösterreichs.** Mitteilungen der Botanischen Arbeitsgemeinschaft am Oberösterreichischen Landesmuseum Linz 5, 1–156.

Holzner, W. (1981): **Ackerunkräuter – Bestimmung, Verbreitung, Biologie und Ökologie.** 187 S., Graz: L. Stocker Verlag.

Holzner, W. (Hrsg.) (1986): **Österreichischer Trockenrasenkatalog.** Grüne Reihe des Bundesministeriums für Umwelt, Jugend und Familie, Band 6. 380 S.

Holzner, W. (Hrsg.) (1989): **Biotoptypen in Österreich.** Vorarbeiten zu einem Katalog. 233 S., Umweltbundesamt, Wien.

Holzner, W. (1991): **Unkraut-Typen – eine Einteilung der Ruderal- und Segetalpflanzen nach komplexen biologisch-ökologischen Kriterien. 1. Die ein und zweijährigen Arten.** Die Bodenkultur 42/1, 1-20; 2. Die ausdauernden dominanten Arten. Die Bodenkultur 42/2, 135-146.

Holzner, W. (1999): **Die Landschaft als dynamisches Netzwerk.** In: Hochegger, K., Holzner, W. (Hrsg.): Kulturlandschaft – Natur in Menschenhand. Grüne Reihe des Bundesministeriums für Umwelt, Jugend und Familie, Band 11. 77–109.

Holzner, W. (Projektleiter) (2006): **MOBI-e. Entwicklung eines Konzeptes für ein Biodiversitäts-Monitoring in Österreich.** In Kooperation mit dem Umweltbundesamt, dem Bundesforschungs- und Ausbildungszentrum für Wald, Naturgefahren und Landschaft (BFW) und dem Büro stadtland; Auftraggeber: Bundesministerium für Land- und Forstwirtschaft, Umwelt- und Wasserwirtschaft; Projektkoordination: Bogner, D., Mohl, I. (Umweltbüro Klagenfurt); Bericht 231 S.

Holzner, W. (Hrsg.) (2007): **Almen – Almwirtschaft und Biodiversität.** Grüne Reihe, Band 17. 300 S. Wien: Böhlau.

Holzner, W. (2012): **Lebendige Ökologie – Wissenschaft für die Naturschutzpraxis.** Verh. Zool.-Bot. Ges. Österreich 148/149, 307-321.

Holzner, W., Glauninger, J. (2005): **Ackerunkräuter. Bestimmung, Biologie, Landwirtschaftliche Bedeutung.** 264 S. Graz: Stocker.

Holzner, W., Hübl, E. (1977): **Zur Vegetation der Kalkalpengipfel im westlichen Niederösterreich.** Jahrb. d. Ver. z. Schutze d. Bergwelt 42, 247-269.

Holzner, W., Kriechbaum, M. (2005): **Integrativer Naturschutz. Einige Gedanken zur allgemeinen Diskussion.** Wissenschaft & Umwelt 2005 – Interdisziplinär Nr. 9, 81-93.

Holzner, W., Numata, M. (eds.) (1982): **Biology and ecology of weeds.** 461 p., The Hague, Boston, London: Dr. W. Junk Publishers.

Holzner, W., Sänger, K. (1997): **Steppe am Stadtrand. Ein kundiger Begleiter durch das Naturreservat Perchtoldsdorfer Heide.** Grüne Reihe des Bundesministeriums für Umwelt, Jugend und Familie, Band 9. 159 S.

Hübl, E., Holzner, W. (1975): **Grundzüge der Vegetationsgliederung Niederösterreichs.** Phytocoenologia, 2, 312-328.

Hübl, E., Holzner, W. (1977): **Vegetationsskizzen aus der Wachau in Niederösterreich.** Mitt. flor.-soz. Arbeitsgem. N. F., 19/20, 399-417.

PFLANZEN SEHEN UND ERKENNEN

Niederösterreichs Pflanzenwelt entdecken und bestimmen – Bildatlas der Pflanzenfamilien

Dieser erste von insgesamt vier Bänden ist mit seinem „Hosentaschenformat" ein idealer Begleiter interessierter Naturbeobachter. Der Bildatlas der Pflanzenfamilien ermöglicht einen Einstieg in die Flora Niederösterreichs ohne Vorkenntnisse – durch allgemein verständliche Bestimmungsschlüssel, Angabe von Erkennungsmerkmalen und zahlreiche Fotos für ca. 550 Arten. Die Folgebände 2–4 schließen inhaltlich an Band 1 an.

Zu den ausgewählten Arten finden Sie Kurztexte, in denen die Merkmale angegeben werden und auf Verwechslungsmöglichkeiten hingewiesen wird, sowie kurze Angaben zu Blütezeit, Wuchshöhe, Lebensdauer, zum Vorkommen in Niederösterreich, zum bevorzugten Lebensraum, zur Häufigkeit, zum Naturschutzstatus und zur Giftigkeit. Niederösterreich ist ökogeografisch sozusagen ein Modell Mitteleuropas im Kleinen – damit wird diese Buchreihe auch außerhalb Österreichs ein wertvoller Naturbegleiter.

ÖKOLOGISCHE FLORA NIEDERÖSTERREICHS
BAND 1

€ 39,90
336 Seiten
farbig, gebunden
ISBN 978-3-8404-7522-1

ÖKOLOGISCHE FLORA NIEDERÖSTERREICHS
BAND 2

€ 39,90
256 Seiten
farbig, gebunden
ISBN 978-3-8404-7523-8

Niederösterreichs Pflanzenwelt entdecken und bestimmen – Die grüne Welt der Grasartigen – Gräser, Seggen, Binsen, Simsen

Gräser gelten wegen ihrer kleinen, unscheinbaren Blüten und der sehr einheitlich aussehenden Blätter als besonders schwer zu unterscheiden. Oberflächlich betrachtet scheinen sie einander stark zu ähneln – für eine sichere Bestimmung muss man aber nur lernen, sie genauer anzusehen. Band 2 der Ökologischen Flora bietet einen Einstieg, bei dem die Leser auf zwei Wegen in das Reich der Grasartigen eindringen können: Einerseits über die speziellen Wuchsbedingungen und Standorte und andererseits über die unterschiedliche „Physiognomie". Da die Pflanzen nach dem Aussehen gruppiert wurden, ermöglichen verschiedene Bestimmungsschlüssel dann einen tieferen Einblick. Eine ebenso entscheidende Hilfe zur Bestimmung bieten die zahlreichen Fotos, so kann auf Hilfsmittel (Lupe, Binokular) verzichtet werden. In den Beschreibungen der einzelnen Arten finden Sie Angaben zu Häufigkeit und Verbreitung.

Niederösterreichs Pflanzenwelt entdecken und bestimmen – Die bunte Welt der Blütenpflanzen – Kräuter, Stauden und Zwergsträucher

Während in Band 1 besonderer Wert darauf gelegt wurde, die Benutzer in das Erkennen der Familienzugehörigkeit einzuführen, gibt es im umfangreichen Band 3 Schlüssel zur Untergliederung der Familien in Gattungen und Arten. Dem Grundkonzept der Buchreihe entsprechend, sind die krautigen Gewächse nach ihrer systematischen Verwandtschaft (also nicht nach Blütenfarben) angeordnet. Die größeren Familien werden ausführlich vorgestellt. Auch zu den Arten, die in Band 1 keinen Platz mehr fanden, gibt es hier Fotos sowie Informationen über Biologie und Ökologie, Verbreitung und Verwendbarkeit. Bei den Angaben zur Heilwirkung bzw. Giftigkeit wird besonders darauf geachtet, dass sie dem allerneuesten Stand der wissenschaftlichen Erkenntnisse entsprechen. Besonders bemerkenswerten Arten wird eine ausführlichere Monographie gewidmet. Wie in den ersten beiden Bänden wird auch hier darauf geachtet, dass die Benutzung ohne Hilfsmittel (Lupe, Binokular) und ohne spezielles Fachwissen möglich sein muss. Eine entscheidende Hilfe bieten dabei die zahlreichen Fotos.

ÖKOLOGISCHE FLORA NIEDERÖSTERREICHS
BAND 3

€ 39,90
512 Seiten
farbig, gebunden
ISBN 978-3-8404-7525-2